Alttestamentliche Studien.

Herausgegeben

von

Joh. Ludwig König,

Königl. Preuß. Garnisonprediger zu Mainz.

Zweites Heft

Das Deuteronomium und der Prophet Jeremiah, gegen v. Bohlen, nebst anderen Beiträgen zur Authentie des Deuteronomiums. Die Verbalendung ה.

Berlin,

Verlag von G. Reimer.

1839.

Vorwort.

Endlich ist mir's möglich, das zweite Heft meiner Alttestamentlichen Studien, das sich meinem Versprechen gemäß vorzüglich mit von Bohlen's Genesis beschäftigen sollte, erscheinen zu lassen; jetzt vor einem Jahre war es bereits vollständig so ausgearbeitet, wie es hier vorliegt, fand aber nicht gleich seinen Verleger; daß es aber nicht früher niedergeschrieben wurde, daran war besonders die nothwendig gewordene Herausgabe meines Buches schuld: Das Apostolische Glaubensbekenntniß als Grundlage des christlichen Religionsunterrichtes für Konfirmanden (Frankfurt a. M. bei Siegmund Schmerber).

Es war eigentlich meine Absicht gewesen, die allgemeine Einleitung jenes Gelehrten zu seiner Genesis, die des Willkührlichen, Ungenauen und überhaupt Unwissenschaftlichen so erstaunlich viel enthält, in ihrer ganzen Ausdehnung zum Gegenstande einer näheren Prüfung zu machen; meine hier geführten Untersuchungen aber beziehen sich vorzugsweise nur auf den 22. §. derselben, und ich hoffe mit klaren und schlagenden Gründen, wie v. Bohlen es verlangt, nachgewiesen zu haben, daß die Sprache des Deuteronomiums und des Propheten Jeremiah außerordentlich verschieden ist, daß die vier ersten Bücher des Pentateuches vom Deuteronomium vorausgesetzt werden, und der Inhalt dieses Buches gebieterisch verlangt, dasselbe nicht allein vor den Königen, sondern vor der Einnahme des Landes, also von Mosch uns abgefaßt zu denken. Inwieweit ich diese Forschungen über den Pentateuch in Beziehung auf v. Bohlens allgemeine Einleitung weiter auszusprechen mich könnte gedrungen fühlen, muß einmal von Zeit und Muße abhängen, dann aber auch davon, wie Andere jene bodenlosen Behauptungen und selbstbeliebigen Versicherungen in ihrer Nichtigkeit und Unhaltbarkeit werden nachgewiesen haben, wie dergleichen Nachweisungen in Movers', Bleek's, Hengstberg's Hävernick's, Drechsler's, Küper's und Anderer Arbeiten bereits vorliegen, oder, wie in Hengstenberg's 2. nächstens erscheinenden Bande der Authentie des Pentateuches, zu erwarten sind.

Die fast erschreckliche Anzahl von Druckfehlern, welche ich am Ende angegeben, ist veranlaßt durch meine große Entfernung vom Druckorte; wäre meinem Wunsche entsprochen worden, mir die letzte Korrektur zu überlassen, so würde der größere Theil derselben verschwunden sein; andere namentlich in den hebräischen Wörtern und Formen, die nicht aufgenommen worden, wolle der geneigte Leser wohlwollend übersehen.

Möge dieses Heft, wohl für längere Zeit das letzte, meiner Alttestamentlichen Studien dazu beitragen, die Ueberzeugung immer fester und unerschütterlicher zu begründen, daß wir mit dem Pentateuche auf durchaus geschichtlichem Boden stehen.

Mainz, den 6. August 1838.

König,
Königl. Preuß. Garnisonprediger.

Inhalt.

Das Deuteronomium

und

der Prophet Jeremias.

Das Deuteronomium und der Prophet Jeremias, gegen von Bohlen, nebst anderen Beiträgen zur Authentie des Deuteronomiums.

Die Verbalendung ון.

Professor von Bohlen schließt das Vorwort zu seinem Buche, betitelt: Die Genesis, historisch-kritisch erläutert, Königsberg 1835, in Beziehung auf „Diejenigen, denen die freie Forschung, wie er sagt, zuwider ist," mit folgenden Worten: „Wollen dagegen jene Männer als gerechte Richter erscheinen, so mögen sie nicht ignoriren, denn es liegt darin das Bekenntniß der Schwäche, sie mögen sich der Schmähung enthalten, denn eine solche widerlegt nicht, sondern fällt auf den Urheber zurück; sie mögen offen und frei hervortreten, und jeden einzelnen Punkt auf das Bündigste bekämpfen, nicht halb, nicht mit Sophismen, nicht mit der sogenannt gläubigen Exegese, sondern mit klaren und schlagenden Gründen, damit die Wahrheit siege. Vor Allem aber bewahre uns der liebe Gott vor der tödtlichen Zugluft heimlicher Verläumdung!"

Nachdem ich nun sein Buch selbst studirt hatte und wieder zu diesem Theile des Vorwortes gelangte, schien mir es, der Vf. habe selbst darin sich das Urtheil gesprochen; denn wenn er in seinem ganzen Buche Ranke's Untersuchungen über den Pentateuch, aus dem Gebiete der höheren Kritik 1834 ignorirt, und in der Einleitung S. 36 in Verbindung mit Fritzsche ihn mit den kurzen Worten abfertigt (Michaelis, Jahn und Eichhorn suchen wenigstens Beweisgründe) während Andere, wie Fritzsche (Prüfung der Gründe u. s. w. 1814) und neuerdings Ranke (Untersuchungen u. ff.) durch ein freies Bekenntniß, daß sie zugleich von dogmatischen Interessen geleitet werden, von dem Standpunkte des Kritikers abtreten, und mit einer sogenannt „gläubigen Exegese" den Knoten zerhauen, den sie lösen sollten;" so ist das Letztere eine offenbare Unwahrheit, wie ja deutlich aus Ranke's Schlußworten seiner Einleitung hervorgeht, wo er wörtlich so spricht (S. 8: „Der rechte Standpunkt der Kritik wäre vielmehr der eines Mannes, welcher, die Wahrheit ernstlich suchend, die heilige Schrift zur Hand nähme, um, weder für den Glauben, noch für den Unglauben entschieden, sich zu belehren suchte, ob diese Thaten Gottes, welche die christliche Kirche verkündigt, wirklich geschehen seien, ob sie die gleiche Beglaubigung haben, wie die Begebenheiten der Weltgeschichte, oder nicht. Dieß ist der Standpunkt gegenwärtigen Versuchs," und wir müssen daher die Ueberzeugung hegen, von Bohlen habe darin, daß er Ranke's Untersuchungen so gänzlich ignorirt, selbst ein Bekenntniß der Schwäche abgelegt. Wenn er aber vor Allem wünscht, der liebe Gott möge uns vor der tödtlichen Zugluft heimlicher Verläumdung bewahren, so ist gar nicht abzusehen, warum man nicht ebenso herzlich wünschen soll, daß er uns vor öffentlicher Verläumdung bewahren möge, die doch wahrlich kein Mensch für eine eben belebende Zugluft halten wird. Und wessen Geist nun einmal nicht in die Gegenwart mit seinen Gedanken sich bannen läßt, der wird ja auch da Verläumdung sehen, wo ein bis dahin unbescholtener Mann der Vergangenheit ohne zureichende Gründe offenbarer Schändlichkeiten geziehen wird; und solcher öffentlichen Verläumdung hat sich von Bohlen gegen den Propheten Jeremia schuldig gemacht, indem er ihn, Einleitung S. 164, zum Theilnehmer eines Vereines von theokratisch gesinnten Patrioten macht, welche durch die Zeitumstände genöthigt, zu diesem Mittel schritten (nämlich: die im Tempel unter Josia gefundene Schrift, wie der Vf. meint, das Deuteronomium unterzuschieben), um dem Volke einen sichern Haltpunkt zu geben, nebenher aber auch, um das priesterliche Ansehen zu befördern." Als solche führt sodann von Bohlen 1) den Oberpriester Hilkia, 2) dessen Sohn Jeremia, 3) die Prophetin Hulda, 4) den Schreiber Saphan und 5) dessen Sohn Ahikam, einen treuen Freund des Jeremia, auf, und wirft dann auf die damaligen Verhältnisse einen Blick, „um die etwaige [!!] Täuschung in das rechte Licht zu setzen;" ferner sagt er S. 166: der Oberpriester mit seinem Sohne Jeremia, den wir aus seinen Schriften als einen warmen Patrioten erkennen, hätten mit Recht [!!] zu der Religion ihre Zuflucht genommen; und fährt fort: „So scheint das Finden des Gesetzbuches eine überdachte Maßregel, um die Nation durch eine neue Constitution zu begeistern, zusammenzuhalten, und ein selbstständiges Leben hervorzurufen, wobei allerdings, wie bemerkt, die Hierarchie in ihrem eigenen Interesse zugleich handelte; allein man enthalte sich auch dann selbst von einem Betruge zu reden, denn (ein Diktum von Lessing) ..... die nämlichen Handlungen haben nicht immer die nämlichen Benennungen, und es ist ungerecht, irgend einer eine andere Benennung zu geben, als die, welche sie zu ihren Zeiten und bei ihrem Volke zu haben pflegte.“ Man fragt sich erstaunt, wie durch dieses Diktum von Lessing, der Vf. wähnen kann, den vollendet wahren Vorwurf des Betruges, wenn sein Räsonnement über die Auffindung des Gesetzbuches Wahrheit hätte, von jenem sogenannten Vereine von theokratisch gesinnten Patrioten abgewendet zu haben. Wußten denn die Zeitgenossen die Unterschiebung? sie waren ja gerade die listig Betrogenen! Hätten sie gewußt, was von Bohlen uns weiß machen möchte, so würden jene Zeitgenossen vollständig wie wir, den Jeremia mit seiner ganzen übrigen theokratisch-patriotischen Klike für Betrüger, ja für schändliche Betrüger ganz mit Recht gehalten und so genannt haben; und es gehört ein wahrhaft jesuitischer Geist dazu, hier noch, wenn einmal das Thatsachen sein sollen, von etwaiger Täuschung zu reden; das heißt, alle Wahrheit mit Füßen treten und alle sittliche Beurtheilung von Handlungen im Allerinnersten verdrehen, ja unmöglich machen. Ich leugne nicht, diese Aeußerungen, namentlich in Beziehung auf den heiligen Propheten Jeremia, diesen ächten Mann Gottes, der in der Wahrheit leibte und lebte, der um der Wahrheit willen Hohn und Spott, ganz vorzüglich von den ungläubigen Priestern erfuhr, der Schläge und Gefängniß um der Wahrheit willen ertrug, haben mich im Innersten empört, und ich weiß nicht, ob ich mich tiefer in meinem sehr innigen Wahrheitssinne und Gefühle gekränkt gefühlt haben würde, wenn von Bohlen es gewagt hätte, einen meiner hochgeachteten Zeitgenossen heimlich zu verläumden, als nun, da er es nicht gescheuet hat, einen heiligen Mann des lebendigen Gottes zu einem erbärmlichen Betrüger zu stempeln. Schon Dr. Morers hat in seiner höchst gründlichen Kritik über von Bohlens Genesis (Bonner

Zeitschrift Heft XVI 1835, S. 146—178, Heft XVII S. 164—170, und XVIII 1836 S. 96—127) ihm eine Calumnie gegen Jeremia zur Last gelegt, indem er sagt, Heft XVII S. 169: „Herr von Bohlen erdreistet sich, dem Propheten Jeremia die Calumnie nachzusagen, daß er an der Fabrikation des Pentateuchs, als Sohn des Hohenpriesters geholfen habe. Hätte Herr von Bohlen nur das Verhältniß des Jeremia zum Priesterstande ins Auge gefaßt! u. s. f." Es war daher natürlich, daß ich meine Untersuchungen gegen von Bohlens Behauptungen in seiner Einleitung zunächst ganz vorzüglich auf §. 22. derselben hin zusammendrängte, worin er über die Verwandtschaft zwischen dem Deuteronomium und Jeremia, in Beziehung auf Sprache nämlich, und über das Levitische Gesetz im Allgemeinen spricht; ich hoffe durch die hier zu führenden Untersuchungen auf das Klarste nachzuweisen, daß die Sprache des Deuteronomiums und die des Jeremia außerordentlich verschieden sind, und Jeremia sprachlich angesehen, obgleich er offenbar das Deuteronomium kennt und nachahmt, doch unmöglich der Verfasser desselben sein könne. Und hiermit möchte ich, obgleich sie nicht an mich gerichtet ist, der Aufforderung von Bohlens ein Genüge leisten: sie mögen offen und frei hervortreten und jeden einzelnen Punkt auf das Bündigste bekämpfen, nicht halb, nicht mit Sophismen... sondern mit klaren und schlagenden Gründen, damit die Wahrheit siege. An diesen Beweis der Verschiedenheit der Sprache des Deuteronomiums und des Propheten Jeremia, reihe ich ferner Beiträge zur Authentie namentlich des Deuteronomiums, aber auch des Pentateuchs überhaupt an.

Vorher aber erlaube ich mir über den Beweis der Authentie oder Nichtauthentie und des Alters eines alttestamentlichen Buches aus der Sprache folgende vorläufige Bemerkungen. Ueber Abrahams Sprache im Verhältnisse zu der der Kananiter ist bisher noch Nichts entschieden; nach jenen großen Auktoritäten von Walter, Bochart, Clerikus entscheiden sich mehrere Neuere für die Ursprünglichkeit der Kananitischen Sprache, die von den Hebräern angenommen sei: Gesenius (Geschichte der hebr. Sprache und Schrift S. 16 ff. de Wette Einleitung §. 30 („ohne Zweifel ist sie — die hebräische Sprache — in diesem Lande — Kanaan — entstanden"), Hug in der Zeitschrift für die Geistlichkeit des Erzbisthums Freiburg 1831 Heft 6 (S. 3: „Abraham sprach zwar bei seiner Ankunft Arameisch; es war die Sprache seiner Familie, die in Aram wohnte, wie er selbst zur Zeit, als er sich von ihr trennte und den Uebergang versuchte, da gewohnt hat. Aber in Canaan trat er mit einem andern Volke in Verbindung, welches er verstehen lernen, und dem er sich verständlich machen mußte. In seinen spätern Tagen hatte er schon eine solche Fertigkeit in der Landessprache erlangt, daß er mit den Bewohnern des Landes unterhandeln und einen Kaufvertrag abschließen konnte. Genes. 23. 1 f." uff. cf. ferner S. 10, 11. 28. „Innerhalb 115 Jahren, während welcher sich die Stammväter der Hebräer unter ihnen herumtrieben, ist die Sprache Canaans die ihrige geworden." Mehres für unsern Gegenstand findet sich noch S. 29—32.) Morers (Bonner Zeitschrift Heft XVI. S. 157: Die Hebräer brachten bei ihrer Einwanderung in Canaan die Sprache ihrer Heimath, die aramäische, mit, und konnten, wie das in der Natur der Sache liegt, nicht sie auf einmal gegen die canaanitische (Jes. 19, 18), welche wir die hebräische nennen, umsetzen, sondern dazu war, zumal in der patriarchalischen Zeit bei geringem Verkehr mit den Canaanitern (vgl. Genes. 24, 3. 28, 1) die Verbindung mit der Heimath fortdauete (vgl. Gen. 24, 4. 27, 42 ff. 28, 2), ein längerer Zeitraum erforderlich, und erst seit von dem Zeitalter der Richter an, ein Menschenalter nach Eroberung Canaans (vgl. Richt. 2, 7—13) die Hebräer und Canaaniter allmählig in eine Nation dergestalt zusammenschmolzen (vgl. Richt. 3, 5. 6), daß wir von den Canaanitern kaum eine Spur mehr antreffen, können wir bei den Schriftstellern eine rein canaanitische d. i. hebräische Sprache erwarten; je tiefer wir dagegen ins Alterthum zurückgehen, desto mehr müssen wir nach diesen historischen Vorlagen Aramaismen, oder Chaldaismen, in den schriftlichen Denkmälern anzutreffen im Voraus gefaßt sein. Nachdem aber seit Hizkia die aramäische Sprache anfängt, durch die Assyrer und Chaldäer den Hebräern allmählich wieder bekannt zu werden, wiederholt sich dieselbe Erscheinung in den Schriften der exilischen Periode: Aramaismen und nicht selten solche, die wir in der ersten Sprachperiode antreffen, in der zweiten aber verschwinden sehen, kommen nun wieder in dieser dritten zum Vorschein. — Nunmehr können wir den, für die Ermittelung der Abfassungszeit der alttestamentlichen Schriften so wichtigen Canon aufstellen: Aramaismen in einem Buche sind entweder Beweis einer sehr frühen oder sehr späten Abfassung. Nach früheren Auktoritäten (wie Löscher de causis ling. Hebr.) haben sich besonders Pareau (institutio interpr. V. T.) und Hävernick dahin ausgesprochen, daß die hebräische Sprache Stammsprache Abrahams, ja daß sie in der Familie Ebers die von früher her ererbte gewesen sei. (cf. Hävernicks Handbuch der historisch-kritischen Einleitung in das A. T. Th. 1. Abth. 1. 1836, S. 145 ff. besonders S. 150: „Wenn die Israeliten in Aegypten ihre Sprache während 4 Jahrhunderte als ein ganzes Volk bewahrten, so ist dieß eine gewiß nicht ungewichtige Analogie für die früheren Verhältnisse eines einzelnen ungleich kleinern Stammes. Und wenn uns der Bericht, Genes. 31, 46. 47, gerade zeigt, wie die Patriarchen auf die Erhaltung ihrer Stammsprache Bedacht nehmen, und zwar unter anders redenden Umgebungen, so führt uns auch das auf den Schluß, daß dieß ihre Sitte jederzeit war. Hierbei haben wir auf eine neuere Ansicht Rücksicht zu nehmen, die allerdings der unsrigen geradezu widerspricht. Man denkt sich die hebräische Sprache schon im Abrahamitischen Zeitalter als eine auf Canaan beschränkte, die Landessprache der Cananiter und Abraham als von ihnen dieselbe entlehnend (Gesenius S. 16) und endlich S. 151: „Eben so willkürlich (als die Ableugnung der ältern Theologen, daß die Cananiter schon in den frühesten Zeiten hebräisch redeten) ist auf der andern Seite auch die Behauptung, daß Abraham von den Landeseinwohnern bei seiner Einwanderung ihre Sprache angenommen habe.")

Möge aber die hebräische Sprache schon die Sprache Abrahams bei seiner Auswanderung aus seiner ebenfalls hebräisch oder bereits aramäisch (chaldäisch) redenden Familie in Mesopotamien gewesen sein, oder er dieselbe von den Cananitern angenommen haben, während er selbst früher aramäisch gesprochen, so daß unsere hebräische Sprache ursprünglich die cananitische heißen müßte, oder sei es, daß dieselbe von Noah einerseits durch Sem und Eber herab in ihrer Reinheit auf Abraham, und eben so durch Ham und seinen Sohn Canaan herab auf die Cananiter sich vererbt hat; immer würde sich aus Genes. 31, 46, 47 ergeben, daß die hebräische Sprache bereits Eigenthum Jakobs war, während die aramäische bereits bei Laban und in seiner Familie herrschte. Nun war bereits Rebekka, Isaaks Gattin, aus Mesopotamien geholt worden; sollte diese nicht auch ihre Sprache mitgebracht und auf ihre Kinder Esau, den Stammvater der Edomiter, und auf Jakob, den Stammvater der Israeliten in Einzelnheiten haben übertragen können? Mit Abraham selbst war Lot, der Stammvater der Moabiter und Ammoniter, mitgekommen; war seine Sprache ganz die Sprache Abrahams, wenn diese letztere die hebräische war? oder hatte sie schon aramäische Färbung, die sich in der Sprache der von ihm abstammenden Völker fortpflanzte, ja vermehrte? Aber ferner: war denn die hebräische Sprache Abrahams und die der Kananiter ganz dieselbe? Ja würde sich aus dem Namen des Philisterkönigs Abimelech nicht ergeben, daß auch die Philister hebräisch oder cananitisch redeten, so daß sie eben so gut auch die philistische Sprache heißen könnte? Bei Jakob aber stehen geblieben, so hatte er offenbar während seines 21jährigen Aufenthalts in Mesopotamien seine Sprache behalten; wie aber? waren nicht seine beiden Frauen Lea und Rahel Töchter des aramäisch redenden Laban, die also natürlich auch ursprünglich aramäisch redeten? und sollten seine Kebsweiber oder Mägde Silpa und Bilha anders geredet haben? Nun waren aber doch die sämmtlich, außer Benjamin, in Mesopotamien gebornen Kinder Jakob's in Mesopotamien zum Theil herangewachsen, hatten ihre Sprache zunächst von ihren aramäisch redenden Müttern, im großväterlichen gleichfalls aramäisch sprechenden Hause aufgewachsen, erlernt, während der bei den Heerden befindliche Vater nur von Zeit zu Zeit seine Familie besuchte: wie also sollte es doch nur denkbar sein, daß nicht allermindestens aramäische Wörter und Formen wenigstens einzeln im ältesten Hebräischen Jakobs und seiner Söhne bis auf Mose herab, sich sollten erhalten haben? Eine entschiedene Spur ist jenes מָן הוּא Ex. 16, 15, welches das Volk spricht, cf. das Aram. Mose selbst hält sich 40 Jahre bei einem Araber auf und heirathet dessen Tochter; seine Kinder sind in Arabien geboren; er zieht 40 Jahre mit dem Volke in der Wüste umher, und stand mit seiner Verwandschaft von Seiten seiner Frau und gewiß auch mit arabischen Stämmen in lebendiger Verbindung; sollte dies ohne allen Einfluß auf Mose's hebräische Sprache geblieben sein? Aber nun nimmt das Volk nach drittehalb Stämmen im Ostjordanlande Besitz vom Lande des kananitischen Volksstammes der Amoriter, begränzt im Süden von Moabitern, im Osten von Ammonitern; im Westjordanlande, dem eigentlichen Lande Canaan, erhalten die zehnthalb anderen Stämme (Levi durch alle Stämme zerstreut) ihre Wohnsitze, und vermischen sich mit den verschiedenen cananitischen Stämmen (Richter 3, 5, 6); sprachen diese gesonderten Cananiterstämme selbst ganz dieselbe Mundart? oder eine irgendwie eigenthümlich modifizirte, und nach dem Aramäischen, was wir so nennen, hinübergreifende? Aber weiter! Gleich nach Josua's Dahinscheiden herrscht ein mesopotamischer wahrscheinlich also doch aramäisch redender König Kusan Risathaim und sein Volk 8 Jahre über die Israeliten; nach vierzigjähriger Selbstständigkeit stehen die Israeliten 18 Jahre unter der Herrschaft der Moabiter; nach 80 Jahren scheinen die Philister eine Zeit lang ihre Herren gewesen zu sein; dann herrscht Jabin, der König der nördlichen Kananiter 20 Jahre über sie; nach 40jähriger Freiheit stehen sie 7 Jahre unter der Zuchtruthe der Midianiter; nach 40 Jahren sind Philister von Westen, und Ammoniter von Osten her ihre Beherrscher; nach kurzen Zwischenräumen sind wieder 40 Jahre Philister ihre Oberherren; und Nahas der Ammoniter bedrängt sie von Osten her; die Philister herrschen auch wieder im Anfange der Regierung von Saul; David's Stammutter ist eine Moabitin, er hat Besatzungen in Nisibis (Zoba) in Mesopotamien, herrscht über Damaskus, über die Edomiter, die Ammoniter und steht in freundschaftlichem Verhältnisse zu dem Könige von Tyros; endlich: Salomo steht nicht allein in demselben Verhältnisse mit Hiram von Tyros, sondern hat sogar 30,000 und 70,000 und 80,000 Menschen im Gebiete der Tyrier; die Königin aus Scheba erwähne ich nur; aber die „ausländischen Weiber,“ moabitische, ammonitische, edomitische, zidonitische und hethitische (2 Kön. 11, 1—3), scheinen namentlich in Beziehung auf die Salomonischen Schriften und deren Sprache sehr zu berücksichtigen zu sein. Wenn ich dieß Alles bedenke, so scheint es mir, als fahre man nur gar zu obenhin und oberflächlich über einzelne aramäisch sein sollende oder wirklich aramäische Wörter und Formen im Pentateuche her, um daraus auf ein jüngeres Alter des Pentateuches, wie es von Bohlen, so erstaunlich voreilig thut, zu schließen. Wo so viele Fragen noch zu beantworten sind, ist solche Vorschnelle, ohne allen Zweifel kein Beweis von wahrer Wissenschaftlichkeit; je mehr ich aber jene oben nur angedeuteten Punkte erwäge, desto mehr stimme ich von ganzem Herzen und innerster Ueberzeugung Dr. Movers bei: daß Aramaismen in einem alttestamentlichen Buche entweder Beweis einer sehr frühen oder sehr späten Abfassung sind.

Die Aramaismen der jüngern und der ältern Bücher scheinen aber selbst zum Theil gar sehr verschieden zu sein; so findet man die Pluralendung וּן weder im Futuro noch Präterito in irgend einem jüngeren prosaischen Buche; wo in der Chronik sie vorkommt, läßt sich es nachweisen, ist sie aus den ursprünglichen Quellenschriften mit herübergenommen, (das Nähere darüber in einer besonderen Abhandlung) bei Haggai findet sie sich gar nicht, bei Sacharja dreimal, bei Maleachi einmal. Diese Endung würde unabweislich für das hohe Alter der Sprache des Pentateuches, namentlich auch und ganz vorzüglich des Deuteronomiums sprechen. Hier sind also die entschieden jüngeren, besonders eigentlich exilischen (im Exil geschriebenen) und nachexilischen Schriften, Norm und Kanon für das der jüngeren und jüngsten Sprache Eigenthümliche, wobei man freilich wieder bedenken muß, daß sie doch Einzelnes nachahmend, besonders in Wörtern, aus den älteren Schriften, herübernehmen, zum Theil mit einer entschiedenen Modifikazion der Bedeutung, wie bei רְכֻשׁ und רְכוּשׁ vergl. Hävernick S. 188.

Ferner aber ist das Verhälniß der poetischen und prosaischen Darstellung in sprachlicher Hinsicht, in Wörtern, Wortverbindungen oder Phrasen, grammatischen Formen und Syntax noch gar nicht fest und durchgreifend genug begränzt, die Arten und Zeiten dieser poetischen Sprache selbst, noch nicht zureichend geschieden und nachgewiesen; besonders scheint mir das Verhältniß der eigentlich prophetischen Sprache zur eigentlich poetischen einerseits und zur prosaischen andererseits noch so wenig durchforscht und fest bestimmt zu sein, daß hier noch ganz neue Gebiete der allerangestrengtesten Forschung sich eröffnen.

Endlich aber möchte ich fragen, ob nicht das Dialektische im Hebräischen selbst einerseits noch weitere Aufschlüsse darbieten möchte, freilich ohne jene Willkühr angewendet, wie von Bohlen sie übt, und ob nicht in der lebendigen Sprache selbst in mehreren einzelnen Fällen doppelte Formen neben einander bestanden, als z. B. אֲבוֹתָם und אֲבֹתֵיהֶם etwa wie im Deutschen kommt und kömmt, fließt und fleußt, wovon jenes ebenfalls vollkommen dichterisch ist, durch welche Annahme Manches seine richtige Würdigung finden würde.

Der Verf. leitet seinen 20sten §, worin er zunächst von der Verwandtschaft zwischen dem Deuteronomium und Jeremia redet, mit folgenden Worten ein: „In dieser Ansicht von dem Entstehen des Gesetzbuches werden wir nun durch eine Reihe der triftigsten Gründe bestärkt, und gehen zunächst von der Gegenwart aus, welche uns die obenberührte Gemeinschaft des Deuteronomium und des Propheten Jeremias in Wörtern, beliebten Redewendungen und Phrasen, worunter einige, welche nur beiden Schriften angehören, wie in einem Spiegel vorhält (s. Gesenius Geschichte der hebräischen Spr. S. 32).“ Ich bemerke vorher, ehe ich weiter gehe, daß es die Weise von Bohlens ist, viel zu versprechen und wenig zu halten; und ich hoffe nach meinen schwachen Hülfsmitteln ihm das ebenfalls nachzuweisen; wer sich aber recht lebendig davon überzeugen will, der vergleiche nur sein S. 158 gegebenes Versprechen: „Wir müssen die Erzählung, welche im zweitem Buche der Könige Kap. 22 (vergl. 2 Chron. 34) über das wichtige Faktum [der Gesetzauffindung] sich vorfindet, von allen Seiten betrachten (s. bes. de Wette Beitr. I. S. 168 ff.) und dessen Ausführung damit, was Morers wahrhaft Allseitiges darüber unter der Aufschrift: „Ueber die Auffindung des Gesetzbuches unter Josia. Ein Beitrag zu den Untersuchungen über den Pentateuch“ in der Bonner Zeitschrift Heft 12. 1834. S. 79—114 und Heft 14. 1835 S. 87—115 gesagt hat; er wird sich recht schlagend und im Innersten dann überzeugt sehen und fühlen, was es mit von Bohlens hochfahrenden Versprechungen auf sich hat, cf. Bonner Zeitschrift 1836. Heft 17. S. 168.

So sagt er, was ich hier gleich des Zusammenhanges wegen mitnehme, S. 182 und 183 der Einleitung: „Die Sprache [des Deuteronomiums] verräth sich als der jüngeren Literaturperiode angehörig, wie es de Wette und Gesenius auf das fridenteste nachgewiesen haben (de Wette: dissertatio qua Deuteronomium a prioribus Pentat. libris diversum, alius cuiusdam recentioris auctoris opus esse demonstratus. Jen. 1805. Gesenius Gesch. der hebr. Spr. S. 32); kurz, Ausdruck und Vorstellung tragen ganz die Zeit des Exils an sich, und Segen und Gebet [Eico und Segen] Mosis sind besonders im Tone des Jeremias gedichtet, doch so, daß der erstere deutlich aus Genesis Kap. 49 nachgeahmt ist." Sieht man nun jene beiden angeführten Bücher darauf an, um jene starke und entschiedene Sprache „auf das fridenteste nachgewiesen haben" ihrer Wahrheit nach zu erkennen; so giebt es vom Standpunkte der Wissenschaft, redlicher und treuer Forschung, überhaupt der Wahrheit aus, kaum einen zu starken Ausdruck, womit so durch und durch grundloses und oberflächliches Bramarbasiren bezeichnet werden muß. Gesenius führt, mit Bezugnahme auf Vater's Commentar über den Pent. Th. 3, S. 493 und de Wette's Dissertazion S. 7—10, Folgendes an: „Einige beliebte Wörter und Phrasen [im Deuter.] sind: דָּבַק בַּיהוָה Jehova anhängen [de Wette, dessen Dissert. ich nach dem Abdrucke in seinen Opuscul. Theolog. 1830 S. 149—168 zitire, führt S. 159 die Stellen an 10, 20, 11, 22, 13, 5, 30, 20 et saepius]; כָּבוֹד=גֹּדֶל Größe Majestät Gottes [de Wette: 3, 24. 5, 21, 11, 2]; מִשְׁלַח יָדַיִם Geschäft, [de Wette: 12, 7, 15, 10, 23, 21. 28, 8. 20; es fehlt 12, 18]; בִּעַרְתָּ הָרַע מִקִּרְבֶּךָ du sollst das Böse wegschaffen aus deiner Mitte [de Wette: 13, 6 et sapu, früher hatte er gesagt innumerabiliter alias], spätere formel für die sonstige: dessen Seele soll ausgerottet werden; die gehäuften Synonyme מִצְוֹתֶיךָ מִשְׁפָּטֶיךָ וְחֻקּוֹתֶיךָ das rhetorische Himmel der Himmel, Gott der Götter (10, 14. 17 vergl. 1. Kön. 8, 27. 2 Chron. 2, 5) u. s. w. Ein entschieden späteres Wort ist דָּת [cf. dagegen Härernick S. 168] Deut. 33, 2 welches ganze Kapitel auch historischer Beziehungen wegen (namentlich V. 7) nicht leicht vor dem Exil abgefaßt sein kann. Instructiv ist insbesondere die Vergleichung von Kap. 28 und 33 mit 3. Mos. 26 und 1 Mos.

49. Am meisten schließen sich Ton und Sprachgebrauch an gewisse Propheten an, namentlich hat dieses Buch mehrere fast eigenthümliche Phrasen mit Jeremia gemein [darüber das Nähere unten; zunächst ist zu vergleichen Hävernick S. 190—196], z. B. נָתַן לִזְוָעָה (Preisgeben) 28, 25 vgl. Jer. 15, 4. 24, 9. 29, 18. 34, 17, außerdem nur 2 Chron. 29. 8; זָרִים (fremde Götter) 32, 16 vgl. Jer. 3, 13. 5, 19; דִּבֶּר סָרָה אֶל Abfall lehren 13, 5 vgl. Jer. 28, 16. 29, 32; שִׁכֵּל die junge Mannschaft würgen 32, 25 vgl. Jer. 15, 7. 36, 13—15 Klagel. 1, 20; שְׁרִירוּת לֵב Verstocktheit des Herzens 29, 18 vgl. Jer. 3, 17. 7, 24. 9, 13. 11, 8;" es steht ferner bei Jer. 13, 10. 16, 12. 18, 12. 23, 17.

De Wette führt als dem Deut. eigenthümltch noch auf S. 159 f.: נָדַח impulit 4, 19. 13, 14. 30, 17; הִתְגָּרָה contendit 2, 5. 9. 19. 24; למד didicit praesertim de legibus ubique obviam est; nomen Horeb ubique [cf. Deut. 33, 2] usurpatum pro nomine Sinai; בְּלִיַּעַל 13, 14. 15, 9; הֵיטֵב adjeciive [adverbialiter] positum 9, 21. 13, 15; 27, 8; magniloquae illae dictiones: fornax ferrea Aegypti 4, 20, coclum coclorum 10, 14; עַד לֵב הַשָּׁמַיִם; ignis devorans (de Jehova) 4, 24. 9, 3. (und V. 8); phrases insolitae כִּימֵי הַשָּׁמַיִם עַל־הָאָרֶץ 11, 21; בִּן־הַכּוֹת 25, 2; בְּנֵי־חָיִל 3, 18; Nun paragogicum et He paragogicum (S. 160) quod imprimis modo infinitivo apponese solit (יִרְאָה).

So höchst schätzbar nun dergleichen Bemerkungen sind, so sieht man doch gar nicht ein, warum das von beiden Gelehrten Beigebrachte gerade die jüngere Sprache des Deut. (weshalb es auch gar nicht von jenen Männern aufgeführt wurde) beweisen soll (viel Treffliches dagegen giebt Hävernick S. 190—196) und es zeugt davon, daß von Bohlen gar nicht in den Gegenstand tiefer sich versenkt hat, wenn es ihm möglich ist, darauf hin zu behaupten, de Wette und Gesenius hätten damit auf das fridenteste die jüngere Sprache des Deuteronomiums nachgewiesen; es ist in der That von Bohlen nicht im Allerentferntesten um seine Evidenz zu beneiden, wenn dieselbe so schnell und voreilig zu Stande kommt.

Welche Reihe der triftigsten Gründe ist man nach den obigen Worten berechtigt von Bohlen dafür vorbringen zu hören, daß das Deuteronomium von Jeremia mit verfaßt sei! Wir wollen hören und fahren nun da fort, wo wir von Bohlen's Worten abgebrochen haben. „Dahin gehört," sagt er, (die Zahlen setze ich dazu):

1) „Das Bild vom eisernen Ofen (Deut. 4, 20. Jerem. 11, 4; sonst nur noch 1 Kön. 8, 51.)" Dieser erste Grund für den Beweis der jungen Sprache des Deuteronomiums und ihrer Verwandschaft mit der des Jeremia stellt seiner ganzen Beweisführung ein fatales Prognostikon. Die Stelle aus dem Buche der Könige kommt gerade in Salomo's unvergleichlichem Einweihungsgebete für den eben fertigen Tempel vor, welches so viele Hinweisungen auf den Pentateuch enthält, doch aber in seiner Sprache wieder von der des Pentateuches so sehr verschieden ist. Daß dieses Gebet nun ein wirklich gehaltenes ist, wird von Bohlen freilich schwer zugeben wollen; das Alles aber muß bewiesen werden, und mit willkürlichen Versicherungen und Behauptungen ist Nichts ausgemacht; so lange es aber feststeht, daß die Israeliten schon unter den Königen Reichsannalen hatten und auch das Buch der Könige diese wörtlich benutzt und ausgeschrieben hat, soll jener Beweis nicht so leicht zu führen sein. Ueber die wörtliche Benutzung seiner Quellen von Seiten des Verfassers der Bücher der Könige ist nachzulesen: Movers, kritische Untersuchungen über die biblische Chronik S. 98. 192. 336, vorzüglich S. 192, wo er über Salomo's Einweihungsgebet selbst spricht; von Bohlen giebt aber diesem Werke selbst S. 73 das Zeugniß, es sei aus wahrhaft kritischer, und nur (setzt er freilich hinzu) in einigen dogmatischen Punkten befangener (!) Forschung" hervorgegangen. Ist dieses Gebet aber ächt, wie es dieß ist, so liefert es selbst Beweise für das Dasein des Pentateuches, namentlich des Deuteronomiums. Aber auch abgesehen von diesem höchst wichtigen Vorkommen des Ausdruckes in jenem Salomonischen Gebete; ist denn jene Vorstellung so durchaus einzig? Hatte nicht schon Abraham in einem Traumgesichte, worin ihm seiner Nachkommen Schicksale offenbart wurden, Genes. 15, 13—17, ihre Schicksale selbst oder den Ort derselben unter dem Bilde eines rauchenden Ofens תַנּוּר עָשָׁן V. 17 gesehen? Daß von Bohlen im besten Falle das Orakel (wie er's nennt) von Moses selbst konzipirt sein läßt (in der Einl. zu Kap. 15 S. 178),

verschlägt hier weiter Nichts; das Bild vom Ofen kommt auch hier vor, und die Stelle der Genesis wird wahrscheinlich vom unbefangenen Forscher als die Quelle für den Ausdruck des Deuteronomiums angesehen werden, und den Salomo und Jeremia den ihrigen entlehnten. Aber derselbe Ausdruck כּוּר, nur ohne בַּרְזֶל, doch mit Hinweisung auf das darin geschmolzene Metall kommt auch Jesaj. 48, 10 vor: הִנֵּה צְרַפְתִּיךָ וְלֹא בְכָסֶף בְּחַרְתִּיךָ בְּכוּר עֹנִי welcher Ausdruck wenigstens eine Anspielung auf den Ausdruck des Deuteronomiums enthält. Endlich muß festgehalten werden, daß jene Stelle des Jeremias voll ist von fast wörtlichen Zitationen.

2) Wenn vom Exil die Rede ist, eine stehende Phrase: unter die Völker oder Heiden streuen (Deut. 4, 27. Jer. 9, 15", nicht, wie bei v. B. steht, 16). Der Gedanke ist aber auch Levit. 26, 33 ausgesprochen, nur steht im Levit אֱזָרֶה, im Deut. und Jer. aber das Verbum הֵפִיץ; dafür steht aber immer bei diesem Ausdrucke im Deut. בָּעַמִּים (4, 27. 28, 64. 30, 3), während im Levit. und Jerem. בַּגּוֹיִם sich findet, und beide letzteren daran anschließen, Gott wolle das Schwert hinter ihnen entblößen oder hersenden (Lev. וַהֲרִיקֹתִי אַחֲרֵיכֶם חָרֶב, ferner: וְשִׁלַּחְתִּי אַחֲרֵיהֶם אֶת־הַחֶרֶב), wovon an keiner Stelle des Deuter. Etwas vorkommt.

2) „Ferner: das Herz oder die Vorhaut des Herzens beschneiden (Deut. 10, 16. 30, 6. Jerem. 4, 4. 9, 24. 25." nicht, wie bei v. B. steht, 26). Aber auch Lev. 26, 41 ist von לְבָבָם הֶעָרֵל der Israeliten die Rede; und Jer. 9, 25 kommt auch nur עַרְלֵי־לֵב, und V. 24 Nichts von Beschneiden vor. Auch ist der Ausdruck Jerem. 4, 4: הִמֹּלוּ לַיְיָ וְהָסִרוּ עָרְלוֹת לְבַבְכֶם, und Deut. 10, 16 וּמַלְתֶּם אֵת עָרְלַת לְבַבְכֶם, endlich 30, 6. וּמָל יְיָ אֶת לְבָבְךָ nicht ganz identisch; noch wären anzuführen gewesen Jerem. 6, 10: הִנֵּה עֲרֵלָה אָזְנָם

4) „Das Land verunreinigen, in Beziehung auf die Scheidung (Deut. 24, 4. Jerem. 31, 30.)" Zunächst ist das Zitat Jerm. 31, 30 ganz unrichtig; es muß heißen 3, 1 und 9; V. 1 steht: wird nicht jenes Land entweiht (verunreinigt) sein? (in Beziehung auf eine geschiedene, an einen Anderen verheirathete und dann zu ihrem ersten Manne zurückkehrende Frau). V. 9: und von der Stimme ihrer (des Landes Juda) Hurerei entweihte

sie das Land; im Deuter. bezieht sich die Verunreinigung auf die fortgeschickte Frau selbst; nachdem sie nämlich durch Verheirathung mit einem anderen Manne verunreinigt ist, soll sie nicht zum ersten Manne zurückkehren, und dadurch nicht das Land in Sündenschuld verflechten; von „Verunreinigung des Landes“ ist im Deuter hier gar nicht die Rede; und kommt nur in Beziehung auf den über Nacht aufgehängt bleibenden vor, Deut. 21, 23 וְלֹא תְטַמֵּא אֶת־אַדְמָתְךָ; auch sind hier die Ausdrücke selbst verschieden; im Deut. טִמֵּא, im Jer. חָנֵף (welcher niemals im Deut.)

5) „Verflucht sei, wer alle diese Worte des Gesetzes nicht erfüllt; Deut. 27, 26. Jerem. 11, 3“ eigentlich: die Worte dieses Gesetzes (Jerem.: dieses Bundes). Ein freilich beinahe, aber auch nur beinahe wörtliches Zitat; Deut. אָרוּר אֲשֶׁר לֹא־יָקִים אֶת־דִּבְרֵי הַתּוֹרָה הַזֹּאת לַעֲשׂוֹת אוֹתָם, dagegen Jerm. אָרוּר הָאִישׁ אֲשֶׁר לֹא יִשְׁמַע אֶת־דִּבְרֵי הַבְּרִית הַזֹּאת.

6) „Du sollst Sprüchwort und Spott sein unter den Völkern, da dich Jehova hingetrieben hat (Deut. 28, 37. Jerem. 24, 9, wobei zu bemerken ist, daß der Prophet diese Drohung noch in die Zukunft setzt)“; zunächst stößt Einem sogleich die Frage auf, woher denn der außerordentliche Mann so bestimmt das gewußt habe. Uebrigens sind die beiden Verse ziemlich von einander verschieden; Jer. 24, 9 ist aus der letzten Hälfte von Deut. 28, 25 (mit fast geringer, aber im Worte זַעֲוָה sehr merkwürdiger Veränderung) und Deut. 28, 37 zusammengesetzt; לְשַׁמָּה fehlt bei Jerem. und wird ersetzt durch לְחֶרְפָּה, auch fügt dieser noch hinzu וְלִקְלָלָה; alles Andere ist wenigstens ganz anders ausgedrückt; Deut.: בְּכֹל הָעַמִּים אֲשֶׁר־יְנַהֶגְךָ יְיָ שָׁמָּה (das W. נִהֵג auch noch Deut. 4, 27, im Jerem., niemals), im Jerm. dagegen: בְּכָל־הַמְּקֹמוֹת אֲשֶׁר־אַדִּיחֵם שָׁם.

7) „Ein Volk von ferne, dessen Sprache du nicht verstehst (Deut. 28, 49. Jerem. 5, 15. 6, 22).“ Aber gerade solche Zitate beweisen, daß von Bohlen auf die Eigenthümlichkeit der Sprache beider Bücher sich auch nicht im Geringsten eingelassen hat, sondern nur, ohne die mindeste Kritik, zusammenrafft, um seine Versicherungen geltend zu machen; die Verbreitung הִנְנִי מֵבִיא kommt niemals im Deut. vor, ebenso wenig מִמֶּרְחָק, ebenso wenig בֵּית יִשְׂרָאֵל, ebenso wenig נְאֻם יְהוָֹה; das auch sonst

im Deut. vorkommende מִקְצֵה הָאָרֶץ cf. V. 64, 4, 32, 13, 8, auch 30, 4 ist bei Jerem. 6, 22 näher bestimmt durch מֵאֶרֶץ צָפוֹן, im paralellen Gliede מִיַּרְכְּתֵי־אָרֶץ (welches niemals im Deuter. vorkommt, ebenso wenig wie כֹּה אָמַר יְהוָה, יֵעוֹר; auch steht bei Jerem. 6, 22 Nichts von Sprache, welches nur 5, 15 aber mit andern Ausdrücken als im Deuter. erwähnt wird).

8) „Seine Rosse schneller denn Adler (Deut. 28, 49, Jerem. 4, 13).“ Aber im Deuter. steht bloß: wie der Adler fliegt (יִדְאֶה, welcher Ausdruck vom Adler auch Jer. 48, 40, 49, 22 vorkommt); von Rossen und Schnellersein kommt Nichts im Deut. vor; (cf. קַל bei Jer. auch 46, 6) außerdem findet sich Mehres bei Jer., was im Deut. gar nicht, oder nicht so vorkommt; שֻׁדַּדְנוּ, קַלּוּ מַרְכְּבוֹתָיו, סוּפָה; kommen niemals vor; der Pluralis עֲנָנִים ebenfalls nicht, das häufige הִנֵּה gehört zu Jeremia's Spracheigenthümlichkeit. Aber sehr ähnlich ist Habakuk's Schilderung der Kasdim (Chaldäer) 1, 6—11 der des Jeremia; besonders Vers 8: קַלּוּ מִנְּמֵרִים סוּסָיו, und ferner: יָעֻפוּ כְּנֶשֶׁר חָשׁ לֶאֱכוֹל.

9) „Der gräßlichen Redensart: ihrer Söhne und Töchter Fleisch fressen bedienen sich nur beide (Deut. 28, 53. Jerem. 19, 9).“ Das nur ist aber falsch; ganz dieselbe Drohung steht Levit. 26, 29: וַאֲכַלְתֶּם בְּשַׂר בְּנֵיכֶם וּבְשַׂר בְּנֹתֵיכֶם תֹּאכֵלוּ und die Realisirung dieser Drohung mit jenen Worten erzählt die Stelle 2 Kön. 6, 28, 29; cf. Klagelied. 4, 10, und Jer. 5 17; eine noch gräßlichere steht Ezech. 5, 10; und ist denn dasjenige, was Jesai. 9, 18 und 19 mit ganz ähnlichen Ausdrücken steht, nicht ebenso gräßlich? aber freilich waren die Sünden des Volkes gräßlich genug, in Beziehung auf welche diese ernsten Strafgerichte des lebendigen Gottes eintreten sollten. Auch sind noch Redensarten wie Jesaj. 9, 11, Deut. 7, 16 uff. zu vergleichen.

10) „Der Herr wird dein Gefängniß wenden, שׁוּב שְׁבוּת, und dich wieder versammeln (Deut. 30, 3, Jer. 29, 14).“ Der Gedanke, anders ausgesprochen, kommt auch vor Levit. 26, 42—45, die wohl richtigere Uebersetzung ist übrigens (Hengestnberg Beiträge zur Einleit. ins A. T.

B. 2, die Authentie des Pentateuches 1836 S. 104 ff.) „Der Herr wird zurückkehren zu deinem Gefängniß;“ schon Ps. 14, 7, Hos. 6, 11, Amos 9, 14 haben die Wortverbindung (auch Hiob 42, 10 findet sie sich). Dieselben Worte stehen auch in dem, höchst wahrscheinlich früher als Jeremia weissagenden, Zephania 2, 7: כִּי יִפְקְדֵם יְהוָה אֱלֹהֵיהֶם וְשָׁב שְׁבוּתָם (Kri. שְׁבִיתָם); und auch der Ausdruck קִבֵּץ nebst שׁ׳ שָׁב 3, 20: וּבָעֵת קַבְּצִי אֶתְכֶם כִּי ··· בְּשׁוּבִי אֶת שְׁבוּתֵיכֶם. Außer Jer. 29, 14, wo das Kethib שְׁבִית ist, also die jüngere Form des Wortes, kommt jene Formel auch vor: 30, 3, (ו) V. 18 (ו), 31, 23 (ו); 32, 44 (und Hiphil הֵשִׁיב) 33, 7 und 11 (beide Male mit der Form ו und Hiphil), V. 26 (ו und im Kri Hiphil). 48, 47 (ו). 49, 5) (ו und Hiphil). V. 39 (im Keth. שְׁבִית und Kal, des Kri umgekehrt ו und Hiphil). Die Hiphilform kommt in dieser Wortverbindung im Deut. nicht vor. Und in Beziehung auf Ez. 16, 53 bemerkt Hengstenberg ganz mit Recht, daß sie eine Stelle wie Deut. 30, 3 voraussetze.

11) „Erde höre die Rede meines Mundes (Deut. 32, 1 Jerem. 6, 19).“ Aber gerade das alterthümliche des Deut. אִמְרֵי־פִי hat Jeremia nicht, sondern nur שִׁמְעִי הָאָרֶץ cf. Jes. 49, 13.

12) „Das Feuer ist angegangen durch meinen Zorn“ (Deut. 32, 22. Jerem. 15, 14, 17, 4).“ Das Deut. hat aber in demselben Verse die Form וַתִּיקַד also in Kal, Jeremias beidemale תּוּקַד also in Hophal; Jer. 17, 4 steht übersetzt Verbum aktivisch, wie es auch sonst häufig vorkommt z. B. Jesaj. 50, 11, 64, 1. Jedenfalls ist es eine Anspielung auf die Stelle des Deuter., die Mehreres enthält, was bei Jerm. niemals vorkommt.

13) „Israel wird sicher wohnen (Deut. 33, 28, Jerem. 23, 6, 33, 16).“ Gewiß ist dieß wieder eine Anspielung auf das Deuteron.; aber gegenseitig durch Spracheigenthümlichkeit sind beide geschieden; statt des dem Deuteron. gewöhnlicheren בֶּטַח hat beide Male Jeremia das ihm geläufigere לָבֶטַח; בָּדָד, שָׁמָיו יַעַרְפוּ טָל kommmen bei Jeremia nicht vor; ebenso sind die Namen יְהוּדָה und יִשְׂרָאֵל als Feminina im Deuteronomium noch nicht gebräuchlich, wie jenes beide

Male bei Jeremia vorkommt. Dergleichen Eigenthümlichkeiten aber beweisen mehr als noch so viele aufgeraffte Stellen, und zeigen recht entschieden die freie eigenthümliche Benutzung der früheren und älteren Schrift.

14) „Beide Schriften eifern fast allein gegen Verehrung von Sonne und Mond (Deut. 17, 3, Jerem. 8, 2).“ Es hätte noch Deut. 4, 19 angeführt, und Jer. 19, 13 wenigstens berührt werden sollen. Auch Zephania 1, 5 wird das Heer des Himmels (צְבָא הַשָּׁמָיִם) als Gegenstand eines abgöttischen und sträflichen Kultus genannt.

15) „Beide warnen gegen falsche Propheten (Deut. 13, 1, 18, 20. Jer. 14, 13, 23, 16, 17).“ Gab es falsche Propheten, so mußte dagegen gewarnt werden, und noch früher mußte es Gesetze gegen dieselben geben. Daß es aber falsche Propheten gegeben hat, sagt die Geschichte. 1 Kön. Kap. 22, 2. Kön. 3, 15.

16) „Das Zersetzen des Körpers bei der Trauer rügt außer beiden (Deut. 14, 1, Jerem. 16, 6, 41, 5) nur noch Levit. 19, 28,“ welcher Grund für die Verwandtschaft des Deuter. und des Jerem. durch das zuletzt Angeführte aufgehoben wird. Es ist übrigens die Stelle Jerem. 47, 5 übergangen; und was noch merkwürdiger ist, von Rüge dieses Gebrauches kommt bei Jeremia nicht das Allermindeste vor; er erscheint als üblich in der damaligen Zeit bei Hebräern und Philistern.

Das ist also die Reihe der triftigsten Gründe, durch welche ein Ehrenmann, ja was mehr ist, ein Prophet des lebendigen Gottes, zu einem erbärmlichen Betrüger und zwar einem Betrüger, der die Religion zum Deckmantel gebraucht haben soll, degradirt wird. Man erstaunt in der That über die Leichtfertigkeit einer solchen Argumentazionsweise, die so zuversichtlich und wohlgefällig offenbar Falsches aufstellt, und dann triumphirend ausruht: „So spielt wahrlich der Zufall nicht, daß, ohne erweisbare Nachahmung von beiden Seiten, einzig und allein durch zwei Schriften eine gewisse Familienähnlichkeit, welche in keinem andern biblischen Buche ihre verwandten Züge findet, sich hinzieht, sondern Vater und Sohn müssen gemeinschaftlich an dem Compendium des Gesetzes gearbeitet haben." Nein! das ist eine Schande, wenn es einem Professor möglich ist, eine solche Stelle niederzuschreiben; wie? „einzig und allein durch zwei Schriften" soll eine gewisse Familienähnlichkeit, welche in keinem andern biblischen Buche (von Bohlen hat zunächst wieder wohl nur alttestamentlichen Buche sagen wollen) ihre verwandten Züge findet? weiß denn von Bohlen gar Nichts von der allgemein anerkannten Sprachverwandtschaft des Buches Josua mit dem Pentateuche, namentlich mit dem Deuteronomium? gar Nichts von der größtentheils anerkannten Sprachverwandtschaft oder Familienähnlichkeit des Buches Esra und der Bücher der Chronik? worüber Dr. Morers (Kritische Untersuchungen über die biblische Chronik S. 17) sagt: Wenn je aus der Aehnlichkeit in Sprache und Darstellungsweise verschiedener Schriften ein Beweis für die Identität des Verfassers geführt werden kann, so gilt dies von den bezeichneten Stücken (K. 1, K. 3, K. 4, 1–7, K. 6, 16–22, außerdem K. 7, 1—5, 6. 10) in denen fast bei jedem Verse der Stil und die Manier der an charakteristischen Eigenthümlichkeiten verschiedener Art reichen BB. der Chronik sich bemerklich machen, welches er dann S. 17—24 ausführlich und überzeugend nachweist vgl. Knil's Apolog. Versuch über die Bücher der Chronik S. 146 ff. Von Bohlen ignorirt aber nur, und legt eben darin das Bekenntniß seiner Schwäche ab, nach dem von ihm selbst aufgestellten Beurtheilungskanon. Und wie alt mochte denn doch wohl Jeremia gewesen sein, als er gemeinschaftlich mit seinem vermeinten Vater Hilkia (vgl. darüber Dr. Morers in der Bonner Zeitschrift 1836 Heft XVII. S. 170, wonach der Hohepriester nicht sein Vater war, cf. Bertholdt Einl. S. 1411) an dem Kompendium des Gesetzes arbeitete? Verdient so ein Betrüger, wie er nun einmal von v. Bohlen hingestellt wird, noch einigen Glauben, so war er bei seiner Berufung zum Propheten noch sehr jung (Jer. 1, 6.), welches wir, die wir ihn nicht für einen Betrüger halten, festiglich für wahr halten. Aber alles Gerede von Bohlen's verschwindet als durchaus nichtig, wenn man die Sprache beider Schriften genauer durchforscht; bei jedem weiteren Schritte auf diesem Wege überzeugt man sich immer inniger davon, daß alle angeführte Familienähnlichkeit oder Verwandtschaft in der Sprache eine nachgebildete, aus der innigen Bekanntschaft des Propheten mit dem Pentateuche, namentlich dem Deuteronomium, hervorgehende ist, daß die ähnlichen Stellen mehr oder weniger wörtliche aus dem Gedächtniß niedergeschriebene Zitate und Reminiszenzen sind; es läßt sich also wirklich jene Nachahmung erweisen; und aus der mit so gewaltigen Worten angepriesenen aber nicht nachgewiesenen Familienähnlichkeit, wird, wenn man jene Nachahmungen abrechnet, und mit der Forschung einigermaßen tiefer eindringt, eine höchst bedeutende Verschiedenheit in Sprache und Darstellung. Das Folgende stelle ich nur als einen Versuch, als einen Anfang hin, und bin überzeugt, daß bei jeder ferneren und tiefer dringenden Untersuchung meine Behauptungen und Ergebnisse nur immer mehr sich bestätigen müssen.

Ich werde zuerst des Propheten Jeremia Sprache untersuchen, und gehe dann zu der des Deteuronomiums fort; in beiden Hauptabtheilungen werde ich 1) Wörter, Wortverbindungen und Redensarten oder Phrasen aufführen, 2) das Grammatische in einzelnen Formen, im Syntaktischen und in der Satzverbindung durchgehen und 3) Einiges, ganz Weniges über den Stil beider Schriften hinzufügen. Das letzte (52ste) Kap. des Jer. lasse ich beinahe ganz außerhalb des Kreises meiner Untersuchung; auch die Klagelieder werden nur sehr fragmentarisch herangezogen.

I. Die Sprache des Propheten Jeremia.

1) Wörter, Wortverbindungen und Redensarten oder Phrasen.

Die Wortverbindung נְאֻם־יְהוָֹה oder נְאֻם אֲדֹנָי יי׳ kommt niemals im Deuteronomium, außerordentlich häufig bei Jeremia vor; 1, 8. 15. 19. 2, 3. 9. 12. 19. 22 († אֲדֹנָי). 3, 1. 10. 12 (zweimal). 13. 14. 16. 20. 4, 1. 9. 17. 5, 9. 11. 15. 18. 22. 29. 6, 12. 7, 11. 13. 19. 30. 32. 8, 1. 3.

13. 17. 9, 2. 5. 8. 21 (כֹּה נְאֻם־יי׳). 23 24. 13, 11. 14. 25. 15, 3. 6. 9. 20. 16, 5. 11. 14. 16. 17, 24. 18, 6. 19, 6. 12. 21, 7. 10. 13. 14. 22, 5. 16. 24. 23, 1. 2. 4. 5. 7. 11. 12. 23. 24 (zweimal). 28. 29. 30. 31 (einmal נ׳ יי׳, einmal bloß נְאֻם). 32 (zweimal). 33. 25, 7. 9. 12. 29. 31. 27, 8. 11. 15. 22. 28, 4. 29, 9. 11. 14 (zweimal). 19 (zweimal). 23, 32. 30, 3. 8. 10. 11. 17. 21. 31, 1. 14. 16. 17. 20. 27. 28. 31. 32. 33. 34. 36. 37. 38. 32, 5. 30. 44. 33, 14. 34, 5. 17. 22. 35, 13. 39, 17. 18. 42, 11. 44, 29. 45, 5. 46, 5. 18 (נ׳־הַמֶּלֶךְ יְהוָֹה צְבָאוֹת שְׁמוֹ). 23. 26. 28. 48, 12. 15 (wie 46, 18). 25. 30. 35. 38. 43. 44. 47. 49, 2. 5. (am Anfange; am Ende: אָמַר יְהוָֹה). 6. 13. 16. 26. 30. 31. 32. 27. 38. 39. 50, 4. 10. 20. 21. 30. 31. 35. 40. 51, 24. 25. 26. 39. 48. 52. 53. 57 (wie 46, 18 und 48, 15). Also nur in den Kapp. 20. 24. 26. 36—38. 40. 41. 47 (und 52) kommt es nicht vor.

Niemals kommen im Deuteronomium die Wendungen vor: וַיְהִי דְבַר־יְהוָֹה אֵלַי לֵאמֹר 1, 4. 11. 13. 2, 1. 13, 8. 14, 11. 15, 1. 16, 1. 18, 5. 24, 4 ; oder: וַיְהִי דְבַר־יְהוָֹה אֶל־יִרְמְיָהוּ לֵאמֹר 29, 30. 32, 26. 33, 1. 35, 12. 37, 6. oder: הַדָּבָר אֲשֶׁר הָיָה אֶל־יִרְמְיָהוּ מֵאֵת יְהוָֹה לֵאמֹר 7, 1. 11, 1. 18, 1. 21, 1. 30, 1. 32, 1. 34, 1. 8. 35, 1. 40, 1. 44, 1. לֵאמֹר (ohne מֵאֵת יְהוָֹה cf. 25, 1. 26, 1. 27, 1; oder: אֲשֶׁר הָיָה דְבַר יְהוָֹה אֶל יִרְמְיָהוּ 14, 1. 46, 1. 47, 1. 49, 34; כֹּה אָמַר יְהוָֹה (לְאִישׁ יְהוּדָה וְלִירוּשָׁלִַם 2, 2. 5. 4, 3. 27. 5, 14. († אֱלֹהֵי צְבָאוֹת) 6, 6 u. 9 († צְבָאוֹת) 16. 21. 22. 7, 3. 20. (אֲדֹנָי יי׳) 21. (wie 7, 3.) 9, 6. († צְבָאוֹת). 14 (wie 7, 3). 16 († צְבָאוֹת). 22. 10, 18. 11, 11. 21. 22 († צְבָאוֹת). 12, 14. 13, 9. 12 († אֱלֹהֵי יִשְׂרָאֵל); 13. 14, 10. 16, 3. 5. 9 (wie 7, 3). 17, 5. 19. 18, 11. 13. 19, 1. 3. (wie 7, 3) 11 († צְבָאוֹת). 15 (wie 7, 3). 20, 4. 21, 4 († אֱלֹהֵי יִשְׂרָאֵל). 8. 12. 22, 1. 3. 18. 30. 23, 2 (wie 13, 12. 21, 4) 15 († צְבָאוֹת). 16 (ebenso). 24, 5 (wie 13, 12). 8. 25, 8 († צְ׳). 27 (wie 7, 3). 28 († צְבָאוֹת). 32 (ebenso). 26, 2. 4. 27, 19 († צְבָאוֹת). 28, 13. 16. 29, 4. (wie 7, 3). 8 (ebenso) 10. 16. 17 († צְבָאוֹת). 21. (wie 7, 3) 31. 32. 30, 5. 12. 18. 31, 2. 7. 15. 23 (wie 7, 3). 35. 37. 32, 3. 14 (wie 7, 3). 28. 36. (wie 7, 3). 42. 33, 2. 4 (wie 13, 12).

10. 17. 34, 2 (wie 13, 12). 35, 18 (wie 7, 3). 19 (ebenso). 37, 7 (wie 13, 12). 38, 3. 42, 15 und 18 (wie 7, 3). 43, 10 (wie 7, 3). 44, 7 (אֱלֹהֵי צְבָאוֹת אֱלֹהֵי יִשְׂרָאֵל). 11 (wie 7, (3.) 45, 4. 46, 25 (ohne כֹּה, sonst wie 7, 3). 47, 2. 48, 1. (wie 7, 3). 40. 49, 1. 7 († צְבָאוֹת). 12. 28. 35 († צְבָאוֹת). 50, 18 (wie 7, 3). 33 († צְבָאוֹת). 51, 1. 33 (wie 7, 3). 36 († צְבָאוֹת). שִׁמְעוּ דְבַר־יי sehr häufig z. B. 31, 10.

Niemals kommt im Deuteronomium und im ganzen Pentateuche, sehr oft bei Jeremia vor der Name Gottes יְהוָה צְבָאוֹת, auch mit voranstehendem אֲדֹנָי oder vor צְבָאוֹת eingeschobenem אֱלֹהֵי: 2, 19 († אֲדֹנָי). 6, 6. 9. 7, 3. 21. 8, 3. 9, 6. 14. 16. 10, 16. 11, 17. 20. 22. 15, 16 († אֱלֹהֵי). 16, 9. 19, 3. 11. 15. 20, 12. 23, 15. 16. 36. 25, 8. 27. 28. 29. 32. 26, 18. 27, 4. 18. 19. 21. 28, 2. 14. 29, 4. 8. 17. 21. 25. 30, 8. 31, 23. 35. 32, 14. 15. 18. 33, 11. 12. 35, 13. 17 († אֱלֹהֵי) 39, 16. 42, 15. 18. 43, 10. 44, 2. 7 († אֱלֹהֵי). 11. 25. 46, 10 (zweimal † לַאדֹנָי). 48, 1. 15. 49, 5. † אֲדֹנָי). 7. 26. 35. 50, 18. 25 († לַאדֹנָי). 31 (אֲדֹנָי). 33. 34. 51, 5. 14. 19. 33. 57. 58.

אֲדֹנָי יְהוָֹה kommt auch zweimal im Deuteronomium vor (3, 24. 9, 26) aber nur als Anrede, nicht als Nominativ; bei Jerem. steht es 1, 6. 2, 22. 4, 10. 7, 20. 14, 13. 32, 17. 25. 44, 26 und zwar zweimal als Nominativ (2, 22. 7, 20).

Die Bezeichnung Gottes als חֵלֶק יַעֲקֹב 10, 16. 51, 19 ist dem Deuteronomium fremd; ebenso wird nicht von ihm gesagt יוֹצֵר הַכֹּל הוּא wie Jer. 10, 16. 51, 19; eigenthümlich ist ebenso dem Jeremia die Aussage: עֹשֵׂה אֶרֶץ בְּכֹחוֹ מֵכִין תֵּבֵל בְּחָכְמָתוֹ וּבִתְבוּנָתוֹ נָטָה שָׁמַיִם 10, 12. 51, 15; eigenthümlich ist ihm אֵל גְּמֻלוֹת יְהוָֹה 51, 56; eigenthümlich (immer im Verhältniß zum Deut.) ist ihm 16, 19: יְהוָֹה עֻזִּי וּמָעֻזִּי וּמְנוּסִי; ebenso יְהוָֹה עֹשֶׂה חֶסֶד מִשְׁפָּט וּצְדָקָה בָּאָרֶץ 9, 23; מֶלֶךְ הַגּוֹיִם 10, 7; מִקְוֵה יִשְׂרָאֵל 14, 8. 17, 13. 50, 7. קְדוֹשׁ יִשְׂרָאֵל 50, 29. 51, 6. נְוֵה צֶדֶק 31, 23. 50, 7; הַר הַקֹּדֶשׁ 31, 23; אֱלֹהֵי כָּל־בָּשָׂר 32, 27. אֱלֹהִים אֱמֶת und מֶלֶךְ עוֹלָם 10, 10.

Niemals kommt im Deuteronomium die Bezeichnung בֵּית יַעֲקֹב oder בֵּית יִשְׂרָאֵל vor; Jeremia hat dieselbe 2, 4 (beide) 26. 8, 18. (beide), 29. 5, 11 (beide). 19. 25. 9, 25. 21, 10 und 17 (beide). 12, 14. 13, 11 (beide). 18, 6 (beide). 23; 8. 34, 27 (beide). 31 (beide). 33. 33, 14 (beide). 17. (cf. קוֹל הָרְכָבִים 35, 2. 18). 36, 48, 3. 18; niemals בְּתוּלַת יִשְׂרָאֵל als Bezeichnung des ganzen Volkes wie Jer. 2, 32. 31, 21. cf. 14, 17. dagegen im Deut. 22, 19. eine israelit. Jungfrau cf. Jer. 8, 11. 19. 21. 22. 14, 17.

Niemals sind im Deut. die Wörter יְהוּדָה und יִשְׂרָאֵל zur Bezeichnung des Landes, weiblichen Geschlechtes wie bei Jeremia 1, 18. 2, 16 ff. 3. 6 ff. 13, 19. 22. 14, 2. 15, 13. 23, 6 (יְהוּדָה weiblich, יִשְׂרָאֵל männlich) 31, 3. 21 ff. 33. 16; בְּיִשְׂרָאֵל Deut. 17, 4. 18, 1. 6. 19, 13 bedeutet: „im (Volke) Israel.“ Daran schließt sich gleich die Bemerkung, daß Jeremia כַּשְׂדִּים als Name Mesopotamiens gebraucht, wie dieß besonders 51, 24. 35 klar hervortritt, wo er von יֹשְׁבֵי כַשְׂדִּים spricht; ebenso entschieden 50, 10: וְהָיְתָה כַשְׂדִּים לְשָׁלָל cf. 37, 10. 39, 5. 50, 35; אֶרֶץ כַּשְׂדִּים steht 25, 12. 50, 1. 8. 25. 45. 51, 4. 54. Im Deuteronomium heißt Mesopotamien אֲרַם נַהֲרַיִם 23, 5; eines der daher stammt אֲרַמִּי 26, 5; bei Jerem. 35, 11 heißt einmal das Chaldäerheer חֵיל אֲרָם, ohne נַהֲרַיִם. Das Volk heißt bei Jeremia הַכַּשְׂדִּים 21, 4. 9. 22, 25. 32, 4. 5. 24. 28. 29. 43. 33, 5. 35, 11. 37, 5. 8. 9. 11 (cf. 13. 10. 13. 14), 38. 2. 18. 19. 23. 39, 8. 40, 9. 10. 41, 3. 18. 43, 3 (cf. 52, 7. 8. 14. 17.).

Niemals kommt der abgöttische Kultus der fremden oder anderen Götter, als der einzige wahre Gott Jehovah, im Deuteronomium unter der Bezeichnung vor, daß man ihnen nicht räuchern solle, wie bei Jeremia וַיְקַטְּרוּ לֵאלֹהִים אֲחֵרִים (oder קַטֵּר לַבַּעַל ff.) 1. 16. 7, 9. 11, 12. 13. 17. 71 15. 19, 4. 13. 32, 29. 44, 3. 5. 8. 15. 17. 18. 19. 21. 23. 25. cf. 48, 35. oder ihnen nicht Trankopfer darbringen solle cf. Jerem. 7, 18. 19, 13. 32, 29. 44, 17 ff.]

Diese anderen Götter werden näher bezeichnet als הַבַּעַל oder als die mehreren הַבְּעָלִים 2, 8. 23 (Plur.) 12, 13. 17. 19, 5. (zweimal). 23, 13. 27. 32, 29. 35, als מְלֶכֶת הַשָּׁמַיִם 7, 18. 44, 17. 18. 19. 25; als הַשָּׁוְא 2, 30. 4, 30. 6, 29. 18, 15; ganz anders kommt der Ausdruck vor Deuteron. 5

17 (עָרִשׁ). cf. Jer. 2, 30. 4, 30. 6, 29. 46, 11; als מֹלֶךְ 32, 35; als הַבֹּשֶׁת (Femin.) 3, 24. 11, 13; unterschieden werden sie in dem Ausdrucke אַחֲרֵי לֹא יוֹעִילוּ הָלָכוּ 2, 8 vgl. V. 11. עַמִּי הֵמִיר כְּבוֹדוֹ בְּלוֹא יוֹעִיל, welche insgesammt im Deuteronomium (mit Ausnahme von בַּעַל פְּעוֹר Deut. 4. 3. zweimal cf. 23, 16) nicht vorkommen; die Umschreibung Jer. 2. 8. 11 bezieht sich auf das zweimal im Deuteron. 13, 14. 15, 9. vorkommende בְּלִיַּעַל; sie sind הַהֶבֶל Jer. 2, 5. 8, 19. 10, 3. 8. 15. 14, 22. 16, 19. 23, 16. 51, 18, dem dichterischen הַבְלֵיהֶם Deuter. 32, 21 nachgebildet; die אֲשֵׁרֵיהֶם 17, 2 kommen auch Deuter. 7, 5. 12, 3. vor, und 16, 21 der Singularis אֲשֵׁרָה. Es sind שִׁקּוּצִים Jer. 4. 1. 7, 30. 13, 27. 16, 18. 32, 34 (im Deut. nur 29, 16), und גִּלּוּלִים Jer. 50, 2. und Deut. 29, 16; cf. auch Jer. 10, 15.

Niemals kommt im Deuteron. die beliebte Wortverbindung des Jeremia vor לִנְתוֹשׁ וְלִנְתוֹץ וּלְהַאֲבִיד וְלַהֲרוֹס לִבְנוֹת וְלִנְטוֹעַ 1 10, (הָרַס findet sich im Deut. gar nicht, נָתַשׁ nur 29, 27); 18, 7 (die drei ersten Worte cf. 31, 28 לִנְתוֹשׁ וְלִנְתוֹץ וְלַהֲרֹס וּלְהַאֲבִיד וּלְהָרֵעַ). V. 40: לֹא־יִנָּתֵשׁ וְלֹא־יֵהָרֵס עוֹד; 42, 10: וּבָנִיתִי .. וְלֹא אֶהֱרֹס וְנָטַעְתִּי .. וְלֹא אֶתּוֹשׁ

Niemals kommt die Formel im Deut. vor, welche nicht selten im Jeremia ist: לֹא יוּכְלוּ לָךְ (sie werden dich nicht überwältigen uff., auch ohne לְ und angehängtes Pronom) 1, 19. 3, 5 und 5, 22 (ohne לְ). 15, 20. 20, 7 (ohne לְ). 9. 10. 11 (ohne לְ) 38, 22. 49, 10 und 23 (ohne לְ).

Niemals, so oft auch עַל־כֵּן für deshalb im Deutron. ist, kommt in demselben der so häufig bei Jeremia erscheinende Ausdruck לָכֵן vor: 2, 9. 33. 5, 2. 14. 6, 15. 18. 21. 7, 20. 32. 8, 10. 12. 9, 6. 14. 11, 11. 21. 22. 14, 15. 15, 19. 16, 14. 21. 18. 13. 21. 19, 6. 7. 12. 15. 38. 39. 25, 8, 28, 16. 29, 32. 30, 16. 32, 28. 36. 34, 17. 19. 36, 30. 42. 15. 44, 11. 26. 48, 12. 49, 2. 20. 26. 50, 18. 30. 39. 45. 51, 36. 47. 51; der Ausdruck עַל־כֵּן findet sich nur in folgenden Stellen bei Jerem. 5, 27. 10, 21. 12, 8. 20, 11. (29, 8. 38, 4. steht כִּי עַל־כֵּן dort wohl: denn deshalb hier: denn so). 31, 3. 20. 44, 23 (bei Gelegenheit einer recht eigentlichen Reminiszenz aus dem Deuter. wie etwa Deut. 26, 17. und 31, 29). 48,

31. 36 (zweimal). 51, 7. Im Deut. steht עַל־כֵּן 5, 15. 10, 9. 15, 11. 15. 19, 7. 24, 18. 22.

Lieblingsausdrücke des Jeremia, die im Deuter. sich nicht vorfinden, sind שֶׁבֶר und שֶׁבֶר גָּדוֹל: 4, 6. 20. (zweimal) 6, 1. 14. 8, 11. 21. 17, 19. 14, 17. 30, 12. 15. 48, 3. 5. 50. 22. 51, 54.

Durchaus fremd sind der Sprache des Deuter. die Ausdrücke מֵאֵין, מִבְּלִי, (beide ganz besonders mit Partizipien) und מִן in den folgenden Verbindungen מֵאֵין יוֹשֵׁב (so daß kein Einwohner ist) 4, 7. 26, 9. 33, 10. (wo es außerdem noch viermal vorkommt מֵאֵין אָדָם zweimal, מִבְּהֵמָה zweimal). 34. 22. 44, 22. 46, 19. 49, 9. 51, 29. 37. מֵאֵין מָקוֹם (so daß kein Raum ist) 7, 32, 19. 11. מֵאֵין אָדָם, 32, 43. 33, 10 (zweimal, und mit בְּהֵמָה zweimal, s. oben). 12. מֵאֵין כָּמוֹךָ 10, 6. und 7. מֵאֵין כָּמוֹהוּ 30, 7. מִבְּלִי יֹשֵׁב 2, 15. 9, 10. מִבְּלִי אִישׁ עוֹבֵר 9, 9. מִבְּלִי עֹבֵר 9, 10 (im Deut. ganz anders nur 4, 42. und 19, 4. בִּבְלִי דַעַת ohne es zu wissen und 28, 55 מִבְּלִי הִשְׁאִיר sintemal oder weil (ihm) nicht übrig ist (cf. 9, 28 מִבְּלִי יְכֹלֶת, weil er nicht konnte; und endlich מִן in der Verbindung מִגּוֹי 48, 2. (daß es kein Volk mehr ist). מֵעָם 48, 42.

Eigenthümlich ist dem Jeremia, dem Deut. gegenüber, die Verbindung der drei Landplagen Schwert (Krieg), Hungersnoth und Pest, die in allen den Drohungen, die das Deut. besonders Kap. 28 enthält, niemals so zusammengestellt sind; zuweilen sind es auch nur zwei בַּחֶרֶב וּבָרָעָב וּבַדֶּבֶר אָנֹכִי מְכַלֶּה אוֹתָם 14, 12. 18, 21. 21, 7. 9. 24, 10. 27, 8. 13. 29, 17. 18. 32, 24. 36. 34, 17. 42, 16. und 17. 22. 44, 13; zwei kommen vor: 5, 12. 11, 22. 14, 15 (zweimal). 15, 2. 16, 4. 44, 12. 18. 27.

Das nur einmal im Deuter. vorhandene מַעֲלָלִים 28, 20. מִפְּנֵי רֹעַ מַעַלְלֵיכֶם ist ein höchst wahrscheinlich aus diesem so häufig nachgebildeten Kapitel des Deut. entnommener Lieblingsausdruck des Jeremia 4, 4. 18. 7, 3. 5. 11, 18. 17, 10. 18, 11. 21, 12. 14. 23, 2. 22. 25, 5. 26, 3. 13. 32, 19. 35, 15. 44, 22.

Niemals findet sich im Deut. die Wortverbindung עָשָׂה שֶׁקֶר 6, 13. 8, 10; das im Deuteron. so seltene שֶׁקֶר 19; 18. עֵד שֶׁ'

gehört zu des Propheten Eigenthümlichkeiten 3, 16. 23. 5, 2. 31. 7, 4. 8. 9. 8, 8 (zweimal), 9, 2. 10, 14. 13, 25. 14, 14) (zweimal). 16, 19. 20, 6 (zweimal) 23, 26. 32 (zweimal) einmal im Plural) 27, 10. 14. 15. 16. 28, 15. 29, 9. 21. 23. 31. 37, 14. 40, 16. 43, 2.

Die Redensart 'בִּקֵּשׁ נֶפֶשׁ פ Jemandes Seele (Leben) suchen, ihm nach dem Leben trachten, ist dem Deuteron. fremd, häufig bei Jeremia 4, 30. 11, 21. 19, 7. 9. 21, 7. 22, 25. 34, 20. 21. 38, 16. 44, 30 (zweimal). 46, 26. 49, 37.

Die Redensart עָשָׂה כָלָה findet sich niemals im Deut., bei Jeremia steht sie 4, 27. 5, 10. 18. 30, 11. (zweimal) 46, 28 (zweimal).

Ebenso ist's mit הִטָּה אֶת־אָזְנוֹ bei Jerem. 7, 24. 26. 11, 8. 17, 23. 25, 4. 34, 14. 35, 15. 44, 5.

Ebenso ist's mit וְלֹא עָלְתָה עַל־לִבִּי; bei Jerem. 7, 31, 19. 5. 32, 35. 44, 21. cf. 3, 16. 51, 50.

Niemals kommt im Deuter. der Ausdruck שָׁדַד vor; sehr häufig bei Jerem. 4, 13. 20 (zweimal). 30. 5. 6. 6, 26. 9, 18. 10, 20. 12, 12. 15, 8. 25, 36. 47, 4 (zweimal). 48, 1. (V. 3 das dem Deut. ebenfalls unbekannte שֹׁד) 8. 15. 32. 49, 3. 10. 28. 51, 48. 53. 55. 56.

Das mit dem Pronomen im Deuter. verhältnißmäßig so seltene הִנְנִי wie הִנְּכֶם uff. Deut. 1, 10. (22, 17). 31, 16 ist ganz außerordentlich häufig, namentlich mit darauf folgendem Partizipium im Jerem. 1, 15. 2, 35. 3, 22. 5. 14. 15. 6, 21. 8, 17. 9, 6. 14. 10, 18. 11, 11. 22. 12, 14. 13, 13. 16. 9. 12. 16. 21. 18, 3. 19, 3. 15. 20, 4. 21, 4. 8. 13. 23, 2. 15. 17. 30. 32. 39. 24, 7. 25, 9. 26, 14. 28, 16. 29, 17. 21. 32. 30. 10. 18. 23. 31, 8. 32, 3. 28. 37. 33, 6. 34, 2. 17. 22. 35, 17. 36, 12. 38, 5. 39, 16. 40, 10. 42, 4. 43, 10. 44, 2. 11. 26. 27. 30. 45, 5. 46, 25. 27. 47, 2. 49, 5. 35. 50, 18. 31. 51, 4. 25. 36. Der bessern Uebersicht wegen, mögen gleich hier die andern Stellen, die sich auf die Vorstellung siehe! uff. beziehen, aus dem Deuter. und dem Jerem. beisammen stehen. Ohne angehängtes Pronomen steht das bloße הִנֵּה im Deut. 3, 11. 13, 15. 17. 4. 19, 18. 22, 17. 26, 10 (וְעַתָּה ה'); im Jerem. 1, 6. 9. 18. 3, 5. 4, 13. 16. (23. 24.) 6, 10 (zweimal) 19. 22. 7, 8. 11. 20. 8, 8. 9. 15. 19. 10, 22. 13, 7. 14, 13. 18 (zweimal) 19. 17, 15. 18, 6. 11. 23, 19. 25, 29. 32. 27, 16. 32, 24. 27. 37, 7. 38, 22. 40, 4. 45, 4. 48, 40. 49, 12. 15. 19. 22. 50, 9. 12. 41. 44. Die einfachere Form הֵן steht im Deut. 5, 21. 10, 14. 31, 14. 27; im Jerem. nur 3, 1 (2, 10 heißt es: ob, in welcher Bedeutung es niemals im Deuteron. vorkommt). Die Wortverbindung רָאִיתִי ... וְהִנֵּה findet sich sowohl im Deut. 9, 13. 16, als auch bei Jerem. 4, 23. 24. 25. 26. Das im Deuteron. dagegen häufigere רְאֵה (1, 8. 21. 2, 24. 31. (3, 27). 4, 5. 11, 26. 30, 15). findet sich nur Jerem. 1, 30. 40, 4; רְאוּ Deut. 32, 39 und Jer. 2, 10. (7, 12); das Deuteron. sonst 22, 17 וְהִנֵּה הוּא, Jeremia 18, 3 dagegen הִנֵּהוּ die Wortverbindung, die so häufig bei Jeremia vorkommt הִנֵּה יָמִים בָּאִים findet sich niemals im Deuteronomium; bei Jerem. 7, 32. 9, 25. 16, 14. 19, 6. 23, 5. 7. 30, 3. 31, 27. 31 (V. 38 fehlt בָּאִים als Kethibh, wird aber als Kri gelesen, und schon von den LXX. ausgedrückt ἰδοὺ ἡμέραι ἔρχονται 33, 14. 48, 12. 49, 2. 51, 47. 52.

So häufig der Ausdruck הִשָּׁמֵר und שָׁמַר im Deuter. ist (siehe unten), so kommt doch die Wortverbindung הִשָּׁמְרוּ בְּנַפְשׁוֹתֵיכֶם wie Jer. 17, 21 nicht vor.

Das öfter bei Jeremia 3, 20. 23 (zweimal). 4, 10. 8, 8 vorkommende אָכֵן und das ebenfalls oft vorkommende אוּלַי Jer. 20, 10. 21, 2. 26, 3. 36, 3. 7. 51, 8. findet sich niemals im Deuteronom. מֵרַע Jer. 24, 2. 3. 8. 25, 5. 29, 17 und das im Jeremia so häufige הִקְשִׁיב 6, 10. 17 (bis) 19. 8, 6. 18, 18. 19. 23, 18 ebenso.

So außerordentlich häufig die Worte חֻקָּה, חֹק und בְּרִית im Deuteronomium vorkommen (siehe darüber unten), so stehen sie doch niemals darin in der Bedeutung von Naturgesetz, wie dieß bei Jeremia der Fall ist; so חָק־עוֹלָם 5, 22. 24; חֻקִּים 31, 36; חֻקּוֹת 31, 35. 33, 25; בְּרִית 33, 20. 25.

Die Anführer der einzelnen Heeresabtheilungen oder Heerhaufen, welche in Deuter. 20, 9 שָׂרֵי צְבָאוֹת heißen, werden durchgehends von Jeremia 40, 7. 13. 41, 13. 16. 42, 1. 8. 43, 4. 5. שָׂרֵי הַחֲיָלִים genannt.

Niemals wird im Deuteronomium, wenn von Aegyptens Königen die Rede ist, zu פַּרְעֹה (ebenso wenig wie im ganzen Pentateuche) der wirkliche Name hinzugesetzt; dieß geschieht bei Jeremia in den Stellen 44, 30: פרעה חָפְרַע מֶלֶךְ־מִצְרַיִם (Apries) und 46, 2: פַּרְעֹה נְכוֹ מֶלֶךְ־מ׳; obgleich die ältere Weise des Pentateuches auch vorkommt 25, 19. 37, 5. 7. 11. 43, 9. 46, 17. 25 (zweimal) 47, 1.

An die Stellen des Deuteron. 4, 28 אֱלֹהִים מַעֲשֵׂה יְדֵי אָדָם und 27, 15 (cf. Jerem. 10, 39 (zweimal). 15 אֲשֶׁר יַעֲשֶׂה פֶסֶל וּמַסֵּכָה תּוֹעֲבַת י״ מַעֲשֵׂה יְדֵי חָרָשׁ sich anschließend, heißen bei Jeremia מַעֲשֵׂה יְדֵיהֶם oder מַעֲשֵׂי י׳ ganz vorzüglich Götzenstatuen 1, 16. 25, 6. 7. 14. 32, 30. 44, 8. 48, 7 (vielleicht ist so auch bereits Deut. 31, 29 aufzufassen); in anderer Bedeutung kommt die Redensart כָּל־מַעֲשֵׂה יָדֶךָ (alles was du vornimmst, uff) nicht selten im Deuter. 2, 7. 14, 29. 16, 15. 24, 19. 28, 12. 30, 9 vor, (ähnlich Jer. 25, 14).

Im Gebrauche des Wortes בָּעַר zeigt sich ebenfalls eine Verschiedenheit; weniger bedeutend ist wohl, daß es mit Feuer unmittelbar bei Jer. verbunden wird (אֵשׁ בֹּעֶרֶת 20, 9. 44, 6), während es im Deuteronomium 9, 15 heißt הָהָר בֹּעֵר בָּאֵשׁ; aber, was man gegen die Identität des Verfassers vom Deuteronomium mit dem der früheren Bücher so sehr geltend gemacht hat, de Wette Dissert. in s. Opusc. Theol. S. 258., findet auch bei Jeremia Statt; er braucht niemals das Piel בִּעֵר im Sinne von ausrotten uff. (anzünden Jerem 7, 18.) wie es im Deut. 13, 6. (וּבִעַרְתָּ הָרָע מִקִּרְבֶּךָ). 17. 7, 12 (מִיִּשְׂרָאֵל). 19, 3 (דַּם־נָקִי מִיִּשְׂרָאֵל). 19, 19. 21, 9 (וְאַתָּה תְּבַעֵר הַדָּבָר הַזֶּה מִקִּרְבֶּךָ) V. 21. 22, 21. 22 (wie 17, 12). 24. 24, 7 (cf. auch 26, 13. 14) vorkommt; sondern neben andern Ausdrücken bedient er sich gerade auch das in den vier ersten Büchern Mosis besonders häufiger נִכְרַת 7, 28. 33, 17. 18. 38, 19. (freilich nicht mit הַנֶּפֶשׁ הַהוּא), und ähnlicher das Kal 11, 19. 47, 2 ist auch zu vergleichen (im Hiphil).

So häufig auch der Ausdruck שָׁמַע בְּקוֹל im Deuteron. gebraucht wird, so findet sich doch niemals statt בְּקוֹל die Konstruktion mit לְ und קוֹל, also nicht לְקוֹל, welches Jerem. 18,

19 vorkommt; daß auch בְּקוֹל bei Jerem. vorkommt, wie z. B. 7, 28 uff. ist gewiß.

Niemals stehen im Deuteron. Wortverbindungen wie חָמָס וָשֹׁד; לְחֶרְפָּה וּלְקֶלֶס, wie sie sich in Jerem. 20, 8 finden; alle drei Wörter שֹׁד, חֶרְפָּה, קֶלֶס kennt d. Deut. nicht.

Eben so wenig steht im Deuteron. die Wortverbindung פַּחַד וָפַחַת וָפָח, wie sie Jeremia (48, 43) aus Jesai. 24, 17 herrübergenommen hat, cf. auch Klagelieder 3, 27 ohne das letzte Wort.

Niemals steht im Deuteron. וְהָיוּ .. לְדֹמֶן (oder כְּ) wie es Jeremia (8, 2. 9, 21. 16, 4. 25, 33; vgl. auch 2 Kön. 9, 7) hat; niemals לְשַׁמָּה וְלִשְׁרֵקָה, wie es Jeremia 19, 8 cf. 51, 37. hat; niemals die Wortverbindung לְחָרְבָּה לְשַׁמָּה לִשְׁרֵקָה וְלִקְלָלָה (cf. 44, 22 ohne das vorletzte Wort und 25, 11 ohne die zwei letzten Worte) wie sie Jerem. 25, 8. hat niemals כֹּל עֹבֵר עָלֶיהָ יִשֹּׁם וְיִשְׁרֹק עַל־כָּל מַכֹּתֶיהָ wie sie Jer. 19, 8. 49, 17 vorkommt; niemals die Wortverbindung לְזַוָעָה לְרָעָה .. לְחֶרְפָּה וּלְמָשָׁל לִשְׁנִינָה וְלִקְלָלָה wie sie sich Jerem. 24, 9 vorfindet oder diese לְק' ... לְאָלָה וּלְשַׁמָּה וְלִשְׁרֵקָה וּלְחֶרְפָּה wie sie Jer. 29, 18 steht (über זַוָעָה spreche ich unten; es kommt im Jer. nur noch 15, 4 und 34, 17 vor); niemals לְשַׁמָּה לְחֶרְפָּה לְחֹרֶב וְלִקְלָלָה wie Jer. 49, 13, niemals, לְאָלָה וּלְשַׁמָּה וְלִקְלָלָה וּלְחֶרְפָּה Jer. 42, 18, 44, 12 cf. לְק' וּלְחֶ' 44, 9; לְשַׁמָּה שְׁרוּקֹת עוֹלָם 18, 16; לְחָרְבָּה לִשְׁמָמָה 44, 6., obgleich sich von allen als Typus ganz vorzüglich Deut. 28 nachweisen läßt, welches aber eine Menge von Strafandrohungen hat, die sich niemals im Jeremia vorfinden (das Nähere unten).

Die Zusammenstellung von בְּנֵי יִשְׂרָאֵל וּבְנֵי יְהוּדָה Jer. 32, 30. 33. 50, 4 kommt niemals im Deuteronomium vor, cf. Deut. 10, 16. (und unten).

Das Land Palästina heißt bei Jeremia 1) הָאָרֶץ wie 1, 18 uff. oder bloß אֶרֶץ 3, 2 uff. 2) אֶרֶץ הַכַּרְמֶל 2, 7 — 3) אַרְצִי וְנַחֲלָתִי nennt es Jehova 2, 7. 16, 18, 50, 11. also אֶרֶץ יהוָֹה uff., wie ich auch später das Pronomen umsetzen werde. 4) אֶרֶץ יִשְׂרָאֵל 2, 15. 18, 16. 5) הָאָ' אֲשֶׁר הִנְחַלְתִּי אֶת־אֲבוֹתֵיכֶם (und mit ähnlichen Zusätzen) 2, 18. 7, 7. 30, 3. 32, 22. 6) אֶ' חֶמְדָּה 1, 19. 7) אֶ' יְהוּדָה 4, 7. 31, 23. 37,

1. 39, 10. 40, 12. 43, 4. 5. 44, 9. 14. 22. 28. (zunächst wohl das Land des Reiches Juda, welches nur noch bestand.) 8) א' זָבַת חָלָב וּדְבָשׁ 11, 5. 32, 22. — 9) הַנַּחֲלָה אֲשֶׁר הִנְחַלְתִּי אֶת־ עַמִּי אֶת יִשְׂרָאֵל (und mit ähnlichen Zusätzen) 12, 14 cf. 17, 4.) 10) אַדְמַת יִשְׂרָאֵל 12, 15. 42, 12. 11) אַדְמַת (בְּנֵי יִשְׂרָאֵל mit dem oder einem ähnlichen Zusatze: אֲשֶׁר נָתַתִּי לַאֲבוֹתָם 16, 15 (23, 8 ohne Zusatz) 24, 10. 25, 5. 25, 15. — 12) כָּל־גְּבוּל יְהוּדָה 17, 3. (31. 17.) 13) יְהוּדָה 23, 6. 14) הָאֲדָמָה 28, 16. 15) חֶלְקַת יי 12, 10, auch mit dem Zusatze חֶמְדָּתִי. Vergleicht man diese Namen des Landes mit denen, die im Deuteronomium ihm gegeben werden, so ergeben sich als die dem Jeremia eigenthümlich angehörigen Nr. 2. 3. 4. 6. 7. 10. 11. 12. 13. 15; besonders wichtig aber ist das Fehlen des Namens אֶרֶץ כְּנַעַן Deut. 32, 49 von dem sich nachweisen läßt, daß er nur bis in die Zeit der Richter hinein (in Verbindung mit den ähnlichen, wie z. B. אֶרֶץ הַכְּנַעֲנִי Deut. 1, 7. 11, 30. s. unten) der gewöhnliche, späterhin aber nur der poetische Name des Landes war; daher sein Vorkommen im Pentateuche und Buche Josua.

Statt des Ausdruckes für Sichel im Deuteronomium (חֶרְמֵשׁ 16, 9. 23, 26) hat Jeremia (50, 16) den Ausdruck מַגָּל; Lohn heißt im Deut. 15, 18 שָׂכָר (auch bei Jer. 21, 16) bei Jerem. 22, 13 פֹּעַל (kommt auch 35, 14. 50, 29 vor;) Korb heißt im Deut. טֶנֶא 26, 2 — 5, bei Jer. 6, 9 סַלְסִלָּה es kommt bei Jerem. 7, 24 eine ganz andere Wendung וַיִּהְיוּ לְאָחוֹר וְלֹא לְפָנִים vor, als die wahrscheinlich zu seiner Zeit veraltete des Deut. 28, 13. 44 לְרֹאשׁ ולא לְזָנָב; die Vorstellung genau oder richtig drückt das Deuter. regelmäßig durch הֵטִיב aus (Deut. 9, 21. 13, 15. 17, 4. 19, 18. 27, 8). Jeremia bedient sich der Wendung הֵיטַבְתָּ לִרְאוֹת 1, 12; statt des außerordentlich häufigen Ausdruckes im Deuter. בִּשְׁעָרֶיךָ (5, 14. 6, 9. 11, 20. 12, 12. 13. 17. 18. 21. 14, 21. 27. 28, 29. 15, 7. 22. 16, 5. 11. 14. 18. 17, 2. 5. 8. 18, 6. 23, 17. 24, 14. 26, 12. 28, 52 (zweimal) 55. 57. 31. 12) steht im Jerem. (außer Jer. 14, 2. 15, 7) בְּשַׁעֲרֵי יְהוּדָה 1, 15. 4, 16. 7, 17. 34. 9, 10. 10, 12. 13. 11, 6. 12; 17, 26. 26, 18. 26, 2. 31. 23. 24. 32, 44 (dreimal) 33, 10. 33, 12. 13 (viermal). 34, 7 (zweimal) 22. 36, 9. 40, 5. 3. 10, 44 2. 6. 17. 21; statt der nun im Deuter: vorhandenen Wortverbindung מֵרָחֹק (z. B: גּוֹי מֵ׳ Deut. 28, 49) hat Jeremia neben ihr die noch häufigere מִמֶּרְחָק z. B. גּוֹי מִמֶּרְחָק Jer. 5, 15. אֶרֶץ הַמֶּרְחָק 4, 16. 6, 20; הָאִיִּים מִמֶּרְחָק אֶרֶץ מַרְחַקִּים 31, 10. 7: 8, 19; im Deuter. kommt die Form לֵב nur dreimal vor 4, 11. (Herz des Himmels, also im uneigentlichen Sinne) 28, 65 (לֵב רַגָּז) und 29, 3 (לֵב לָדַעַת) und mit Pronomen nur einmal 29, 18 בִּשְׁרִרוּת לִבִּי; sonst steht immer die volle Form, und zwar allein fünfmal, mit Pronomen 42mal; allein steht es Deuter. 20, 8 (zweimal). 28, 28. 47. 30, 6; mit Pron.: 1, 28. 2, 30. 4, 9. 30, 39: 5, 26. 6, 5. 6. 7, 17. 8, 2. 5. 14. 17. 9, 4. 5. 10, 12. 16. 11, 13. 16, 18. 13, 4. 15, 7. 9. 10. 17, 17. 20. 18, 21. 19, 6. 20, 3. 8. 26, 16. 28, 67. 29, 17. 18 (in demselben Verse: לְבָבוֹ und לִבִּי). 30, 1. 2. 6 (zweimal). 10. 14. 17. 32, 46; Jeremia bedient sich grade umgekehrt der kürzeren Form, der volleren nur mit Pronomen; so steht לֵב 4, 9. 5, 21. 9, 25. 11, 20. 12, 11. 17, 9. 10. 20, 12. 23, 26. 24, 7. 32. 39. 48, 41 (zweimal): 49, 22 (zweimal). 51, 1; mit Pronom. לִבָּהּ uff: 3, 10. 15. 4, 14. 18. 19 (zweimal). 8, 18. 12, 3. 14. 14. 17, 1. 5. 18, 12. 19, 5. 20, 9. 22, 17. 23, 9. 16. 20. 26. 24, 6. 30, 21. 24. 31, 21. 33. 32, 35. 41. 44, 21. 49, 29. 36 (zweimal). 49, 16; mit Pronomen steht die volle Form: 4, 4. 5, 24. 13, 22. 15, 16. 29, 13. 32, 40. 51, 46. 50; statt des Ausdrucks im Deuter. 28, 8. אֶסְמְךָ steht Jer. 50. 26 מַאֲבֻסֶיהָ im Deuteronomium 9, 17. 10, 2. 12, 3 wird immer שִׁבֵּר gebraucht, im Jer. kommt Piel nur einmal vor 43, 13, sonst immer שָׁבַר 2, 20. 5. 19, 10. 11 (zweimal). 28, 2. 4. 10. 11. 12. 13. 30, 8. 48, 38. 49, 35. 50, 23. 51, 8. 30. was das Deuter. 15, 1. 2. 9. 31, 10 שְׁמִטָּה nennt, heißt bei Jer. 34, 8. 15. 17 דְּרוֹר.

Im Deuter. kommt wohl öfters הַיָּשָׁר בְּעֵינֵי פ׳ vor (s. unten), aber einmal das Verb יָשַׁר בְּעֵינֵי פ׳, welches Jer. 18, 4. 27, 5. gebraucht.

Die Wortverbindung עֲשׂוּ מִשְׁפָּט וּצְדָקָה (וְהַצִּילוּ גָזוּל מִיַּד עָשׁוֹק) Jer. 22, 3. 15. 23, 5. 33, 15. kommt so nicht im Deuter vor; von Jehovah heißt es 10, 18: עֹשֶׂה מִשְׁפַּט יָתוֹם וְאַלְמָנָה

וְאָהֵב גֵּר; sonst sind die Ausdrücke dafür im Deuter. וּשְׁפַטְתֶּם צֶדֶק בֵּין־אִישׁ וּבֵין־אָחִיו וּבֵין גֵּרוֹ 1, 16, (ebenso Jer. 11, 20) und ganz ähnlich 16. 18. וְשָׁפְטוּ אֶת־הָעָם מִשְׁפַּט צֶדֶק; צֶדֶק צֶדֶק תִּרְדֹּף Deuter. 16, 20. Statt der Wendung des Deuter. 24, 17 לֹא תַטֶּה מִשְׁפַּט גֵּר יָתוֹם und mit Hinzufügung von וְאַלְמָנָה in Partizipialform מַטֶּה, der durchaus gleichen 27, 19, bedient sich Jeremia der Worte 7, 6 לֹא תַעֲשֹׁקוּ und 22, 3: וְגֵר יָת' וְאַלְמָ' אַל תֹּנוּ אַל־תַּחְמֹסוּ. Unbekannt sind dem Deuter. die Formen נִשְׁפַּט (Niphal) 2, 35. 25, 31 und die Phrase וְדִבַּרְתִּי מִשְׁפָּטַי אוֹתָם 1, 16. 4, 12. 12, 1 (immer aber 39, 5 אִתּוֹ auch 52, 9. 12, 1 mit der Form אוֹת = mit, die niemals im Deuter. vorkommt, sondern immer statt derselben אִתּוֹ uff., s. unten); die Wortverbindungen des Jeremia בֶּאֱמֶת בְּמִשְׁפָּט וּבִצְדָקָה 4, 2; עֹשֶׂה חֶסֶד מִשְׁפָּט וּצְדָקָה 9, 23; שׁוֹפֵט צֶדֶק בֹּחֵן כְּלָיוֹת וָלֵב 11, 20 sind dem Deuter. unbekannt.

Im Deut. ist die Form des Wortes אָנֹכִי durchaus herrschend, mit Ausnahme von 12, 30: וְאֶעֱשֶׂה־כֵּן גַּם־אָנִי, in welcher Verbindung nur die kürzere Form stehen darf, und ferner 29, 5: כִּי אֲנִי יְהוָֹה אֱלֹהֵיכֶם, in welcher, besonders im Levitikus, (auch Exodus vorkommenden), so häufigen Formel, immer אֲנִי steht; und außerdem 32, 21. 29 (viermal im poetischen Stile) und endlich V. 49. 52. die längere Form steht Deut. 4. 1. 2 (zweimal) 8. 22. 40. 5, 1. 5. 6. 9. 28. 6, 2. 6. 7, 11. 8, 1. 11. 10, 13. 11, 8. 13. 26. 27. 28. 32. 12, 11. 14. 28. 13, 1. 19. 15, 5. 11. 15. 18, 19. 19, 7. 9. 24, 18. 22. 27, 1. 4. 10. 28, 13. 14. 15. 29, 13. 30, 2. 8. 11. 18. 31, 2. 18. 23. 27. 32, 40. 46. Im Jeremia ist umgekehrt, obgleich bei weitem nicht in gleichem Verhältnisse, die kürzere Form des Wortes die vorherrschende; sie steht: 1, 8. 11. 12. 13. 18. 19. 3, 12. 4, 12. 5, 4. 9, 23. 10, 19. 11, 19. 13, 26. 14, 15. 15, 20. 17, 10. 16. 18 (zweimal). 21, 5. 22, 24. 23, 3. 23. 24 (zweimal). 24, 7. 25, 29. 26, 3. 14. 28, 3. 4. 29, 31. 32. 30, 11. 31, 37. 32, 27. 38. 34, 6. 36, 5. 18. 38, 14. 19. 20. 26. 40, 10. 44, 29. 45, 4 (zweimal). 46, 18. 28. 48, 30. 49, 10. 11; die längere dagegen steht: 1, 6. 7. 17. 2, 21. 3, 14. 19. 4, 6. 6, 19. 7, 11. 14, 12. 18, 11. 23, 32. 24, 7. 25, 15. 16. 27. 29. 26, 5. 27, 5. 6. 28,

7. 29. 11 (zweimal). 23. 30, 22. 31, 32. 32, 42 (zweimal). 33, 9 (zweimal). 34, 13. 35, 14. 36, 3. 50, 9. 51, 64.

Die Form אֵיךְ bei Jerem. 2, 21. 23. 3, 19. 9, 6. 18. 10. 23 (zweimal). 36, 17. 12, 5 (zweimal). 47, 7. 48, 14. 39 (zweimal). 49, 25. 50, 23 (zweimal). 51, 41 (zweimal) kommt niemals im Deuter. vor; die Form אֵיכָה findet sich in beiden Schriften z. B. Jerem. 8, 8 uff. im Deut. 1, 12. 7, 17. 12, 30. 18, 21. 32, 30.

Der Ausdruck בָּגַר und seine Ableitungen, zu dessen Gebrauch Gelegenheit genug im Deuter. sich würde dargeboten haben, bei Jer. nicht selten, fehlt in jenem Buche ganz. בָּגַר steht Jerem. 3, 20 (zweimal). 5, 11 (2mal). 9, 1. 12, 1. 6; בֹּגֵדָה 3, 8. 11; בָּגוֹד 3, 7. 10; בֶּגֶד (Untreue) 12, 1.

Jeremia verbindet die Zeitbestimmung בַּיָּמִים הָהֵמָּה 3, 16. 18. 5, 18. 31, 29 (הָהֵם). 33, 15 (הָהֵם, so auch V. 16). 50, 4. 20 (הָהֵם) in den Stellen 33, 15. 50, 4. 20 mit den Worten וּבָעֵת הַהִיא, welches niemals im Deuter. 17, 9. 19, 17. 26, 3 geschieht; auch bedient sich das Deuter. meistentheils in dieser Wortverbindung בַּיָּמִים הָהֵם nur, und überhaupt der Form הָהֵם. Die Wortverbindung בָּעֵת הַהִיא des Jerem. 4, 11. 8, 1. 31, 1. 33, 15. 50, 4. 20 kennt das Deuter. nur in der Form בָּעֵת הַהוא (siehe unten; die Formel בַּיּוֹם הַהוּא steht auch bei Jer. 14, 9. 39, 10. 16. 17. 48, 41. 49, 22. 26. 50, 30) immer ohne וּבָעֵת הַהִיא.

Den Ausdruck מְזָרֵה יִשְׂרָאֵל Jerem. 31, 10 hat der Prophet wohl ohne Zweifel in Beziehung auf Levit. 26, 33 gebraucht; das Verbum selbst braucht er noch 15, 7 49, 32. 36. 51, 2, im Deuteron. kommt es in dieser Verbindung nicht vor.

Jeremia nennt die Priester 33, 21 הַלְוִיִּם הַכֹּהֲנִים; in dieser Stellung kommen die Worte niemals im Deuteronomium (ich glaube niemals im ganzen Pentateuche) vor, sondern hier — wie auch Jer. 33, 18 — heißen sie הַכֹּהֲנִים הַלְוִיִּם 17, 9 ff. 18. 18, 1. 24, 8. 27, 9 und, was dasselbe ist הַכֹּ בְּנֵי לֵוִי Deut. 21, 5. 31, 9.

Der Ausdrücke פִּתְאֹם, רֶגַע (Jerem. 4. 20. 6, 26. 51, 8. 18, 22. 51, 8 bedient sich das Deuteronomium niemals.

Nachher heißt immer im Jerem. אַחֲרֵי־כֵן 16, 16. 21 7. 34, 11. 46, 26. 49, 6; das einzige Mal, wo es im Deuter. vorkommt 21, 13 heißt es אַחַר כֵּן.

In der Wortverbindung וְעָשָׂה הָרָעָה בְּעֵינַי Jerem. 18, 10 (im Kethib) braucht das Deuteron. immer die Form הָרַע cf. בִּגְלַל רָעַת בֵּית יִשְׂרָאֵל Jer. 11. 17. 15, 4 (cf. 7 12).

Die Wortverbindungen בָּנִים סְכָלִים Jerem. 4, 22 (cf. עַם סָכָל וְאֵין לֵב 5, 21; vom Volke auch אֱוִיל 4, 22), בָּנִים שׁוֹבָבִים Jer. 3, 14 22 (ganz ähnlich הַבַּת הַשּׁוֹבֵבָה Jer. 31, 22, 49, 4 cf. auch 8, 5) sind dem Deuteron. fremd.

Ebenso die Phrase לֹא אֶטּוֹר לְעוֹלָם Jerem. 3. 12, cf. V. 5. הֲיִנְטוֹר לְעוֹלָם.

Desgleichen die Wortverbindungen פָּשַׁע בְּ׳ Jer. 2, 8. 29. 3, 13 (בַּיהוָה) 33, 8; יוֹם אֲשֶׁר 7, 25. 20, 14. 32, 31. 38. 28 cf. 20, 14: עַד־יוֹם פָּקְדִי : בּוֹ ... אֲשֶׁר 27, 22, cf. 36, 2. Das so außerordentlich häufige כֻּלֹּו (und mit andern Fürwörtern) bei Jer. 6, 13 (bis). 28 (bis). 8, 6. 10 (bis). 9, 1. 13. 19. 15, 10. 20, 7. 23, 14. 30, 16. 31, 34. 48, 31. 38. 50, 13 findet sich so nicht im Deuteron.

Den von Jeremia nicht selten gebrauchten Ausdruck שְׁפָיִים 3, 2. 21. 4. 11. 7, 29. 12, 12. 14. 6. kennt das Deuteron. nicht; es gebraucht immer גִּבְעָה, wobei freilich gern eine Verschiedenheit der Bedeutung anerkannt wird. Den Pluralis עֲנָנִים Jer. 4, 13 braucht das Deut. niemals.

Ebenso wenig die Vergleichung כַּסּוּפָה Jerem. 4, 13 die Wortverbindung סַעַר גָּדוֹל יֵעוֹר מִיַּרְכְּתֵי־אָרֶץ (cf. 30, 23. 23, 19). Jerem. 25, 32. 6, 22. (גּוֹי גָּד׳) auch 50, 41 מִיַּרְכְּ׳ אֶרֶץ Jer. 31, 8 cf. מֵעִיר Jer. 50, 9. 51, 1. 11 מֵאֲנוּ קַחַת מוּסָר Jerem. 2, 30. 5. 3, außerdem steht der Ausdruck מוּסָר, der nur in der Verbindung לֹא רָאוּ אֶת־מוּסַר יְהוָֹה אֱלֹהֵיכֶם im Deut. 11, 2 vorkommt, Jerem. 7. 28. 17, 23. 10, 8. 30. 15. 32. 33. 35, 13).

Der ganze Vers הַעַל אֵלֶּה לוֹא־אֶפְקֹד נְאֻם־יי׳ וְאִם בְּגוֹי אֲשֶׁר כָּזֶה לֹא תִתְנַקֵּם נַפְשִׁי der dreimal wiederkehrt, Jerem. 5, 9. 29. 9, 8 ist beinahe nach allen seinen einzelnen Theilen dem Propheten eigenthümlch.

Die Wortverbindung גַּם־הַכְלִים לֹא יָדָעוּ Jerem. 6, 15; kommt im Deut. nicht vor; auch die Ausdrücke: כְּלִמָּה Jer.

3, 25. 20, 15, 51, 31. הָכְלְמוּ Jer. 14, 3 הִכָּלֵם Jer. 3, 3. 8, 12. 22, 22. 31, 19. כְּלִמּוֹת Jer. 23, 40; שָׁכֵן וְרֵעוֹ Jeremia 6, 21 (im Deuteronomium nur die Form רֵעֵהוּ), ferner בּוֹצֵעַ בֶּצַע Jerem. 6, 13. 8, 10. (22, 17. 51, 13) עַל־נְקַלָּה Jerem. 6, 14. 8, 11; שַׁעֲטָה 47, 3; פְּרִי מַחְשְׁבוֹתָם Jer. 6, 19 und פְּרִי מַעֲלָלָיו Jer. 17, 10. 21, 14. 32, 19; das Gesetz usw. verachten וַיִּמְאֲסוּ בָהּ Jerem. 6, 19. 30. 7, 29, (8, 9. 14, 19. 31, 37; 33, 24. 26.) חִיל כַּיּוֹלֵדָה Jer. 6, 24. 22, 23, 50, 43. cf. 13, 21. 49, 24. findet sich im Deuteronomium niemals; ebenso wenig der Ausdruck וְהֵטַלְתִּי Jer. 16, 13. 22, 26; אֱמוּנָה ist im Deuteron. 32, 4. nur dichterisch, sonst steht אֱמוּנָה bei Jer. 5, 1. 3. 7, 28. 9. 2. steht er im gewöhnlicher Rede; שְׁמָמוֹת Jer. 25, 12. 51, 26. 62.

Jeremia 7, 26 הֵרֵעוּ מֵאֲבוֹתָם cf. 16, 12 braucht dieses Verb. im Sinne von schlecht handeln, böse sein oder werden; das Deuteron. 26, 6 im Sinne von mißhandeln, also *aktivisch* oder *neutrisch* cf. Jerem. 38, 9.

Die Wortformen מַלְכוּת Jer. 10, 7. 49, 34 (52, 31) מַמְלְכוּת Jer. 26, 1; die Worte זַעַם (so oft auch von Zorn Gottes im Deut. die Rede ist) Jere. 10, 10. 15, 17. 50, 25. V. 22-49, 33 מַרְעִית Jere. 10, 21. 23, 1. 25, 36 לְגַלִּים מְעוֹן תַּנִּים Jer. 9, 10 cf. V. 22: 49, 33. שְׁמָמָה מ׳ ת׳ sind dem Deut. fremd; ebenso: שׂוּם עַל לֵב Jer. 12, 11; פָּלִיט וְשָׂרִיד Jeremias 44, 14; לֹא אֶחְמוֹל וְלֹא אָחוּס וְלֹא אֲרַחֵם Jerem. 21, 7. 13, 14 (ähnlich, aber ohne das letzte Wort und immer noch verschieden im Deut. 13, 9: וְלֹא־תָחוֹס עֵינְךָ עָלָיו וְלֹא־תַחְמֹל וְלֹא־תְכַסֶּה עָלָיו cf. 7, 16. 19, 13. 21. 25, 12; נִאֻפַיִךְ וּמִצְהֲלוֹתַיִךְ זִמַּת זְנוּתֵךְ Jerem. 13, 27; אִכָּרִים Jerem. 14, 4. 31, 24. 51, 23; אַיֶּלֶת Jerem. 14, 5 (im Deuter. nur אַיָּל 12, 15. 22. 15, 22), תַּרְמוּת לִבָּם Jer. 14, 14 (ich setze Keth. und Kri zusammen hin, wie auch öfter) ־ית — 8, 5. 23, 26; מִשְׁפָּחוֹת Jer. 1, 15. 8, 3. 15, 3. 29, 9, 33, 24. 10, 25? (in ganz anderer Bedeutung als im Pentateuche, welchs auch in Jer. 2, 4. 3, 14. 31, 1 sich findet) שִׁכַּלְתִּי אִבַּדְתִּי Jer. 15, 7. (dieses allein im Deut. nur 32, 25 (bei Jer. auch 18, 21 beide zusammen nirgends); קוֹל שָׂשׂוֹן וְקוֹל שִׂמְחָה קוֹל חָתָן וְקוֹל כַּלָּה Jer. 7, 34. 16, 9. 25, 10 (+ קוֹל רֵחַיִם וְאוֹר נֵר) 33, 11 (mit einem längern Zusatze); מֵאַפְסֵי־אָרֶץ

Jer. 16, 19; יְבַל Jer. 17, 8; מְחִתָּה Jer. 17, 17. 48, 39; הַיְּהוּדִים Jer. 32, 12. 34, 9. 38, 19. 40, 11. 12. 41, 3. 44, 1. 32, 28. cf. 43, 9; cf. אִישׁ יְהוּדָה 4, 3. 4. 11, 1. 9. 17, 25. 18, 11. 32, 32. 35, 13. 36, 31. 44, 26. 27; דִּין עָנִי Jer. 5, 28. 22, 16. 30, 13; פָּקִיד נָגִיד Jer. 20, 1. cf. 29, 26. 32, 25. מָגוֹר Jer. 6, 25. 20, 4. 10. 46, 5. 49, 29 (Ps. 31, 4); דִּינוּ ··· מִשְׁפָּט Jer. 21, 12 מִשְׁפַּט אֶבְיוֹנִים לֹא שָׁפָטוּ Jer. 5, 28; לֹא־צְדָקָה לֹא צֶדֶק Jer. 22. 13 (sich anschließend an das dichterische לֹא־אֵל u. לֹא־עָם Deut. 32, 21 cf. V. 17 u. 5.), ebenso לֹא מִשְׁפָּט Jer. 22, 13; לֹא אֱלֹהִים Jer. 5, 7; הִתְעָה Jerm. 23, 13. 32. 42, 20. 50, 6. מְרֵעִים Jer. 20, 13. 23, 14. חֹרֵי יְהוּדָה Jer. 27, 20. 39, 6; גָּלוּת Jer. 24, 5. 28, 4. 29, 22. 40, 1. 52, 31, גּוֹלָה Jer. 28, 6. 29, 1. 4. 16. 20. 31; הָעֵר עֵדִים (imp.) Jer. 32. 25 f. 44; סְבִיבֵי (יְרוּשָׁלִָם) Jer. 21, 14. 32, 44. 33, 13. 46, 14. 48, 17. 39. 49. 5; חֶרֶב הַיּוֹנָה Jeremias cf. 25, 38. 46, 16. 50, 16; מְזִמּוֹת לִבּוֹ 23, 20. 30, 24; פִּגְרֵי הָאָדָם Jer. 33, 5. 41, 9; die Aussage von Gott גְּדֹל הָעֵצָה וְרַב הָעֲלִילִיָּה Jer. 32, 19; der vom Deuteronomium 16, 7 ganz verschiedene Gebrauch des Wortes עֲצֶרֶת bei Jerem. 9, 1 in עֲ' בֹּגְדִים; nur einmal hat Jer. 34, 13 die Wortverbindung מֵאֶרֶץ מִצְרַיִם מִבֵּית עֲבָדִים offenbar als Nachahmung des Deuteronom., wo sie 5, 6. 6, 12. 7, 8 (ohne מֵאֶרֶץ מִ'). 8. 14 cf. 13. 6 הַמּוֹצִיא ·· מֵאֶ' מִ' (וְהַפֹּדְךָ מִבֵּית עֲבָדִים). 13, 11 vorkommt; nur (dieß beziehe sich immer bloß aufs Deuteronomium) bei Jeremia hat הֵיטִיב mit דֶּרֶךְ und מַעֲלָלִים die Bedeutung: verbessern הֵיטִיבוּ דַּרְכֵיכֶם וּמַעַלְלֵיכֶם (verbessert euren Wandel und eure Werke: bessert euch) Jer. 2, 33. 7, 3. 5. 18, 11. 26, 13; und nur bei Jeremia hat הֵיטִיב für sich allein die Bedeutung: gut handeln 4, 22. 13, 23; nur Jeremia kennt דָּאַג 17, 8. 38, 19. 42, 16, צָהַל in der verstärkten Bedeutung von נָאַף und זָנָה 5, 7 (im eigentlichen Sinne מִצְהָלוֹת Jer. 8, 16; im uneig. Jer. 13, 27), עָזַב בְּרִית 22, 9 (obwohl er auch הֵפֵר und עָבַר בְּרִית mit dem Deuteronomium gemein hat), nur er kennt die gesetzwidrigen בָּמוֹת 7, 31. 17, 3. 19, 13, 5. 32, 35 (dem Molech geweiht). 48, 35 (der Singularis), und das Deuteronomium zu Jeremia's Zeit oder von ihm mit verfaßt, sollte davon geschwiegen haben; בִּשְׁרִרוּת לִבּוֹ hat das Deut. nur einmal 29, 18, beim Jeremia ist's häufig 3, 17. 7, 24. 9, 13. 11. 8. 13, 10. 16, 12. 18, 12. 23, 17 also hierüber genommen und anangeeignet; תַּחֲנוּנִים Jer. 3, 21. 31, 9. 23, 26; רִנָּה וּתְפִלָּה 11, 14. cf. 14, 12, den Ausdruck קִרְיָה braucht Jeremia nur in seinem dichterischen Liede 49, 26 קִרְיַת מְשׂוֹשִׂי das Deutronom braucht ihn in der schlichtesten Erzählung 2, 36. 3, 4, er war gewiß zu Jeremia's Zeit veraltet und nur noch dichterisch: in der Art, wie עֵץ וָאֶבֶן Deuterom. 28, 36. 64. 29, 16 unmittelbar zusammengestellt, im Jeremia aber meistens z. B. 2, 27. 8, 10 f. cf. freilich auch 3, 9 weiter umschrieben werden, erkennt man eine Verschiedenheit und zwar im Deuteronomium das Ursprüngliche; die אִיֵּי כִתִּיִּים kennt nur Jer. 2, 10 (die neuere Schreibweise, wie auch sonst z. B. נְקִיִּים möge nur im Vorübergehen erwähnt werden); die Formeln אֵלֶיךָ גִּלִּיתִי אֶת־רִיבִי 12, 20 und 20, 12, עוֹד אָרִיב אִתְּכֶם 2, 9 cf. 2, 29. 51, 36; שֶׁקֶר עַל 1, 12. 5, 6. 31, 28. (zweimal) 44, 27. פָּקַד meistens mit עַל 5, 9. 29. 9, 8. 6, 6. 9, 24. 11, 22. 13, 21. 21, 14. 23, 14. 34. 25, 12. 27, 8. 29, 32. 30, 20. 36, 31. 44, 12 (zweimal) 29. 46, 35 (neben עַל auch אֶל) 51, 44. 47. 52; mit אֶל: 50, 18 (zweimal). 21: mit dem Akkusativ in anderer Bedeutung 14. 10. 15, 50. 23, 2. 27, 22. 29, 10. 32, 5 cf. noch 3, 16. 49, 19. 50, 44; עֵת פְּקֻדָּתָם 8, 12. 10, 15. 46, 21. 50, 27. cf. 48, 8. und 50. 31. oder 'שְׁנַת פְּ 11, 23. 24, 12. 48, 44. kommen im Deuteronomium außer 5, 9 gar nicht vor; ebenso כַּלֵּה für: gänzlich verderben 5, 3. 9, 15. 10, 25. 14, 12. 49, 37, cf. 16, 4. 26, 18. 44, 27. cf. Deut. 28, 21. 7, 22. חִלֵּל für entweihen 16, 18. 34, 16; der Schwur חַי־יְהוָֹה 4, 2. 5, 2. 12, 16. 16. 14. 15. (22, 24 und 46, 18 חַי־אָנִי 23, 7. 8. 38, 16. 44, 26 († אֲדֹנָי) מְאֹד 2, 37. 4, 30. 6, 30. 7, 29. 8, 9. 33, 24. 26.

Die Ausdrücke, welche von der Befolgung der göttlichen Gesetze sprechen oder ihrer Verletzung, und die namentlich im Deuteronomium so außerordentlich häufig sind, kommen größtentheils im Jeremia gar nicht vor, oder ihre Zusammenstellung ist eine ganz andere. So kommt niemals im Deuteronomium die Wendung vor: עַל דְּבָרַי לֹא הִקְשִׁיבוּ וְתוֹרָתִי וַיִּמְאֲסוּ בָהּ Jer. 6, 19; וְלֹא הָלְכוּ בָהּ '' עַל־עָזְבָם אֶת־תּוֹרָתִי

Jer. 9, 12. 13; 10; מֵאֲנִים לִשְׁמֹעַ אֶת־דְּבָרַי cf. 19, 15. 22, 5. 25, 8 cf. Deut. 12, 28. לֹא שְׁמַעְתֶּם אֵלַי Jer. 25, 7. cf. 26, 4. 34, 14. 17. 35, 14. 15. 16. cf. Deut. 18, 16. שָׁמַע עַל דִּבְרֵי (עֲבָדַי הַנְּבִאִים) Jer. 26, 5. cf. Deut. 18, 19, 13, 4. 9. (statt עַל hat es אֶל wie Jer. 29, 19. 35, 13); שְׁמַעְתֶּם עַל מִצְוָה Jer. 35, 18 cf. Deut 11, 13 (אֶל wie auch V. 27. 28, 13.) וַתִּשְׁמְרוּ אֶת כָּל־מִצְוֹתָיו Jer. 35, 18. cf. Deut. 13, 5. 19; שָׁמְעוּ אֶת מִצְוַת אֲבִיהֶם Jer. 35, 14 (V. 18: עַל מִצְוַת): Jer. 9, 12; אֶת תּוֹרָתִי לֹא שָׁמָרוּ Jer. 16, 11; הָלַךְ בְּתוֹרָתִי Jer. 26, 4; לֹא שָׁמְעוּ בְּקוֹלִי לֹא הָלְכוּ בְתוֹרָתִי וּבְחֻקֹּתַי (Kri וּבְתוֹרָתְךָ) Jer. 32, 33; וּבְתוֹרוֹתְךָ לֹא הָלָכוּ Jer. 44, 19; וּבְתוֹרָתוֹ וּבְחֻקֹּתָיו וּבְעֵדְוֹתָיו לֹא הֲלַכְתֶּם Jer. 44, 23. Unten in der Abhandlung von der Sprache des Deuteronomiums wird sich dieß ganz klar und offenbar herausstellen.

Der Ausdruck אֵיד (Drangsal), zu dessen Gebrauch so oft Gelegenheit im Deuteronomium ist, kommt nur in dem Liede Deut 32, 35 vor, im Jeremia ist er gar nicht selten 18, 17. 46, 21. 48, 16. 49, 8. 32, חֶרֶם im Deuteronomium niemals; im Jeremia sehr häufig 1, 10. 24. 6. 31, 28. 40. 42, 10. 44, 4. 50, 15; ebenso das Wort בָּחַן im Deuteronomium niemals; im Jeremia öfter: 6, 27. 9, 6. 11, 20. 12, 3. 17, 10. 20, 12. außerdem בָּחוֹן 7, 27; גָּלָה im Deut., welches so oft von Wegführung und Verstoßung spricht, niemals im Jeremia häufig: 1. 3. 13, 19. (zweimal). 20, 4. 22, 12. 24. 1. 26, 20. 29, 1. 4. 7. 14. 40, 1. 7. 43, 3. Klagelieder 1, 3. 4, 22. die Wörter שׁוּחָה Jerem. 2, 6. 18, 20. 22. und שְׁחִית Klaglied 4. 20 kennt das Deut. nicht; בַּחֻרִים im Jerem. so häufig findet sich im Deut. nur 32, 25.

Niemals kommt im Deuteronomium זָעַק vor, welches Jeremia häufig hat 11, 11. 12. 20, 8. 16. 25, 34. 30, 15. 47, 2. 48, 20. 31. 34. 50, 46. 51, 54 (cf. 18, 22 זְעָקָה); das nur im Deuteron. stehende צָעַק hat Jeremia seltener (22, 20 — zweimal — 25, 36. 48, 3 und 5 — substant. — 49, 3. 21 — substant. —) Klagelied. 2, 18. Im Deuter. steht צָעַק 22, 24. 27. 25, 6; niemals steht im Deuteronom. יָדַע mit einem darauf folgenden Infinit. wie Jeremia 1, 2. 4, 22. 6, 15. 8, 12; niemals findet sich im Deuteron. das im Jeremia häufige נֶצַח 9, 12. 17, 27. 21, 14. 32, 29. 43,

12. 46, 19. 49, 2. 27. 50, 32. 51, 30. 58, (im Deuteronom. immer שָׂרַף).

Niemals kommt im Deuteronom. יִשְׂחָק vor, welches Jeremia an der einen einzigen Stelle, wo er diesen Erzvater nennt (33, 26), gebraucht; im Deut. 1, 8. 6, 10. 9, 5. 27. 29, 12. 30, 20. steht ohne Ausnahme, wie im ganzen Pentateuche, יִצְחָק, zusammenhängend mit dem beiderseitigen Gebrauche, im Pentateuche von צָחַק, im Jerem. dagegen von שָׂחַק und dessen Ableitungen, Jer. 15, 17. 20, 7. 30, 19. 31, 4. 48, 26. 27. 39. Klagel. 1, 7. 3, 14.

Niemals kommt im Deuter. die aramaisirende Wortform אֶזְרוֹעַ mit Aleph prostetikum vor, wie sie Jeremia 32, 21. in der, im Deuteron. so häufigen Wortverbindung בְּיָד חֲזָקָה וּבִזְרוֹעַ נְטוּיָה gebraucht. Die im Deut. nur vorkommende Form steht auch Jer. 17, 5. 21, 5. 27, 5. 32, 17. 48, 25.

Aramaisirende Wortendungen (Knobel Jerem. chald. S. 28.) wie דְּשָׁא Jerem. 50, 11 statt דָּשָׁה und מַטָּרָא Klaglied 3, 12 statt des häufigen מַטָּרָה kommen im Deut. nicht vor; ferner: מַרְפֵּה Jer. 8, 15 statt מַרְפֵּא Jer. 14, 19. 33, 6; פֶּרֶה Jer. 2, 24 statt פֶּרֶא Jer. 14, 6.

Fremd sind dem Deuteronom. die aramaisirenden Wörter (Knobel S. 33 ff.): גָּאַל (nämlich in der Bedeutung: beflecken) Klagel. 4, 14; יָאָה Jer. 10, 7; כָּתַם Jer. 2, 22; סָחַף Jer. 46, 15; עוּב Klagl. 2, 1; פָּרַק in der Bedeutung befreien Klagl. 5, 8; שָׂרַג Klagl. 1, 14; בֹּץ Jer. 38, 22; גֵּוָה Jer. 13, 17; דָּיֵק Jer. 52, 4. כֵּפִים Jer. 4, 29; כָּרֵשׂ Jer. 51, 34, לִשְׁכָּה Jer. 35, 2. 4. 36, 10. 12. 20. 21; מְדִינָה Klagel. 1, 1; מֶלֶט Jer. 43, 9; סְגָן Jer. 51, 23, 28. 57; עֲרֵמָה Jer. 50, 26; פַּטִּישׁ Jer. 23, 29. 50, 23; צְוָחָה Jer. 14, 2. 46, 12; קֶרֶץ Jer. 46, 20, רַב Jer. 39, 13. 41, 1, in Verbindung mit טַבָּחִים Jer. 39, 9. 10. 11. 13. 40, 1, 2. 5. 43, 6. 52, 12. 14—16. 19. 24. 26. 30; רֶטֶט Jer. 49, 24; תִּפְלָה Jer. 23, 13 Klagel. 2, 14.

2) Grammatisches in Formen, Syntax und Satzverbindung.

Im Hebräischen schwankt die Grenze zwischen Grammatischem und Lexikalischem, wenn man die vorige Abtheilung unter diesem Namen zusammenfassen will, mehr als in der jeder Germanischen Sprache; Manches aus dem Vorigen hätte auch hier abgehandelt werden können z. B. אֲנִי und אָנֹכִי, und umgekehrt hätte Manches hier Durchzunehmende auch besprochen werden können z. B. הֵם und הֵמָּה. Im Deuteron. nämlich ist fast durchweg die Form הֵם herrschend; nur in dem hochdichterischen 32 Kap. steht הֵמָּה V. 20. 28 und sonst nur 1. 39. 11. 30 הֵם steht Deut. 1, 39. 2, 11. 3. 20. 9, 29. 17, 9. 18, 9. 19, 17. 26, 3. 28, 65. die längere Form 29, 2. 17. 33, 3. 17 (zweimal.) im Jeremia ist dagegen הֵמָּה die bei weitem überwiegende Form; הֵם findet sich Jerem. 5, 4. 7, 19. 11, 12. 22, 27. 23, 21 (zweimal). 27. 9, 10. 14, 15. 29. 9. 31, 29. 33. 33, 15. 16. 50, 20; הֵמָּה dagegen 2, 26. 3, 16. 18. 4, 22 (dreimal). 5, 5 (zweimal). 10. 18. 6, 28. 7, 4. 17. 9, 15. 10, 2. 5. 15. 11, 10. 12, 6 (zweimal). 14, 14. 15 (zweimal). 16 (dreimal). 15, 19. 16, 20. 17, 15. 18. 25. 19, 4. 23, 16. 25, 14. 17. 27, 16. 18. 31, 1. 32. 33. 32, 32. 36, 32. 40, 7. 8. 42, 5. 11. 44, 3. 14. 46, 5. 21. 50, 4 (zweimal). 42. 51, 18.

Nur bei Jeremia 6, 21 findet sich רֵעַ, im Deut. durchweg רֵעֵהוּ, welche Form auch bei Jeremia vorkommt.

Die Schreibweise mit ה in בְּשְׁמְכָה Jer. 29. 25. findet sich beim Subst. im Deut. nicht; beim Verb. nur im 28 Kap. des Deut. 28, 22. 27. 28. 37, woraus Jeremia sie nachzuahmen scheint 7, 27. 40, 15.

Die Form ה (das Pron. poss.) ist auch in Jeremia nicht ganz selten 2, 3. 21 8, 6. 10 (zweimal). 15, 10. 20, 7. 48, 31. 38; sogar כֹּה statt כּוֹ 17, 24. הֹדֹה 22, 18.

Die Schreibweise לוֹא findet sich 2, 11. 25. 31. 3, 3. 4. 12. 4, 11. (zweimal). 5, 9. 10. 12 (zweimal). 24. 6, 8. 7, 26. 28. 8, 6. 10, 4. 15, 7. 11. 23, (24) 29. 48, 27. 49, 20. Klagl. 1, 12.

Der Euphrath heißt beinahe κατ' ἐξοχήν נָהָר ohne Artikel 2, 18; vergleiche dagegen die längere Umschreibung im Deuter. 1, 7 cf. 11, 24; nach dem Euphr. heißt פְּרָתָה 13, 4. 6. 7. (cf. V. 5. בִּפְרָת) cf. 51, 63. Ebenso heißt der Libanon לְבָנוֹן ohne Art. Jer. 18, 14 im Deut. (1, 7. 3, 25. 11, 24.) niemals ohne Art; auch bei Jerem. הַלְּבָ' 22, 6. 20. 23; der Artikel fehlt beim Substantiv mit Adjektiv und Pronomen, wo er der Regel nach stehen sollte: Jer. 2, 21. 40, 3. (im Kethib.) 45. 42 Eigenthümliches im Artikel findet sich nach Jer. 3, 2. 6, 16. 20.

Die Femininform der zweiten Person heißt אַתִּי (das Kethibh nämlich punktirt; Jer. 4, 30, die niemals im Deuter. vorkommt, aber beinahe nicht vorkommen kann. Die Form אַתְּ ist aber doch die bei weitem häufigere, sie steht Jer. 2, 20. 27. 3, 1. 4, 30. 15, 6. 50, 24.

Nur Jeremia hat die dem Deuteron. durchaus unbekannten Formen אֲנוּ (ich punktire wieder das Keth.) 42, 6. und נַחְנוּ Klagelieder 3, 42.

Zusammenhängend mit der obigen Personalform der zweiten Person hat nur Jeremia Verbformen für die zweite Person fem. gen. wie לִמַּדְתִּי, welche die Punktatoren nicht anerkennen und daher לִמַּדְתְּ lesen, an folgenden Stellen 2, 33. und 13, 21. 3. 4 (קָרָאתִי) und V. 5: (דִּבַּרְתִּי) 4, 19. שָׁמַעְתִּי 22, 23: נֶחַנְתִּי. 31, 21: הָלַכְתִּי. 46, 11: הִרְבֵּיתִי. Ich möchte mit Storr (observatt. ad anal. et synt. hebr. p. 136) und Hartmann (Linguistische Einleitung in das Studium der Bücher des A. T. Bremen 1818 S. 345) auch die Formen יֹשַׁבְתִּי und מְקֻנַּנְתִּי Jerem. 22, 23, die erstere auch 10, 17, ferner שֹׁכַנְתִּי 51, 13 hierher ziehen, so daß sie, nach dem Syrischen, Ansätze zu einem wahren Präsens wären. Daß das Präsens analytisch durch das Pronom und das Partizipium ausgedrückt wird, ist bekannt, wie so außerordentlich häufig im Deuteron. und auch bei Jerem. wie z. B. מָה־אַתָּה רֹאֶה (Jerem. 1, 11), worauf er antwortet (ebendaselbst) אֲנִי רֹאֶה; würde daraus nicht auf ganz analoge Weise רֹאִיתָ, רֹאִיתִי uff sich bilden, wie beim übrigen Verb? freilich sagt Knobel (Jeremias Chaldaizans, Dissertatio etc. Breslau 1831, an den ich mich in

Beziehung auf das Aramaisirende — das Caldäisch- und Syrischartige anschließe) S. 10: Verperam nonulli verba יֹשַׁבְתִּי ... huc referunt. quae participia esse dicunt Syrorum more (cf. J. D. Michaely gramm. syr. p. 97 et A. Th. Hoffmanni gramm. syr. libb. III. p. 177) cum pronomine ita conjuncta, ut praesens tempus significent. Sed recte obloquitur Gesenius; procul dubio enim si iste Syriasmus hic locum haberet, Patach non sub sec. sed ters. rad. positum deprehenderetur. Est itaque participium cum Jod paragog. (de quo vide Gesenii Lehrgeb. Leipzig 1817 p. 547) 9. et Rosenmülleri Scholia ad Thren. 1, 1,) quod Jer. 10, 17. Thren. 4. 21 aliis vocaliam signis nostructum est, יֹשַׁבְתִּי, et sine Jod nostro frequentissimum cf. Jer. 21, 13. 46, 19. 48, 18. 19. Mit dem Verperam und procul dubio möchte es aber doch nicht ganz sicher sein; die bei Gesenius angeführten Beispiele sind fast alle Maskulinparticipien, entweder aus der alterthümlichen Sprache des Pentateuches selbst oder der ihm nachgebildeten; das גְּנֻבְתִי Genes. 31, 39. läßt sich recht gut als Pronom auffassen: das mir (bei Nacht) Gestohlene; bei Hos. 10, 11 läßt sich recht wohl ein Uebersprung in die zweite Person vertheidigen: du liebst es zu dreschen. Der Grund aber, den Knobel selbst anführt, ist für mich durchaus unverständlich, ja läuft gegen alle Analogie der hebräischen Personalbildung im Verb an; wie קָטַל als erste Person קָטַלְתִּי uff. bildet, so würde ja auch das Partizip יוֹשֵׁב vollendet analog יוֹשַׁבְתִּי oder יֹשַׁבְתִּי uff. bilden. Ganz vorzüglich spricht hierfür noch die Form מְקַלְלוּנִי Jer. 15, 10. (auch Gesenius punktirt die Form wie oben geschehen, nur läßt er, was mir unrichtig scheint, das Dagesch im ersten ל aus: Handwörterb. Th. 2 1812 S. 1005). Die Erklärung von Knobel S. 22. 23 erscheint mir durchaus ungenügend. Ob auch מְצָאתִים 2, 24 und יְלִדְתִּנִי 15, 10 und endlich שָׁבַרְתִּי und נִתַּקְתִּי Jer. 2. 20, als zweite Personen fem. g. zu dem obigen zu zählen sind, darüber bin ich nicht ganz entschieden.

Gänzlich fremd ist dem Deuteronomium das aramaisirende Femininsuffix ־כִי statt ־ךְ, wie רָעָתֵכִי Jerem. 11, 15;

die regelmäßige hebräische Form רֵעֲךָ steht 2, 19. 3, 2. 4, 18. 22, 22 uff. (Knobel S. 10).

Das Pronomialsuffix der dritten Person Pluralis auf ־הֶם an den auf וֹת sich endigenden Plural des Substantivs, welches im Deuteronom. nur zweimal vorkommt 7, 5: מִזְבְּחֹתֵיהֶם und 12, 31: בְּנֹתֵיהֶם, kommt bei Jeremia 16mal vor, nämlich: בְּנוֹתֵיהֶם 3, 24. 7, 31. 11, 22. 14, 16. 19, 9. 32, 35; מְשׁוּבוֹתֵיהֶם 5, 6; כְּלֵיתֵיהֶם 12, 2; תּוֹעֲבוֹתֵיהֶם 16, 18; אֲבוֹתֵיהֶם 19, 4. 24, 10. 50, 7 (im Pentateuche durchweg אֲבוֹתָם, ebenso im Buche Josua cf. Alttestamentl. Stud. Heft I. Authenthie des Buches Jos. S. 115 und 124); גַּגּוֹתֵיהֶם 19, 13. 32, 29. נְעָרוֹתֵיהֶם 32, 30; עֲוֹנוֹתֵיהֶם 33, 8: יְרִיעוֹתֵיהֶם 49, 29.

Im Kethibh. Jerem. 26, 6 steht die niemals im Deuter. vorkommende Pronomform הַזֹּאתָה.

Die im Jeremia vorkommenden Formen der aus dem Aramäischen herübergenommenen Konjugation Tiphel oder Tiphil (cf. Knobel S. 10 und 11) תְּחַרֶה Jerem. 12, 5. 22, 15 und תְּפוֹץ 25, 34 sind dem Deuter. vollends fremd.

Ebenso die aramaisirende Form אַשְׁכִּים Jer. 25, 3 statt הַשְׁכֵּם, welches letztere sich 7, 13. 25. 11, 7. 25, 4. 29, 19. 32, 33. 35, 14. 15. 44, 4 vorfindet (Knobel S. 11).

Ebenso wenig kommen im Deuteronom. solche aramaisirende Hiphilformen vor, wie die folgenden im Jerem. יַדְרְכוּ 9, 2 statt יַדְרִיכוּ; יַעְבְרוּ 11, 15 statt יַעֲבִירוּ; מַחְלְמִים 29, 8 statt מַחְלִימִים, (Knobel S. 12).

Vollständig fremd sind dem Deuteronomium (ausgenommen in dem so viel Eigenthümliches enthaltenedem Liede 32, 10 (zweimal). cf. V. 12 die Verbformen mit dem sogenannten Nun epentheticum vor dem Pronominalsuffix (Knobel S. 12) wie יִמְצָאוּנְהָ Jerem. 2, 24; יַעַבְרֻנְהוּ Jerem. 5, 22; אֶתְּקֶנְךָּ Jer. 22, 24 statt אֶתְּקֶךָּ; יַעַבְרֶנְהוּ Jer. 5, 22 statt יַעַבְרֶהוּ.

Die Verb-Endung וּן im Pluralis dagegen, die im Deuteronomium häufiger ist als in irgend einem andern Buche des A. T., — sie kommt 58 Mal darin vor — erscheint im Jeremia, welcher 18 Kapitel mehr enthält als das Deuteronomium nur fünfmal, wobei ich die in den ganz aramäischen Verse Jerem. 10, 11 stehende Form תֵּאמְרוּן

umgezählt lasse; sie steht: 17, 24; אִם־שָׁמֹעַ תִּשְׁמְעוּן 21, 3: כֹּה תֹאמְרוּן; 33, 24: יְנָאֲצוּן; 42, 15: אִם־אַתֶּם שׂוֹם תְּשִׂמוּן 44, 28: יָשׁוּבוּן. Da sage ich nun, und, hoffe ich, jeder Unbefangene mit mir, wohl mit mehr Recht als oben von Bohlen es that: „So spricht wahrlich der Zufall nicht," daß, ohne zwingende anderweitige Gründe, wir wähnen sollten, ein und eben derselbe Verfasser sollte das Deuteronomium und die Weissagungen des Jeremia verfaßt haben. Die dem Deut. fremde Endung ין hat Jer. 31, 22 תִּתְחַמָּקִין.

Von den aramaisirenden Formen הָגְלָת Jerem. 13, 19 (zweimal). für הָגְלְתָה und קָרָאת Jerem. 44, 23, statt קָרְאָה (Knobel S. 13) hat das Deuteron. nur die letzteren Kap. 31, 29 und ohne Zweifel haben wir die Stelle Jer. 44, 23 als eine, auch in der Form auf die im Deuteron. befindliche, anspielende anzusehen.

Futurformen (Knobel S. 15) wie Jerem. 8, 14: נִדְּמָה; 14, 15 und 44, 12: יִתַּמּוּ; 46, 5: יֻכַּתּוּ; 18, 16. 19, 8 50, 13: יִשֹּׁם statt des ursprünglichen hebräischen יָשֹׁם Ps. 40, 16. Hiob 17, 8; und נֵחַנְתְּ Jerem. 22, 23 statt נֶחֱנוֹת, kommen im Deuteronomium nicht vor; es hat gerade vom letzteren Verb. יָחֹן 28, 50.

Ebenso wenig hat es Formen gegeben, wie הֵסִית, Jerem. 38, 22 statt הֵסִית, מֵסִית Jerem. 43, 3 statt מְסִית; תִּצַּלְנָה Jerem. 19, 3 statt תְּצַלֶּינָה. Von ganzem Herzen aber stimme ich Knobel bei, wenn er S. 16 sagt: Cujus quidem generis quot Chaldaismi punctatoribus et librariis sint attribuendi vix queat explorari, esse tamen, ne dicam multos, nonnullos saltem ab iis exortos, extra omnem est controversiam, cum alii Codd. formas Chaldaizantes, alii magis Hebreas peshibeant.

Unbekannt sind dem Deuteronomium die aramaisirenden Formen שְׁאסַיִךְ Jer. 30, 16 und נִיִם oder נָיִם Jer. 48, 44. (Knobel S. 16. 17).

Unbekannt sind ihm die ebenfalls aromaisirenden Formen (Knobel S. 17) הֵתָיו Jerem. 12, 9 statt הֵאֱתָיו, תֵּזְלִי Jer. 2, 36 statt תֵּאזְלִי, אֲבִידָה Jerem. 46, 8.

Fremd sind dem Deuteronomium die aramaisirenden

Verwechselungen der Verba ל״א mit ל״ה und umgekehrt (Knobel S. 19–21) אֶרְפָּה Jer. 3, 22 statt אֶרְפָּא, יְרַפּוּ Jerem. 8, 11 statt יְרַפְּאוּ, הֵרָפֵה 19, 11 statt הֵרָפֵא, נִרְפְּתָה Jerem. 51, 9 statt נִרְפְּאָה (die eigentlich hebräischen Formen Jer. 15, 18. 17, 14. 30, 17. 33, 6. 46, 11. 51, 8. 9 Klagl. 2, 13); נִבֵּיתָ Jer. 26, 9 statt נִבֵּאתָ, נֶחְבָּה Jer. 49, 10 statt נֶחְבָּא, Knobel S. 19 f., der auch יִנָּשׂוּא Jer. 10, 5 hieher rechnet, so daß nämlich das א ebenso paragogisch wäre, wie Jos. 10. 24. Jes. 28, 12 und den Imperativ קְיוּ Jer. 25, 27, so daß statt קִיא (als Substantiv bei Jesaia 28, 8 und Jer. 48, 26.) eine Form קִיה bestanden hätte. Ferner (Knobel S. 21); אֲתָנוּ Jer. 3, 22 statt אתאנו und diese statt אֲתִינוּ; נָשָׁא Jer. 23, 39 statt נָשָׁה; מְרַפֵּא Jer. 38, 4 statt מְרַפֶּה; יִשְׁנֶא Klagel. 4, 1 statt יִשְׁנֶה (welches in vielen Handschriften steht; סָלָא Klagl. 4, 2 statt סָלָה, welches Klagl. 1, 15 steht, auch gehört hierher, wenigstens seinen Punkten nach מְלֹא Jer. 51, 34 statt מָלֵא; endlich rechnet Knobel hierher auch die Formen מֵבִי Jer. 19, 16. 39, 16 statt מֵבִיא, wie es Jer. 4, 6. 31, 8. 32, 42. 35, 17. 42, 17. 45, 5. 49, 5. 51, 64 steht, und הֶחֱטִי Jer. 32, 35. statt הַחֲטִיא.

Ebenso fremd sind dem Deuteron. die aramaisirenden Formen וַתִּזְנִי Jer. 3, 6 statt וַתִּזְנֶה oder, wie es Jer. 3, 8. wirklich vorkommt וַתִּזֶן und תֶּמְחִי Jer. 18, 23 statt תַּמְחֶה (Knobel S. 23).

Endlich fehlen dem Deuter. die aramaisirenden Formen קַוֵּה Jer. 8, 15. 14, 19 statt קַוֵּה und תִּהְיֶה Jer. 17, 17 statt תִּהְיֶה (beide freilich nach den jetzigen Punkten, Knobel S. 23.)

Formen wie וָאֵדְעָה Jerem 11, 18. und וָאֶשְׁקֲלָה 32, 9 (gleich im folg. Verse וָאֶשְׁקֹל) mit dem ה paragog. am Futur. mit ו convers. in der ersten Person kennt das Deut. nicht.

Die nicht apokopirten Formen bei dem Futurum der Verba ל״ה mit der ו convers. in der ersten Person, wie וָאֶקְנֶה Jer. 13, 2 und 32, 9 וָאַשְׁקֶה Jer. 25, 17; וָאֶרְאֶה Jer. 31, 26 וָאֲצַוֶּה Jer. 32, 13 finden sich seltener im Deuteronom. 1, 16. 8. וָאֲצַוֶּה. Die apokopirten Formen kommen aber auch im Jeremia vor: וָאֵרֶא Jer. 3, 8. וָאַעַן Jer. 11, 5; וָאֵט Jer. 15, 6. וָאֶפְתְּ Jer. 20, 7 וַנַּעַשׂ Jer. 35, 10, im Deut. finden sie sich 3, 18 וָאֲצַו; 9, 15 und 10, 5 וָאֵתֵּן; 9, 16 וָאֵרֶא; 10, 3, wo וָאַעַשׂ und וָאַעַל sich finden, 2, 1. 9. 3, 1 וַנִּפֶן; 2, 33 וַנֵּךְ; 3, וַנַּעַל 3, 1 cf. אַל־הֵפֶן 9, 27.

Die **nicht** apokopirten Formen in demselben Falle bei anderen Personen stehen bei Jeremia 3, 7 וַתִּרְאֶה im Ketib. das Kri lies וַתֵּרֶא; 10, 13 וַיַּעֲלֶה und 44, 21 וַתַּעלה; 20, 2 (und 52, 27) וַיַּכֶּה; 32, 20 וַתַּעֲשֶׂה cf. 2, 17. 36, 5 und 26 ferner 37, 21 und 38, 10. gerade die **gar** nicht im Deut. vorkommende Form וַיְצַוֶּה statt deren **immer** 27, 1. 11. 31, 10 23. 25. im Deut. וַיְצַו steht (im Jer. nur 39, 11); יְצַו Deut. 28, 8; ferner: Deut. 32, 45 וַיְכַל; וַיֵּרָא Deut. 31, 15; וַיֵּתֵא Deut. 33, 21; וַיַּרְא Deut. 33, 21 (וַיַּעַל Deut. 34, 1).

Die apokopirten Formen stehen bei Jeremia 3, 8 וַתִּזֶן; 26, 19 וַיִּחַל 36, 8. 38, 12, 40, 3 (und 52, 2) die Form וַיַּעַשׂ; 41, 10 וַיִּשְׁבְּ; (und 52, 27 וַיִּגֶל); also auch in diesen Formen das Verhältniß des Vorkommens im Deuterom. und Jer. **umgekehrt.**

Im Jeremia ist die volle Schreibweise des Futurs, die im Deut. nicht vorkomnit, ziemlich häufig אֶגּוֹרְךָ Jer. 1, 4 (Kri אֶצָּרְךָ); תֶּאֱזוֹר Jer. 1 1. 7; אֶעֱבוֹר Jerem. 2, 20 (das Kri liest אֶעֱבוֹר); יִנְטוֹר Jer. 3, 5; אֶסְלוֹחַ Jerem. 5, 7 (das Kri liest אֶסְלַח, welche Form 5, 1 steht); אֶתּוֹשׁ Jerem. 12, 14; אֶחְמוֹל Jer. 13, 14.

Die Schreibweise der zweiten Person Prät. wie הִכִּיתָה Jer. 5, 3 findet sich bei Jeremia auch 12, 5. 17, 4. 25, 15. 29, 26. 32, 23. 38, 17; noch häufiger ist sie im Deutr.

Die Infinitiv-Endung auf ־ָה, im Deuteronomium so **außerordentlich häufig**, steht im Jer. nur in den Worten הַאֲבָה 31, 12 und יִרְאָה 32, 39 ohne Zweifel als Nachahmung des Deuteronomiums). Im Deut. steht die Form dagegen: 1, 27. 4. 10. 5, 26. 6, 24. 7, 8. 8, 6. 9, 18. 10, 13 (zweimal). 15. 11, 13. 22 (zweimal). 14, 23. 17. 19. 19, 9. 28. 58. 30, 6. 16. 20. 31, 13.

Die Form אוֹת in Verbindung mit dem Pronomen, also אוֹתָם uff. (mit ihnen uff) kommt **niemals** im Deuteronomium vor, im Jeremia findet sie sich häufig 1, 16. 2, 35. 4. 12. 5, 5. 10, 5. 12, 1. 16, 8. 19, 10. 20, 11. 35, 2. Aber keineswegeß darf diese Verwechselung von את dem Zeichen des Akkus. u. der Präpos., mit Hävernick (Handbuch der historisch-kritischen Einleitung in das A. T. Th. 1. Abth. 1. 1836 S. 233) als eine „durchgängige" bezeichnet werden; die Formen אִתְּךָ uff. (mit dir uff) finden sich: 1, 8. 19. 2, 9. 3, 1. 5. 18. 8, 8. 9, 1. 12, 3. 13, 25. 14, 21. 15, 20. 21, 5. 23, 28. 26, 22. 27, 18. 29, 16. 30, 11. 37, 10. 38, 25. 39, 5. 40, 4 (zweimal). 41, 1. 2. 3. 7. 11. 13. 16. 42, 8. 11. 51, 53. 52, 9. 32 (zweimal); es ist also unleugbar die letztere Form die bei weitem häufigere.

Einiges noch, außer bereits Bemerktem über verschiedene Schreibweise. Aramaisirend ist sie (cf. Knobel S. 38) und dem Deuteronom. durchaus fremd in den Formen הַשְׂכֵּיל Jer. 3, 15. הוֹעֵיל Jer. 23, 32. הַגֵּיד Jer. 36, 16. הֵיטֵיב Jer. 7, 5. 10, 5 statt הֵיטֵב; אַשְׁכֵּים Jer. 25, 3 und הַשְׁכֵּים Jerem. 44, 4 statt הַשְׁכֵּם, הַסֵּיךְ Jer. 44, 17 statt הַסֵּךְ, welche Schreibung Jer. 44, 18. 19. 25 vorkommt; תְּמֻצָאֵינָה Jer. 50, 20 statt תִּמָּצֶאנָה; הֵימִיר Jer. 2, 11 statt הֵמִיר, wenn es von מוּר abgeleitet wird; Knobel ist geneigt, es von יָמַר welches Jes. 61, 6 vorkommt, abzuleiten, in welchem Falle die Schreibweise regelmäßig sein würde; כּוּלָּם Jer. 31, 34 statt כֻּלָּם; הַמּוּלָּה Jerem. 11, 16, statt הַמֻּלָּה; מַחֲמוּדֵּים Klagel. 1, 11 statt מַחֲמַדֵּים; כְּלִיא Jer. 37, 4. 52, 31 statt des sonst häufigeren כֶּלֶא Jer. 37, 15. 18. 52, 33; נִידָה Klagl. 1, 8 statt נִדָּה V. 17; hierbei ist zu vergleichen חֲמִישִׁי Jer. 1, 3. 28, 1. 36, 9 (ohne י) 51, 12; und zum folgenden יְרוּשָׁלַיִם Jer. 26, 18. שְׁלֵיו Jer. 49, 31 statt שָׁלֵו; יַחְדָּיו Jer. 46, 12. 21. 49, 3 statt יַחְדָּו wie es stets im Pentateuche geschrieben wird. Die Form יַחַד Jer. 48, 7 hat der Prophet mit Deut. 33, 5 gemeinsam. Daß aber in demselben Worte in der Schreibweise gewechselt wird (wie z. B. auch sehr häufig לא neben לו, cf. oben, vorkommt) ersieht man besonders aus der Schreibung der Stadt Silo: 1) שִׁלֹה Jer. 26, 6. 2) שִׁילוֹ Jer. 7, 12 und 3) שִׁלוֹ Jerem. 7, 14. 26, 9. 41, 5, also sehr kurz hinter einander wechselnd.

Aber ein Wort muß noch besonders hervorgehoben werden, welches in seiner verschiedenen Form im Deuteronom. und im Jeremia der es ganz offenbar aus dem Deuteronomium entnommen hat, sehr entschieden für die Nichtidentität des Verfassers vom Deut. und des Propheten Jeremia spricht. Es ist das viermal bei Jeremia (15, 4. 24, 9. 29, 18. 34, 17) vorkommende זְוָעָה, welches im Deuter. 28, 25 זַעֲוָה heißt, und von den Punktatoren auch bei Jer. stets זַעֲוָה punktirt wird. Bereits Härernick (Einleitung S. 190. 191) sagt richtig: „daß das Deut. das Ursprüngliche habe, zeigt a) schon die Form זַעֲוָה, schon Jesaias hat dafür die spätere: זְוָעָה c. 28, 19 und so auch Jeremias constant, wie auch das Aramäische ܙܘܥܐ (Asseman. bibl. Or. I., 47. 361) und erst Ezechiel schreibt wieder nach der Analogie des Pent. זַעֲוָה (23, 46). b) Wie der Ausdruck aus dem Pent. entlehnt wurde, beweiset bei Ezech. die Form des Wortes, bei dem Chronisten (2 Chro. 29, 8) der Zusammenhang, da er deutlich die Erfüllung der alten Weissagung nachweiset, bei Jeremias aber die ganze Phrase לְזַוְעָה לְכֹל מַמְלְכוֹת הָאָרֶץ, die viermal bei ihm wiederkehrt, welches nicht zufällig sein kann (15, 4 uff)." Die Beweisführung ist ganz befriedigend; ich füge Folgendes hinzu; im Deut. 28, 25 ist die Androhung: möge Jehovah dich machen geschlagen vor deinen Feinden, auf einem Wege mögest du gegen ihn ausziehen, und auf sieben Wegen sollst du vor ihm fliehen" diesem Buche im Verhältniß zu Jeremia durchaus eigenthümlich, ja der Ausdruck נִגָּף kommt gar nicht bei diesem vor; Jer. 15, 4 ist der Ausdruck (מְנַשֶּׁה) בִּגְלַל dem Propheten weit geläufiger, als dem Deuter.; bei Jer. 24, 9 steht der Ausdruck לְרָעָה beinahe als eine Art Erklärung des Wortes aus, und das Folgende kommt so nicht im Deuter. vor; Jer. 29, 18 ist ohne jenes Wort durchaus dem Jeremia eigenthümlich und eben dasselbe läßt sich von Jer. 34, 17 sagen; auch hat überall Jeremia וּנְתַתִּים oder mit anderem Pronom, oder וְנָתַתִּי, während das Deuter. das einfachere וְהָיִיתָ hat, endlich aber, was mir für die Alterthümlichkeit der Form durchaus ohne alle Widerrede entscheidend scheint, ist der Eigenname זַעֲוָן Genes. 36, 27 und 1 Chron. 1, 42. Denn wollte man sagen, der Name sei ja edomitisch, so spricht das ja nur um so mehr für das Alter, als man sieht, ein Stammwort זָעַו

oder יָעָה sei bereits in dem gemeinsamen Vaterhause Isaaks üblich gewesen; auch scheint das höchst wahrscheinlich alterthümliche ἅπαξ λεγόμενον זֵעָה Schweiß mit jenem Namen als Schößling zusammen zu gehören, obwohl auch hier wieder von Bohlen anders meint, der dieses Wort Einleitung S. 46 als ein jüngeres bezeichnet (das Zitat ist falsch, es ist Genes. 3, 19). Wie es aber so oft bei von Bohlen der Fall ist; er verspricht und hält nicht Wort. Nämlich in der Einleitung l. c. hatte er versprochen, „über welche (nämlich: kleine Nachlese von jüngeren Wörtern usf., wobei man ganz natürlich fragt! ei! warum nicht eine große? je größer, desto schlagender der Beweis) der Commentar den ferneren Nachweis geführt hat (vergl. Gesenius Geschichte der hebr. Spr. S. 32 [was muß eine einzige Seite doch alles bei von Bohlen beweisen!!] und Schumann prolegg. p. XLVI.) Man schlägt also den Kommentar auf, und erwartet Beweisführung. Auch das vor dem eigentlich nur hierher Gehörigen Hergehende ist für von Bohlens wissenschaftliche Argumentazions- und Demonstrazionsweise sehr charakteristisch und so stehe denn dasselbe mit hier. Es heißt wörtlich im Kommentar S. 43 also: חוה Leben [der Name der Stammmutter, Eva] für חיה könnte alterthümlich scheinen, aber auch mit gleichem Rechte für sehr jung und aramäisirend erklärt werden, wie denn זעה V. 19 ein entschieden spätes Wort ist." Ich versichere für alle diejenigen, welche von Bohlens Buch nicht besitzen, daß auch kein Wort zum Beweise weiter hinzugefügt ist; es könnte sonst Jemand beinah glauben, ich hätte böslicher Weise den eigentlichen Beweis ausgelassen, denn welcher wissenschaftliche Mann erwartete nun nicht die eigentliche Beweisführung? ich will gern alle möglichen großen Kenntnisse in von Bohlen anerkennen; solch ein Reden werde ich aber nimmermehr für wissenschaftlich halten.

Bei dem Syntaktischen fange ich bei dem Gebrauche des absoluten Infinitivs an, auf den das Verbum fin. mit folgt, der bei Jeremia sehr häufig, im Deuter. sehr selten ist. Im Jerem. findet sich dieser Gebrauch (z. B. הָלֹךְ וְקָרָאתָ 2, 2.,

außerdem) 3, 12. 13, 1. 17, 19. 19, 1. 28, 13. 32, 14. 34, 2. 35, 2. 13. 39, 16; im Deuteron. nur 16, 1. 31, 26.

Wie in jener Verbindung der absolute Infin. Imperativ-Bedeutung hat, so hat er diese nirgends sonst bei Jeremia, wodurch seine Sprache sich bedeutend von der des Deuteron. unterscheidet, wo gerade dieser Gebrauch nicht selten ist.

Ganz dem Jeremia, dem Deuteronomium gegenüber, eigenthümlich ist der Gebrauch des Inf. absol. in solchen Wendungen, wie folgende ist: וָאֲדַבֵּר אֲלֵיכֶם הַשְׁכֵּם וְדַבֵּר Jer. 7, 13; ebenso: 7 25 (וָאֶשְׁלַח ... הַשְׁ׳ וְשָׁלֹחַ). 11, 7 (הָעֵד הַעִדֹתִי ... הַשְׁכֵּ׳ וְהָעֵד). 12, 17 (וְנָתַשְׁתִּי ... נָתוֹשׁ וְאַבֵּד). 25, 3 (wie 7, 13, nur mit der Form אַשְׁכֵּים). V. 4 (wie 7, 25). 26, 5 (wie 7, 25 nur steht וְהַשְׁכֵּם). 29, 19 (wie 7, 25) 32, 33 (וְלַמֵּד ... הַשְׁכֵּם וְלַמֵּד). 35, 14 (wie 7, 13). V. 15 (wie 7, 25). 44, 4 (wie 7, 25). Auch hängen mit diesem Gebrauche andere Wendungen zusammen, a) daß nämlich der absolute Infin. doppelt oder einfach hinter einem anderen Verb steht, welches den Uebergang dazu bildet, daß er b) dem ihm vorangehenden Verb desselben Namens nachsteht, wie beides ebenfalls niemals (cf. jedoch 3, 6) im Deut. vorkommt, und endlich c) wo er auf die gewöhnliche Weise voransteht. Dann aber d) kommt er auch in Verbindung mit anderen Verben als das Verbum Finit. vertretend vor und steht e) substantivisch. Hinter die einzelnen Stellen setze ich die obigen Buchstaben a. b. c. d. e. Der absolute Infin. steht also nach Jerem. 3, 1 (c., und auch d, wohl als Frage: und solltest zurückkehren?). 3, 15 (a; דֵּעָה als infin. zu fassen). 4, 10 (c). 6, 29 (b). 7, 5 (c zweimal). 7, 9 (d und zwar als Frage, 6 mal). 8, 13 (c. אָסֹף אֲסִיפֵם. Kal. mit Hiphil, und aus zwei Verbformen הֵסִיף und אָסַף). 9, 3 (c) V. 23 (a). 10, 5 (c aus Kal und Niphal). 10, 5 (e). 11, 7 (c). V. 12 (c). 12, 16 (c). 13, 12 und V. 17 (c.) 14, 5 (d). V. 19 (c und d). 19, 13 (d). 15, 18 (c). 17, 24 (c). 20, 15 und 22, 4 (c). V. 10 (b). V. 19 (a). 23, 14 (d, zweimal). V. 17 (b). V. 32 (c). V. 39 (a, nur ein Verb). 25, 28 und 29 und 30 und 26, 8 und V. 15 und V. 19 (c). 30, 11 und 31, 18 u. V. 20 — hier zweimal — und 32, 4 (c). V. 33 (d). 34, 3 (c Kal und Niph.) 31, 2 (d). 32, 44 (d, dreimal). 36, 16 und 29 und 37, 9 und 38, 3 und V. 15 und 17 und 39, 18 und 48, 14. (c). 37, 21 (d). 41, 6 b in der auch sonst häufigen Wortverbindung הָלֹךְ הָלַךְ וּבָכֹה). 42, 10 und V. 15 und 19 und 22 und 44, 17 (c und d; 42, 10 steht שׁוֹב statt יָשׁוֹב cf. Richt. 19, 11, auch Ps. 89, 10). V. 18? und 19 (d). V. 25 (c, dreimal). V. 29 und 4 89 (c); hier נָצֹא תֵצֵא, durch Paronomasie mit dem absol. Inf. eines andern Verbs „fliegend sollst du hingehen“ cf. Gesen. Handwörterbuch unter נָצָא; das Gewöhnliche würde יָצֹא תֵ' gewesen sein). 49, 12 (c, dreimal). 50, 4 (c, mit zwei vorangehenden absoluten Infinitiven הָלוֹךְ וּבָכוֹ יֵלֵכוּ, cf. oben 41, 6). V. 34 (c). 51, 56 (c).

Ganz dem Deuteronom. fremd ist auch die Wendung statt des absoluten Infinitivs ein entsprechendes, von demselben Stamme abgeleitetes Substantiv zu setzen, wie Jer. 17, 18 (שִׁבָּרוֹן שְׁבָרֵם). 46, 5 (מָנוֹס נָסוּ).

Mit Recht tadelt Knobel S. 30 Hartmann's Meinung (Linguistische Einleitung S. 368 ff.) die Verbindung des Partizips mit הָיָה zum Ausdrucke des Präsens für Aramaismus zu halten: er sagt: is enim usus omnibus V. T. scriptoribus, ipsis antiquissimis haud exceptis, tam communis est, ut quo Aramaismus, jure eodem etiam Hebraismus appellari queat. Aber eben dasselbe läßt sich ja von Knobel's eigener Behauptung sagen, dieselbe Verbindung zum Ausdrucke des Imperfektes sei Aramismus, wofür er Jerem. הָיָה נִבָּא 26, 18 anführt. Wie aber hier dieser Ausdruck und נִבָּא verschieden sind, und dieses nur das einmalige Thun ausdrücken würde, so ist's ja offenbar auch mit Ausdrücken, wie Deut. 9, 7. 22. 24. 31, 27. Wo Moses von der einmaligen Thatsache spricht, sagt er וַתַּמְרוּ אֶת־פִּי יי' 1, 26. 43 (beidemale geht vorher, dort לֹא אֲבִיתֶם, hier לֹא שְׁמַעְתֶּם) und ebenso 9, 23, wo וְלֹא הֶאֱמַנְתֶּם folgt. Wenn er aber die sich wiederholende Handlung ausdrücken will, was kann er denn anders gebrauchen, als Partizip und הָיָה? So Deut. 9, 7 und V. 24 מַמְרִים הֱיִיתֶם und ebenso 31, 27, und mit dem Partizip eines andern Verbs מַקְצִפִים הֱיִיתֶם 9, 22; הִמְרֵיתֶם und הִקְצַפְתֶּם würden ja gar nicht ausdrücken, was Moses ausdrücken wollte, und die Sprache iſt ja doch nur Ausdruck unſeres Gedankens. Aber hängt denn jener Gebrauch des Partizips nicht aufs Innigſte mit der Bedeutung deſſelben zuſammen, nach welcher es die Fortdauer ausdrückt, und die daran ſich anſchlingenden Bedeutungen der Wiederholung, des Wiederkehrenden, des Oefteren? Daher wird es zum Ausdrucke des Präſens und des Imperfektes gebraucht, ja ſogar des Futurs (wo die obigen Vorſtellungen ausgedrückt werden ſollen); das Präteritum muß man überhaupt als Form für die Vollendetheit der Handlung anſehen (in Gegenwart, Vergangenheit und Zukunft, daher es neben der eigentlichen Perfektbedeutung, auch die Bedeutung des Plusquamperf., ja auch des Futuri exakti hat); das Futurum iſt Ausdruck des Bevorſtehenden; die weitere Ausführung und Begründung hoffe ich ein andermal geben zu können. Daß das Partizip auch zum Ausdrucke der Zukunft gebraucht wird, wenn die Vorſtellung des ſich Wiederholenden ausgedrückt werden ſoll, ergiebt ſich aus dem Ausdrucke des Jer. 20, 4 עֵינֶיךָ רֹאוֹת, welche Worte offenbar auf die Zukunft gehen (42, 4 haben ſie ebenſo offenbar Präſensbedeutung wie deine Augen ſehen); der Prophet will ſagen: deine eigenen Augen werden oder ſollen wiederholt immer wieder es ſehen; zu bemerken iſt freilich dabei ſogleich, daß dieſer Ausdruck im Deut. immer mit dem Artikel vor dem Partizip ſteht, wie es nicht bei Jeremia der Fall iſt, und daß er immer ſich auf die Vergangenheit bezieht עֵינֶיךָ הָרֹאֹת Deut. 3, 21. 4, 3 und 11, 7 (hier ſteht bloß כֶם ſtatt ךָ). Die Bedeutung des Futuri exakti iſt beim Präter. deutlich z. B. in den Stellen Deut. 15, 6: wann Jehovah dein Gott dich geſegnet haben wird ... ſo wirſt du uff. 25, 11 und freue dich alles des Guten, welches dir (nämlich nach Eroberung des Landes uff.) gegeben haben wird Jehovah dein Gott uff.

Nicht ſelten findet ſich bei Jeremia (Knobel S. 30. 31) die Verwechſelung des Dativs (לְ) mit dem Akkuſativ (אֶת, oder ohne dieſes); im Deuteron. kommt dieſelb: niemals vor. So hat Jerem. אָבַל לְ Klagelied 4, 5; לָקַח לְ Jerem. 40, 2 (וַיִּקַּח לְיִרְמְיָהוּ) und cf. 25, 9: וְלָקַחְתִּי ... אֶל und 49 2, וְהִשְׁמַעְתִּי ... אֶל 50, 29; הַשְׁמִיעוּ .. אֶל; שָׂרַף לְ Jerem. 34, 5; in Hiphilformen הִשְׁבִּית לְ Jer. 48, 35; הִכְרִית לְ Jer. 47, 4; הִרְגִּיעַ לְ Jer. 50, 34; הִשִּׁיא לְ Jer. 4, 10. 29, 8 (dagegen mit dem Akk. 37, 9. 49, 16); hierher gehören gewiß auch wohl Knobel S. 32) die Partizipia שֹׁלֵחַ לְ Jer. 16, 16, מְקַבֵּץ לְ Jer. 49 5 und מְקַבֵּר לְ Jer. 14. 16. Hierher gehört auch Jer. 10, 2: אֶל־דֶּרֶךְ ... אַל־תִּלְמָדוּ.

Das Akkusativzeichen אֶת fehlt, gegen die Regel, daß es vor dem mit dem Artikel verbundenen Substantiv oder vor dem Eigennamen stehen sollte s. Gesenius Lehrgebäude S. 682. Ewald Kritische Grammat. S. 595, in folgenden Stellen bei Jeremia: 3, 5. 4, 24. 5. 25. (7, 25 fehlt es in der Wortverbindung wie immer bei Jerem. אֶת־כָּל־עֲבָדַי הַנְּבִיאִים bei dem Worte הַנְּבִיאִים, weil es vorn steht). 7, 30. 10, 16. 13, 14 (zweimal, wohl deshalb weil der Akkus. als Suffix vorangegangen war). 20. 28, 6. 7. 31, 18. 30. 32, 10. 32, 25. 33, 26. 36, 8 (cf. V. 4. 6). 46, 4 (dreimal). 17. 49, 12. 51, 7. 19. Die zu zahlreichen Fälle, wo es regelmäßig steht, habe ich nicht zusammengestellt; ich führe nur diejenigen auf, die Etwas Merkwürdiges enthalten: Jer. 3, 7. 5, 19. 14, 22. 16, 13. 34, 15. 40. 2. 11. 44, 2. 51. 60.

Das Akkusativzeichen אֶת fehlt, wo es des angehängten Pronoms wegen hätte stehen sollen s. Gesenius Lehrgebäude S. 682 und Ewald kritische Grammat. S. 595: Jerem. 1, 9. 15. 16. 17. 2, 7 (dreimal nicht, und einmal steht es). 11. 15 (zweimal). 20 u. 23 und 25 (in jedem dieser Verse zweimal). 30 (einmal steht es, einmal nicht). 32 (zweimal). 33 (einmal steht es, einmal nicht). 3, 2, 11. 12. 13. 22. 4, 7. 14. 16. 30 (zweimal). 31. 5, 3. 10. 14. 17 (achtmal). 6, 5. 7 (zweimal). 9. 7, 3 (zweimal). 21. 29. 30. 8, 7. 10. 16 (zweimal). 23 (zweimal). 9, 4. 7. 18. 19. 10, 10. 17. 20 (zweimal). 25. 11, 17. 20. 12, 3. 10. 13, 20. 23 (zweimal). 26. 27 (dreimal). 14, 3 (zweimal). 4. 10 (dreimal). 20. 21. 15, 13. (15). 17, 3 (dreimal). 8. 18, 11 (zweimal). 16. (20). 20, 3. 10. 12. 21, 10. 17. 22, 7. 13 (dreimal). 20. 23, 18 (einmal steht's, einmal nicht). 22 (ebenso, doch!) 27 (wie V. 22). 28. 31. 24, 6. 25. 30. 38. 26, 13 (zweimal). 27, 12 (einmal steht's, einmal nicht). 30, 8 (zweimal). 18. 31, 4. 13. 16

(zweimal). 21. 32, 34. 33, 25. 37, 9. 38, 26. 42, 9. 15. 43, 10 (einmal steht's, einmal nicht) 44, 11. 12. 30. 45, 5. 46, 12. 14. 23. 47, 2. 48, 6. 10. 12 (zweimal). 29 (dreimal). 30. 34. 40. 49, 11. 16. 20 29. (fünfmal). 38. 50, 6. 15. 26. 27. 45. 51, 3 (zweimal). 6. 21 (zweimal). 23. 30. 34. 51. 56. 57 (fünfmal).

Es steht regelmäßig beim angehängten Pronom: Jerem. 1, 9. 2, 7. (wo oben das Gegentheil schon bemerkt ist, geschieht es hier nicht). 30. 33. 36. 3, 1. 13. 18. 21. 24 (dreimal). 6, 3. 24. 27. 7, 5. 22. 24. 25. 26 (zweimal). 31 (zweimal). 8, 10. 9, 1. 2. 12. 10, 23. 25. 11, 8. 16. 20. 21. 12, 4. 7 (zweimal). 10. 16. 13, 10. 14, 4. 16. 15, 6. 7. 14. 16, 5. 11. 18 und 21 (in jedem V. zweimal). 17, 4. 19 (zweimal). 18, 2. 20. 21. 19, 5. 7. 15 (zweimal). 20, 12. 15. 21, 7. 22, 26. 23, 2. 13. 18. 22. 27. 32. 24, 8. 25, 4 (zweimal). 8. 12. 13. 18 (zweimal). 19 (dreimal). 36. 26, 21. 23. 27, 7. 12. 28, 6. 29, 5. 6. 10. 14. 19. 28. 30, 10. 21. 31, 7. 14. 23. 33. 34 (zweimal). 18. 21. 35, 3 (zweimal). 14. 15 (zweimal). 18. 36, 24. 31. 37, 5. 38, 16. 23. 39, 16. 42, 17. 43, 10. 12. 44, 4. 5. 9. 14. 25 (dreimal). 46, 27. 49, 2. 32. 50, 3. 23. 34. 43. 51, 2. 10. 24. 25. 28 (zweimal). 39. 44. 45. Und so könnte man freilich in Beziehung auf Jeremia fragen, was Regel sei, was nicht.

Das Accusativzeichen אֶת fehlt, wo es des, dem Substantiv folgenden Genetivs wegen hätte stehen sollen (Gesenius Lehrgeb. und Ewald Krit. Gramm. wie oben): Jerem. 2, 2. (zweimal). 4. 31. 4, 14. 31. 5, 4 und 5 (in jedem V. zweimal). 17. (24.) 6, 12. 19. 7, 2. 9, 19 (zweimal). 13, 27. 14, 21. 16, 18. 17, 20. 27. 19, 3. 21, 11. 22, 2. 7. 29. 23, 16. 20. 36. 28, 6. 29, 20. 30, 24. 31, 10. 14. 19. 33, 26. 34, 4. 42, 15. 44, 24. 26. 48, 29. 44. 49, 8. 16. 20. 35. 50, 28. 45 (zweimal). 51, 11 (zweimal). 12 (zweimal). 53.

Ganz nach der Regel fehlt das Accusativzeichen אֶת auf die Frage wohin? möge הָ angehängt sein oder nicht (Ewald Krit. Gramm. S. 595 (ohne הָ) Jerem. 2, 10 (zweimal). 3, 14. 5, 7. 6, 25. 14, 18 (zweimal). 16, 5. 8. 17, 26. 18, 2. 3. 20, 6. 22, 1. 26, 10. 21 cf. V. 22 (אֶל). 27, 3. 28

3. 29. 31, 6. 32, 5. 24. 33, 11. 34, 3. 35, 2. 4. 11. 36, 5. 12. 37, 4. 7. 12. 15 (zweimal). 20. 38, 11. 26. 39, 9. 40, 4. 12. 41, 5. 43, 3. 7. 44, 14. 28; mit הָיָה: Jerem. 4, 6. 27, 18. 20. 22. 28, 4. 29, 1. 3. 4. 15. 20. 36, 20. 39, 5 (zweimal). 7. 40, 1. 6. 7. 8. 12. 13. 41, 1.

Der Akkusativ des Relativpronoms ohne אֶת und daran gehängtes Suffix findet sich Jerem. 1, 7. (zweimal). 2, 28. 3, 18. 7, 7. 9. 14. 25. 9, 12. 13. 15. 10, 1. 11, 4. 5. 8. 10. 17. 12, 14. 16, 13 (zweimal). 15. 17, 4 (zweimal). 18, 4. 8. (zweimal). 10. 19, 2. 5 (?). 15. 20, 16. 22, 28. 23, 27. 39. 24, 5. 10. 25, 2. 5. 13. 16. 27. 26, 3. 4. 5. 12. 13. 19. 28, 3. 6. 7. 29, 1 (zweimal). 3. 4. 8. 11. 20. 32. 30, 2. 3. 4. 9. 31, 32. 33. 32, 22. 32. 36. 42. 43. 33, 5 ? 8 (dreimal). 9 (zweimal). 10. 14. 34, 11. 16. 18 (zweimal). 35, 14. 15. 16. 17. 36, 2. 3. 4. 6. 7. 13. 27. 28. 31. 32. 37, 3. 38, 1. 21. 28. 40, 5. 10. 41, 2. 9 (zweimal). 10. 11. 16 (zweimal). 18. 42, 3. (5). 10. 17. 43, 6. 10. 44, 2. 3. 4. 9. 10. 44, 16. 22. 25. 45, 1. 46, 2. 13. 49, 20 (zweimal). 28. 50, 1. 45 zweimal). 51, 24. 64.

Der Akkusativ des Relativpronoms mit folgendem אֶת und damit verbundenem Suffix findet sich niemals bei Jeremia, aber wohl im Deut. (s. unten).

Der Akkus. dieses Pronoms mit Suffixum am Verb ohne אֶת findet sich Jeremia 8, 2 (dreimal). 13. 4. 6. 19, 3. 4. 27, 20. 28, 9. 29, 22. 32, 3. 43, 12. 44, 3.

Einzig steht da Jerem. 31, 32: אֲשֶׁר־הֵמָּה הֵפֵרוּ אֶת־בְּרִיתִי „welchen meinen Bund," sie gebrochen haben.

Das relative was auch mit vorhergehendem כָּל wird von Jeremia ausgedrückt durch אֵת אֲשֶׁר 6, 18. 7. 12. 31. 23, 25. (26, 8) 32, 23. 35, 8. 10. 18. 36, 8. 38, 9. 45, 4 (zweimal). 48, 8 ? 50, 31. 29. 51, 12; ohne vorhergehendes אֵת: 16, 10. 23, 6. 33, 5 (zweimal). 16. 42, 14. 22. 44, 8. 14.

Ganz fehlt das אֲשֶׁר Jer. 14, 8. 14. 18. 22, 18. 23, 9. 29. 30, 21. 31, 6. 18. 21. 25. 36, 2. 38, 5. 48, 28. 38. 50, 5, wie niemals im Deuteronomium.

Einmal steht את־זאת Jerem. 9. 11; sonst nur זאת als Akkusativ 2, 17. 5, 20. 21.

In der Satzverbindung ist Mehreres bereits oben durchgenommen worden z. B. das niemals im Deuteronom. sich findende לָכֵן uff., wobei nur bemerkt werden möge, daß deshalb auch עַל־זֹאת heißt, wie niemals im Deuteronom.; so Jer. 4, 8. 28. 31, 26 cf. 2, 12. Es findet sich auch außerdem gar Manches, was beide Bücher in dieser Beziehung unterscheidet; ich nehme dabei wie oben, und überhaupt auch Einiges mit, was nicht sie unterscheidet, sondern beiden gemeinsam ist.

Während wird ausgedrückt durch בְּ mit folgendem Infin.: Jer. 39, 15. 45, 1; es läßt sich auch mehres unter Als und Wann Angegebene hierherziehen; wie auch ebenso diese beiden Artikel selbst Manches haben, bei dem die Grenzlinie schwer zu bestimmen ist.

Als und Sobald als werden ausgedrückt durch: 1) כְּ mit folgendem Infin. Jeremia 25, 12? 26, 8. 36, 16. 23. 41, 6. 7. 13. 43, 1. 51, 61. 63. 2) כַּאֲשֶׁר Jer. 38, 28. 39, 4. 3) בְּ c. infin. Jerem. 27, 20. 35, 11. 36, 13. 40, 1. 51, 59. 4) לְ cum infin. 46, 13; nicht kommt vor das im Deut. so häufig vorkommende כִּי in dieser Bedeutung; vgl. jedoch Wann.

Wann heißt im Jeremia 1) כִּי 2, 26. 3, 16. 5, 19 (wenn?) 12, 1. 4. 5. 6. 13, 21. 22. 14, 12 (zweimal). 15, 2. 16, 9. 17, 6. 8. 18, 22. 23, 33. 25, 28. 29, 13. 15. 32, 44 (denn?) 33, 26. 38, 15 (zweimal). 25. 42, 6. 44, 19. 49, 16. 2) בְּ c. infinit. 31, 23. 37, 11. 3) כְּ c. infinit. 25, 12 (oder: sobald als).

Ehe oder bevor: heißt bei Jeremia בְּטֶרֶם cum Fut. 1, 5 (zweimal). 13, 16 (zweimal). 38, 10. 47, 1.

Bis heißt bei Jeremia עַד c. infinit. 1, 3 (zweimal). 24, 10. 27, 7. 8. 30, 24 (zweimal). 32, 5. 36, 23. 37, 21. 44, 27. 49, 37; die andere Ausdrucksweise durch עַד־אֲשֶׁר, die im Deuteron. vorkommt findet sich niemals im Jeremia; ebenso findet sich niemals עַד־בִּלְתִּי bis nicht, welches ebenfalls im Deuteronom. vorkommt.

Seitdem wird von Jeremia 1) durch מִדֵּי 20, 8 (31. 20.)

2) durch מִן־אָז 44, 18 ausgedruckt; beides kommt niemals im Deuteron. vor; cf. מִן Deut. 16, 9.

Nachdem heißt bei Jeremia niemals, wie im Deuter. אַחֲרֵי־אֲשֶׁר, sondern 1) אַחֲרֵי c. infin. 3, 7. 24, 1. 28, 12. 29, 1. 31, 19. (zweimal). 32, 16. 34, 8. 36, 27. 2) אַחַר c. infin. 40, 1. niemals im Deuteronom. 3) אַחַר cum praeterit. 41, 16; ebenfalls niemals im Deuteron.

Wenn heißt bei Jeremia 1) אִם 4, 1. 7, 5? 14, 18 (zweimal). 15, 1. 19. 17, 24. 27. 22, 5. 6. 23. 23, 22. 38. 26, 4. 15. 27, 18. 31, 36. 33, 20. 25. 37, 10. 38, 16. 17. 18. 21. 40, 4. 42, 5. 6. 10. 13. 15. 44, 26. 48, 27 (zweimal; ?) 49, 9 und 20 (in jedem V. zweimal). 50, 45 (zweimal). 2) כִּי 51, 53 (zweimal). 3) בְּ c. infin. 28, 9. 42, 18.

Absicht u. Folge, also: daß, damit, so daß werden von Jeremia ausgedrückt 1) durch לְ c. infin. 1, 8. 7, 18. 30. 31. 15, 3 (viermal). 20 (zweimal). 16, 5. 7? 8 (dreimal). 17, 24. 27. 18, 15. 16? 19, 11. 14. 25, 4. 18. 34. 26, 15. 24. 27, 6. 31, 32. 32, 19. 23. 24. 31. 32. 34. 33, 2. 5 (zweimal). 34, 16. 35, 9. 13. 15. 36, 8. 21. 37, 12. 38, 26. 39, 7. 46, 10. 13. 48, 16. 49, 24. 30. 50, 28. 51, 31. 49. 2) durch לְמַעַן cum futur. 4, 14. 7, 23. 10, 18. 32, 14. 35, 7. 36, 3. 51, 39. 3) durch לְמַעַן c. infinit. 7, 10. 18. 19. 11, 5. (25, 7 im Kri) 27, 10. 15. 32, 29. 35. 43, 3. 44, 8 und 4) durch לְמַעַן אֲשֶׁר c. fut. 42, 6. und endlich (so scheint es) 5) durch אֲשֶׁר 42, 14.

Damit nicht, daß nicht heißt bei Jeremia 1) פֶּן 4, 4. 6, 8 (zweimal). 21, 12. 38, 19. 51, 46. 2) לְבִלְתִּי 7, 8. 16, 12. 17, 23 (zweimal). 24 (zweimal). 27. 18, 10. 19, 15. 23, 14 und 27, 18 (c. fut., niemals im Deuteronom.) 26, 24. 32, 40 23, 20. 34, 9. 10. 35, 8. 9. 14. 36, 25. 38, 26. 44, 5. 7. 51, 62. 3) מִן c. infinit. 33, 21. 24. 26.

Daß, im Objektiv- oder Accusativverhältnisse zu einem vorhergehenden Verb, oder auch in einem anderweitigen Abhängigkeitsverhältnisse zum Vorhergehenden, wird von Jeremia ausgedrückt 1) durch אֲשֶׁר 1, 16. 32, 4 (oder: der ich). 2) אֵת .. אֲשֶׁר 38, 9 (eigentlich: in Beziehung auf Alles, was sie uff.) 3) am häufigsten durch כִּי 2, 5. 19. 3, 8. 13 (dreimal).

9, 23. 10, 23. 13, 12. 16, 21. 22, 5. 24, 7. 26, 15 (zweimal). 32, 8. 38, 7. 25. 40, 7 und 11 (in jedem V. zweimal). 42, 3. 19. 22. 44, 15. 29 (zweimal). 48, 20. 49, 13. 51, 31.

Die oratio directa wird durch כִּי eingeleitet Jerem. 2, 35. 22, 23. (oder: daß) 29, 10?; kommt im Deuteronom. nicht vor.

Die Kaussalsätze, welche die Ursache (weil) und den Grund weil, oder als Hauptsache denn angeben, werden von Jeremia eingeleitet 1) durch כִּי 1, 6. 7. 8. 12. 15. 19. 2, 10. 20 (zweimal). 26. 27. 28. 3, 12. 13 (oder: daß). 14. 22. 25. 4. 3. 6. 8. 13. 17. 18 (zweimal). 19. 20. 22. 27. 31. 5, 4. 5. 6. 10. 11. 6, 1. 4. (zweimal). 6. 11. 12. 13. 15. 19. 25. 26. 30. 7, 12. 22. 29. 30. 34? 8, 12. 14 (zweimal). 22. 9, 1. 2. 3. 6. 18. 19. 20. 23. 10, 2? 3 (zweimal). 5 und 6 (in jedem V. zweimal). 18. 21. 25. 11, 7. 14. 15. 20. 23. 12, 6. 11. 12. 13, 11. 15. 17. 18. 14, 4. 5 (zweimal). 6. 7. 12. 13. 17. 18. 22. 15, 5. 11 (oder: daß) 14. 16. 17. 20. 16, 3. 5 (zweimal). 9. 17. 17, 4. 13. 14. 18, 12. 15. 18. 22. 19, 15. 20, 4. 8 (zweimal). 10. 11. 12. 21, 2. 10. 22, 6. 10. 11. 12. 15. 17. 20. 30. 23, 10 (zweimal). 11. 12 (oder: wann). 15. 18. 36. 24, 7. 8. 25, 15. 29 (zweimal). 31. 34. 36. 38. 26, 11. 15. 16. 27, 10. 14. 15. 16. 19. 21. 28, 4. 14. 16. 29, 7. 8. 9. 10. 11. 19. 28. 32. 30, 3. 5. 7. 10. 11 (zweimal). 12. 14. 17 (zweimal). 21. 31, 6. 7. 9. 11. 15. 16. 18. 19 (zweimal). 20. 22. 25. 33. 34 (zweimal). 32, 4. 5. 7. 8. 15. 30 (zweimal). 31. 42. 44 (oder: wann). 33, 4. 11 (dreimal). 17. 34, 3. 5. 7. 35, 6. 7 (oder: sondern). 14. 16. 36, 7. 37, 9. 10. 15. 16. 18 (oder: daß). 38, 4. 5. 9. 23. 27. 39, 18 (zweimal). 40, 3. 16. 41, 8. 18 (zweimal). 42, 2. 10. 11. 14 (oder: sondern). 18. 20 (zweimal). 43, 3 (oder: sondern). 7. 44, 14. 17. 45, 3. 5. 46, 10. 12. 14. 15. 18. 19. 21 (zweimal). 22. 23 (zweimal). 27. 28 (zweimal). 47, 4. 48, 1. 5 (zweimal). 7. 9. 20. 26. 27. 34. 37. 40. 42. 44. 45. 46. 49, 3 (zweimal). 8. 10. 12 (zweimal). 13. 15. 19 (zweimal). 23. 30. 50, 3. 9. 11? (dreimal). 14. 15. 20. 24. 27. 31. 38. 44 (zweimal). 51, 2. 5 (zweimal). 6. 9. 11 (zweimal). 12. 14. 17. 19. 26. 29. 33. 48. 51 (zweimal). 55. 56 (zwei=

mal). 62; es kommt also כִּי in allen Kapiteln des Jerem. in dieser Bedeutung vor. 2) durch אֲשֶׁר 13, 25 (oder auch: die du). 3) durch יַעַן אֲשֶׁר 19, 4. 25, 8. 29, 23. 25. 31. 35, 18. 4) durch עַל אֲשֶׁר 16, 11 (cf. 15, 4) 22, 9. 5) durch עַל־כִּי 4, 28. 6) durch תַּחַת אֲשֶׁר 29, 19. 50, 7. 7) durch אֲשֶׁר? 44, 23. 8) durch מִפְּנֵי אֲשֶׁר 44, 23. 9) durch עַל c. infinit. 2, 35 (eigentlich darüber daß). 16, 18. 10) durch עַל כָּל־אוֹדוֹת אֲשֶׁר? (Gesenius: wiewohl). 11) יַעַן c. infinit. 5, 14. 7, 13. 23, 38. 48, 7. 12) durch בַּעֲבוּר? 14, 4. 13) durch יַעַן c. praeter. 35, 17. Jeremia kennt also **nicht** folgende Ausdrucksweisen des Deuteron. (siehe unten); עֵקֶב, עַל־דְּבַר אֲשֶׁר, תַּחַת־כִּי (dem Jeremia überhaupt durchaus fremd), מִבְּלִי weil nicht c. infinit., בְּ c. infinit., מִן c. infinit.; umgekehrt sind dem Deuter. **durchaus** fremd, die bei Jeremia vorkommenden Wendungen עַל ,מִפְּנֵי אֲשֶׁר c. infinit. 'עַל־כָּל אוֹדוֹת א ,יַעַן c. infinit., בַּעֲבוּר ,יַעַן c. praet.; einige Wendungen sind höchst wahrscheinlich nur Nachahmungen des Deuteronomiums.

Hieran schließe sich der mit dem vorigen zusammenhängende Ausdruck für die adversative Satzverbindung; **Sondern**, bei Jeremia 1) כִּי אִם (2, 22). 3, 10. 7, 5. 23. 32. 9, 23. 16, 15. 19, 6. 20, 3. 22, 4. 17 (oder: als). 23, 8. 31, 30. 38, 4. 6. 39, 12 (im Kethibh). 42, 15. 44, 9. 14 (oder: als). 21. 2) durch כִּי 1, 7. 2, 34? 35, 7? 42, 14. 43, 3.

Die Komparativsätze werden mannichfach von Jeremia, ausgedruckt: durch כַּאֲשֶׁר und dann folgt im anderen Satze das bloße Verb des Hauptsatzes (50, 15. 2) כַּאֲשֶׁר .... כֵּן 5. 19. 13, 11. 31, 28. 32, 42. 39, 12. 42, 18. oder 3) כְּכֹל אֲשֶׁר .... כֵּן 42, 20 cf. V. 5. 4) Der Hauptsatz geht voran, und es folgt der Nebensatz mit כַּאֲשֶׁר 2, 36. 7, 14. 15. 12 16. 13, 5. 23, 27. 26, 11. 27, 13. 40, 3. 42, 2. 43. 12. 44, 13. 17. 30, 13, 48. 50, 18. 5) כְּ .... כֵּן 2, 26. 24, 5. 6) durch כָּכָה .... כַּאֲשֶׁר 19, 11. 51. 64. 7) durch אֲשֶׁר .... כֵּן 33. 22.

Warum heißt bei Jeremia 1) לָמָּה 2, 29. 6, 20 († זֶה) 13, 22. 14, 8. 9. 15. 18. 20, 8 († זֶה). 27, 13. 17. 29, 27. 40, 15. 44, 7 (geschrieben לָמָה). 2) עַל מָה oder ע' מֶה 9, 11. 16, 10. 22, 8; Nachahmung des Deuteronom. 3) מַדּוּעַ 2, 14. 31. 8, 5. 19. 22. 12, 1. 14, 19. 22, 28. 26,

9. 30, 6. 32, 3, 36, 29. 46, 5. 15. 49. 1; niemals im Deut. 4) תַּחַת מֶה 5. 19.

Fragen sind außer dieser eben behandelten, sehr häufig bei Jeremia und bei weitem häufiger als im Deut.; sie werden eingeleitet; durch הֲ 2, 10. 14. 31. 32. 3, 1 (zweimal). 4. 5. 6. 5, 3. 9, 22. 29. 7, 9. 11. 17. 19 (zweimal). 8. 4 (zweimal) 19. 22. 12, 9 (zweimal) 13, 12. 21. 23, 14, 19. 22 (zweimal). 16, 20. 18, 6. 14. 20. 20, 15 (zweimal) 16. 22, 28. 23, 23. 24. 26. 29. 26, 19. 31, 20. 33, 24. 35, 13. 37, 17. 38, 15. 40, 14. 49, 1. 7; oder 2) durch אִם 2, 28. 5, 1 (zweimal). 2 ? 15, 11 ? (zweimal); 23, 24. 30, 6. Sehr häufig kommen Fragen mit מִי vor 2, 24. 6, 10. 9, 11. 15, 5. (dreimal) 17, 9. 18, 13. 21, 13. (bis), 23, 18. (bis) 30, 21. 44, 28. 46, 7. 49, 4. 19 (viermal). 50, 44 (viermal). mit מָה 1, 11. 13. 2. 5. 18 (zweimal). 23. 33. 36. 4, 30. 5, 15. 31. 7, 17. 8, 6. 9. 14. 11, 15. 13, 21. 16, 10. 22, 23. 23, 28. 33. (zweimal) 35 u. 37. (zweimal). 24, 3. 30, 15 33, 24. 37, 18. 38, 25 (zweimal) 48, 19. 49, 4; אַיֵּה 2, 6. 8, 28. 13, 20. 17, 15. 37, 19 (nach dem Kri); אֵיךְ 2, 21. 23. 3, 19. uff. cf. oben auch אֵיכָה 8, 8. 48, 17; אֵיפֹה 3, 2. 36, 19, אֵי־לָזֹאת 5, 7; אֵי־זֶה 6, 16; עַד־מָתַי 4, 14. 21. 12. 4. 23, 26. 31, 22. 47, 5; עַד־אָנָה 47, 6.

Beim Nachsatze steht öfter וְ z. B. 4, 1. 30. 37, 10.

Endlich siehe noch die Satzverbindung וְעַתָּה hier 2, 18. 7, 13. 18, 11. 26. 13. 27, 6. 29, 27. 32, 36. 37, 20. 40, 4. 42, 15. 22. 44, 7; auch im Deut. 2, 13. (bloß עַתָּה, und auch etwas anders gebraucht 32, 39) 4, 1, 5, 22. 10, 12. 22. 26, 1. 31, 19.

Nachdem ich bisher überwiegend das öfter als einmal im Jeremia Vorkommende, im Verhältniß, zu dem Deuteronomium ihm Eigenthümliche durchgenommen habe, nehme ich zuletzt noch kapitelweise das ihm Eigene durch, wobei ich umgekehrt überwiegend das einmal Vorkommende berücksichtige, aber auch dasjenige mit zur Sprache bringe, was bisher noch nicht seine Stelle gefunden hat.

Kapitel 1.

V. 6: אֲהָהּ אֲדֹנָי יְהוִה 4, 10. 14, 13. 32 17. im Deut.

3, 24. 9, 26 beide Male ohne אֲהָהּ obwohl es im zweiten Falle sehr passend gewesen wäre; V. 9: וַיַּגַּע עַל־פִּי; V. 10, הִפְקַדְתִּיךָ עַל־הַגּוֹיִם; V. 14: תִּפָּתַח הָרָעָה; V. 17: וְאַתָּה V. 18: נְתַתִּיךָ לְעִיר מִבְצָר וּלְעַמּוּד בַּרְזֶל וּלְחֹמוֹת נְחֹשֶׁת.

Kapitel 2.

V. 2: זָכַרְתִּי לָךְ חֶסֶד נְעוּרַיִךְ אַהֲבַת כְּלוּלֹתָיִךְ לֶכְתֵּךְ אַחֲרַי בַּמִּדְבָּר בְּאֶרֶץ לֹא זְרוּעָה V. 3: קֹדֶשׁ יִשְׂרָאֵל לי׳ כָּל־אֹכְלָיו יֶאְשָׁמוּ רָעָה תָּבֹא אֲלֵיהֶם; V. 5: מַה־מָּצְאוּ בִי עָוֶל וַיֵּלְכוּ אַחֲרֵי הַהֶבֶל וַיֶּהְבָּלוּ כִּי רָחֲקוּ מֵעָלָי V. 6: בַּמִּדְבָּר בְּאֶרֶץ עֲרָבָה וְשׁוּחָה בְּאֶרֶץ צִיָּה וְצַלְמָוֶת בְּאֶרֶץ לֹא־עָבַר בָּהּ אִישׁ וְלֹא יָשַׁב אָדָם שָׁם cf. 50, 12. 51, 43. V. 7: נַחֲלָתִי שַׂמְתֶּם לְתוֹעֵבָה; נִבְּאוּ בַבַּעַל; V. 10: וְהִתְבּוֹנְנוּ מְאֹד 23, 19. 30, 24. V. 12: שֹׁמּוּ שָׁמַיִם „ וְשַׂעֲרוּ חָרְבוּ מְאֹד; V. 13: מְקוֹר מַיִם חַיִּים cf. 17, 13. V. 14: יְלִיד בַּיִת; V. 15: וַיָּשִׁיתוּ אַרְצוֹ לְשַׁמָּה cf. 3, 19. 50, 3. 51, 36; V. 16: יִרְעוּךְ קָדְקֹד; V. 17: בְּעֵת מוֹלִכֵךְ בַּדָּרֶךְ V. 18: שִׁחוֹר; V. 19: תְּיַסְּרֵךְ רָעָתֵךְ וּמְשֻׁבוֹתַיִךְ תּוֹכִחֻךְ וּדְעִי וּרְאִי; V. 20: מֵעוֹלָם; נִתַּקְתִּי מוֹסְרוֹתַיִךְ cf 5, 5. u. 6. 30. 30, 8; צֹעָה; V. 21: נְטַעְתִּיךְ שׂוֹרֵק סוּרֵי הַגֶּפֶן נָכְרִיָּה; V. 22: בֹּרִית נִכְתָּם עֲוֺנֵךְ; וְתַרְבִּי V. 23: לֹא נִטְמֵאתִי; בִּכְרָה קַלָּה מְשָׂרֶכֶת דְּרָכֶיהָ; V. 24: פֶּרֶה לִמֻּד מִדְבָּר שָׁאֲפָה רוּחַ; V. 25: מִנְעִי רַגְלֵךְ מִיָּחֵף וּגְרוֹנֵךְ מִצִּמְאָה; נוֹאָשׁ cf. 18, 12. V. 27: פָּנוּ אֵלַי עֹרֶף וְלֹא פָנִים; V. 30: כְּאַרְיֵה מַשְׁחִית; V. 31: הַדּוֹר als Anrede; יָמִים אֵין מִסְפָּר; V. 32: כַּלָּה קִשֻּׁרֶיהָ עֶדְיָהּ; רַדְנוּ; אֶרֶץ מַאְפֵּלְיָה; V. 34: בַּמַּחְתֶּרֶת; V. 37: לֹא־ מִבְטַחַיִךְ; מַה־תֵּזְלִי מְאֹד לְשַׁנּוֹת אֶת־דַּרְכֵּךְ; וְיָדַיִךְ עַל־רֹאשֵׁךְ, תַצְלִיחִי לָהֶם.

Kapitel 3.

V. 2: וְנוּתֵךְ cf. 9. 13, 27, וַתַּחֲנִיפִי cf. V. 1: חָנוֹף תֶּחֱנַף u. V. 9; V. 4: אַלּוּף; V. 6: מְשֻׁבָה יִשְׂרָאֵל cf. V. 8. 11. 12. 13, 7; V. 9: מִקֹּל זְנוּתָהּ; וַתִּנְאַף אֶת־הָאֶבֶן וְאֶת־הָעֵץ; V. 10: בְּכָל לִבָּהּ; V. 12: לוֹא־אַפִּיל פָּנַי בָּכֶם; V. 13: אַךְ דְּעִי עֲוֺנֵךְ כִּי … כִּי פָּשַׁעַתְּ וַתְּפַזְּרִי; V. 17: נִקְווּ; V. 19: נַחֲלַת צְבִי צִבְאוֹת גּוֹיִם; V. 21 אֶת־דַּרְכֵּךְ; בְּכִי תַחֲנוּנֵי בְּנֵי יִשְׂר׳ חֶעֱווּ אֶת־דַּרְכָּם, V. 25: נִשְׁכְּבָה בְּבָשְׁתֵּנוּ וּתְכַסֵּנוּ כְּלִמָּתֵנוּ.

Kapitel 4.

V. 1: אִם־תָּסִיר שִׁקּוּצֶיךָ; V. 2: וּבוֹ יִתְהַלָּלוּ; V. 3: נִירוּ לָכֶם נִיר וְאַל־תִּזְרְעוּ אֶל קוֹצִים; V. 4: אִישׁ יְהוּדָה וְיֹשְׁבֵי יְרוּשׁ׳ 11, 2. 9. 11, 25. 18, 11. 32, 32. 35, 13 (cf. 17) cf. 3. 6. 31. (es kommt nicht dabei auf Jerusalem an, sondern den ganzen

Ausdruck; was für alle ähnliche Fälle gilt) cf. V. 3; V. 5: הגידו השמיעו ואמרו ותקעו שופר ״ קראו מלאו ואמרו; V. 6: העיזו; אריה מסבכו: משחית גוים נסע יצא; V. 8: חגרו; שקים ספדו והילילו; V. 9: יאבד לב המלך; נשמו und ותמהו; V. 10: השא השאת; ונגעה חרב עד הנפש; V. 11: לוא לזרות; רוח צח; לדבר; ילי; V. 14: כבסי מרעה לבך; מחשבות; תלין בקרבך; אונך; V. 16: נצרים; V. 17: שדי שערי; מרתה אתי (im Deut. niemals im Kal); V. 19: מעי מעי אוחילה קירות לבי המה לי; ידע); חכמים המה להרע ולהיטיב לא ידעו; V. 22: לבי לא אחרש (niemals im Deut. mit einem Infinitiv). V. 24: רעשים cf. 8, 16. והתקלקלו; V. 25: נדדו; V. 28: תאבל הארץ וקדרו השמים; V. 29: ודמה קשת; בעבים ובכפים; V. 30: כי תלבשי; דברתי ומתי; שני כי תעדי עדי זהב כי תקרעי בפוך עיניך cf. 31, 4; תתיפי; עגבים; V. 31: תתיפח תפרש כפיה; עיפה נפשי.

Kapitel 5.

V. 1: שוטטו בחוצות; cf. 10, 3 uff. u. 49, 2; מבקש אמונה cf. V. 3; V. 3: לא חלו; V. 4: נואלו 50, 36; V. 8: משכים; מיזנים; V. 10: שרות; נטישות; V. 12: כחשו; V. 15: מעולם הוא; גוי איתן; V. 16: אשפתו; V. 17: ירשש; V. 22: ויתגעשו cf. 46, 7. 8 (hier u. 25, 16. 'ג uff.) V. 23: לב סורר ומורה; V. 24: גשם ויורה (Kri יורה גשם auch 14, 4); V. 26: ישור כשך יקושים; ומלקוש; V. 27: גדלו; הציבו משחית; V. 30: שמה ושערורה cf. 23, 14. V. 28: עברו דברי רע דין לא דנו דין יתום; שמנו עשתו גם; ויעשירו; ויצליחו ומשפט אביונים לא שפטו.

Kapitel 6.

V. 1: העיזו; שאו משאת; רעה נשקפה; V. 2: הנוה והמענגה; ארמנותיה; צללי ערב; פנה היום; קדשו מלחמה; V. 4: דמיתי (ein oft bei Jeremia vorkommendes Wort, welches ich aber später auslasse); V. 6: שפכו סללה; עשק; V. 7: כהקיר בור; חלי ומכה: V. 8: הוסרי (laß dich züchtigen); V. 11: סוד בחור; V. 12: אטה את ידי; V. 15: הובישו oft auch später; 8, 9. 12 V. 16: מרגוע; V. 17: צפים V. 20: לא ערבו לי; מבשלים; V. 23: קשת וכידון cf. 50, 42; V. 26: חגרי והתפלשי באפר; מספד תמרורים; אבל; V. 28: סרי סוררים הלכי רכיל V. 29: נחר מפח

Kapitel 7.

V. 15: והשלכתי (zweim.) V. 29: cf. 14, 16. 22, 19. 28. 26; 24. 36, 23.

39. 38, 6. 9. 41, 9. 31, 63, im Deuteronomium nur 29, 28 cf. 9, 19. 21. לוּשׁ בָּנִים בָּצֵק; immer für die niemals im Deut. erwähnte (מְלֶכֶת הַשָּׁמַיִם); V. 24: מֹעֵצוֹת; V. 28: הָאֱמוּנָה cf. 9, 2. V. 29: גָּזִּי נִזְרֵךְ; וַיִּטֹּשׁ 15, 6. 23, 33. 39, Deut. nur 32, 15. 12, 17. עֶבְרָה cf. 48, 30.

Kapitel 8.

V. 2: וּשְׁטָחוּם öfter auch später; V. 5: מְשֻׁבָה נִצַּחַת V. 6: מְרוּצָתָם (Kri מְרוּצָתָם); V. 8: עֵט שֶׁקֶר סֹפְרִים; V. 14: הֲדִמָּנוּ; V. 16: נַחֲרַת סוּסָיו; V. 17: נְחָשִׁים צִפְעֹנִים; לַחַשׁ; V. 18: מַבְלִיגִיתִי עָלַי יָגוֹן; לִבִּי דַוָּי; V. 19: שַׁוְעָה; V. 22: עָלְתָה אֲרֻכָה.

Kapitel 9.

V. 1: מְלוֹן אֹרְחִים; V. 2: מֵרָעָה אֶל־רָעָה יָצָאוּ; V. 3: מֵרֵעֵהוּ הִשָּׁמֵרוּ; כָל־רֵעַ רָכִיל יַהֲלֹךְ cf. oben 6, 28; V. 4: בְּרֵעֵהוּ יְהָתֵלּוּ; אֱמֶת לֹא יְדַבֵּרוּ; דַּבֶּר שֶׁקֶר; הַעֲוֵה נִלְאוּ; V. 5: מִרְמָה auch V. 7; V. 9. בְּכִי וָנֶהִי וְעַל נְאוֹת מִדְבָּר קִינָה cf. 18. 19. נָדְדוּ הָלָכוּ; V. 16: הִתְבּוֹנְנוּ וְקִרְאוּ לַמְקוֹנְנוֹת; V. 17: עַפְעַפֵּינוּ יִזְּלוּ מָיִם; V. 18: קוֹל נְהִי; V. 21: עָמִיר; V. 22: עָשִׁיר, עֹשֶׁר.

Kapitel 10.

V. 3: מַעֲצָד; V. 4: מַסְמְרוֹת, מַקָּבוֹת; לֹא יָפִיק; V. 5: תֹּמֶר מִקְשָׁה; cf. V. 23: צָעַד; לֹא יָרֵעוּ וְגַם־הֵיטֵיב אֵין־אוֹתָם; V. 8: יִבְעֲרוּ וְיִכְסָלוּ cf. V. 14. 21; V. 12: תֵּבֵל 51, 15; V. 14: שֶׁקֶר נִסְכּוֹ; V. 16: וְיִשְׂרָאֵל שֵׁבֶט נַחֲלָתוֹ; V. 17: כִּנְעָה; V. 18: קֹלַע; V. 22: רַעַשׁ; V. 25: אֶת נָוֵהוּ הֵשַׁמּוּ.

Kapitel 11.

V. 6: בְּעָרֵי יְהוּדָה וּבְחֻצוֹת יְרוּשׁ׳, statt dieser oft vorkommenden Wendung z. B. 30, 10. 44, 6. 9. 17 würde der Vf. des Deuteronom. den Ausdruck שְׁעָרִים gebraucht haben cf. oben; V. 10: שָׁבוּ עַל; V. 15: אָז תַּעֲלֹזִי; יְדִידִי cf. יְדִדוּת 12, 7.

Kapitel 12.

V. 1: דֶּרֶךְ רְשָׁעִים צָלֵחָה שָׁלוּ; V. 7: נָטַשְׁתִּי אֶת־נַחֲלָתִי נָתַתִּי אֶת יְדִדוּת נַפְשִׁי בְּכַף אֹיְבֶיהָ; V. 9: הֵתָיוּ לְאָכְלָה; V. 10: חֶלְקָתִי; V. 13: נֶחֱלוּ לֹא יוֹעִילוּ; V. 15: אָשׁוּב וְרִחַמְתִּים.

Kapitel 13.

V. 1: אֵזוֹר פִּשְׁתִּים; V. 4: נְקִיק הַסָּלַע; V. 7: לֹא יִצְלַח לַכֹּל cf. V. 11: הִדְבַּקְתִּי cf. Deut. 28, 21; V. 13: שִׁכָּרוֹן, יִתְנַגְּפוּ

V. 14: נִפֵּץ; cf. 51, 20 uff.; V. 15: אַל־תִּגְבָּהוּ; V. 16: בְּטֶרֶם יַחְשִׁךְ; V. 17: בְּמִסְתָּרִים 23, 24. 30, 8. מִפְּנֵי גֵוָה; דָּמַע; תֵּרַד עֵינִי דִּמְעָה 14, 17; V. 18: הַשְׁפִּילוּ שֵׁבוּ; V. 19: סֻגְּרוּ; V. 22: בְּרֹב עֲוֹנֵךְ נִגְלוּ שׁוּלַיִךְ נֶחְמְסוּ עֲקֵבָיִךְ; V. 24: קַשׁ עוֹבֵר; V. 25: מְנָת־מִדַּיִךְ; V. 26: קְלוֹן חָשַׂפְתִּי, שׁוּלַיִךְ.

Kapitel 14.

V. 1: הַבַּצָּרוֹת; V. 2: צְוָחָה; V. 3: אַדִּירֵיהֶם, צְעוֹרֵיהֶם (u. 48, 4) im Keth.; גֵּבִים; חָפוּ רֹאשָׁם, auch V. 4; V. 6: שָׁאֲפוּ רוּחַ, V. 14: חֲזוֹן שֶׁקֶר וְקֶסֶם וֶאֱלִיל (Keth. אֱלוּל); 23, 16; V. 19: גָּעֲלָה נַפְשֶׁךָ; בְּעָתָה; V. 22: הַגְּשָׁמִים.

Kapitel 15.

V. 6: נִלְאֵיתִי הִנָּחֵם cf. 20. 9, V: 7: וָאֶזְרֵם בְּמִזְרֶה; V. 9: נָפְחָה נַפְשָׁהּ, בּוֹשָׁה וְחָפֵרָה; V. 12: בְּעֵת רָעָה 2, 27. 28. 11, 12. cf. 17, 18. V. 17: עָלַז; V. 18; נֶצַח; מַכָּתִי אֲנוּשָׁה cf. 17. 9. 11. 16. 30, 12. 15. כְּמוֹ אַכְזָב; V. 19: זוֹלֵל; V. 21: עָרִיצִים.

Kapitel 16.

V. 3: הַיִּלּוֹדִים; V. 5: בֵּית מַרְזֵחַ; סְפֹד cf. V. 6. 22, 18 (zweimal). 25, 33. 34, 5. 49, 3. sehr häufig; אַל־תָּנֹד לָהֶם V. 7: לֹא־יִפְרְסוּ; V. 13: וְהֵטַלְתִּי 22, 26 cf. 28 נָתַן חֲנִינָה; V. 16: שֹׁלֵחַ לְדַוָּגִים רַבִּים ‴ אֶשְׁלַח לְרַבִּים צַיָּדִים; V. 17: לֹא נִצְפַּן עֲוֹנָם מִנֶּגֶד עֵינָי; V. 19: מֵאַפְסֵי־אָרֶץ; V. 21: אוֹדִיעֵם אֶת־יָדִי וְאֶת־גְּבוּרָתִי.

Kapitel 17.

V. 1: עֵט בַּרְזֶל, שָׁמִיר, צִפֹּרֶן, חָרוּשׁ; V. 6: חֲרֵרִים; אֶרֶץ מְלֵחָה; V. 7: מִבְטָח; V. 8: שָׁתוּל; לֹא יָמִישׁ; V. 9: עָקֹב V. 13: יְסוּרַי; V. 16: לֹא־אַצְתִּי, הִתְאַוֵּיתִי, נֹכַח פָּנֶיךָ; V. 18: יוֹם רָעָה T. des Unglücks cf. 23, 12. 15, 12.

Kapitel 18.

V. 12: נוֹאָשׁ; V. 13: שַׁעֲרֻרִת; V. 14: מַיִם זָרִים קָרִים נוֹזְלִים; V. 15: שְׁבוּלֵי עוֹלָם (Kri שְׁבִילֵי); לֹא סְלוּלָה (דֶּרֶךְ) נְתִיבוֹת; V. 16: לְשַׁמָּה אַרְצָם; שְׁרוּקֹת עוֹלָם (Kri: שְׁרִיקוֹת); יִשֹּׁם וְיָנִיד בְּרֹאשׁוֹ cf. 19. 8; V. 17: עֹרֶף וְלֹא פָנִים אַרְאֵם; V. 18: ‴ חֲשָׁבָה מַחֲשָׁבוֹת öfter vorher und nachher z. V. 29, 11. 49, 20. 30. 50, 45.

Kapitel 19.

V. 4: וַיְנַכְּרוּ; V. 7: וּבַקֹּתִי אֶת־עֲצַת יְהוּדָה; וְהִפַּלְתִּים; V. 12: die Konstruktion וְלָתֵת auch schon früher.

Kapitel 20.

V. 2: על־המהפכת cf. V. 3. 29, 26 (הצינק); V. 5: חסן V. 7: לעג; V. 10: דבת רבים; אנוש שלומי; שמרי צלעי; V. 15: בשר; V. 18: עמל ויגון.

Kapitel. 21.

(V. 5: באף ובחמה ובקצף גדול cf. 32, 37. 50, 13 cf. Deut. 29, 27); V. 9: נפל על; V 10: שמתי פני ·· לרעה ולא לטובה cf. 24, 6 עיני; V. 13: מעונותינו.

Kapitel 22.

V. 14: בית מדות ועליות מרוחים וקרע לו חלוני וספון בארז ומשוח בששר; V. 17: מרוצה cf. 23, 10. V. 21: שלות; V. 28: עצב נבזה נפוץ.

Kapitel 23.

V. 9: רחפו; איש שכור; V. 10: נאות מדבר; V. 11: חנפו; V. 12: חלקלקות; V. 13: תפלה; V. 14: שערורה cf. 5, 30; V. 15: חנפה; V. 17: מנאצי; V. 18: סוד יהוה V. 19: סער מתחולל על ראש רשעים יחול cf. 30, 23; V. 20: תתבוננו בה בינה; V. 23: האלה־מקרב ··· מרחק; V. 27: השכיח; V. 28: מה־לתבן את־הבר; V. 29: פטיש יפצץ סלע cf. 50, 23; V. 31: וינאמו נאם; V. 32: בפחזותם; V. 33: und folg. VV. מה־משא יהוה statt welches älteren prophetischen Wortes die Ausdrücke: מה־דבר: und מה־ענך יהוה gebraucht werden sollen Jer. 23, 37; V. 39: נשיתי אתכם נשא.

Kapitel 24.

V. 1: מועדים; דודאי תאנים; V. 2: מרע cf. V. 3. 8. 29, 17; V. 8: שארית ·· הנשארים.

Kapitel 25.

V. 12: שממות עולם 51, 26. 62; V. 16: התגעשו והתהללו מפני החרב אשר אנכי שלח בינתם cf. V. 27; V. 30: יי' ממרום ישאג וממעון קדשו יתן קולו cf. Deut. 26, 19; V. 31: שאון 46, 17; V. 34: הילילו ·· וזעקו · והתפלשו; אדירי הצאן cf. 35. 36. כלי חמדה; V. 36: יללה; V. 37: ונדמו (öfter außerdem); V. 38: מפני חרון היונה ומפני חרון אפו cf. V. 37.

Kapitel 26.

V. 2: אל־תגרע דבר; anders im Deuteronomium 4, 1. 13, 1.

Kapitel 27.

V. 2: מוֹסֵרוֹת וּמֹטוֹת; V. 8: עַד־תֻּמִּי אֹתָם; V. 9: נְבִיאֵיכֶם קֹסְמֵכֶם חֲלֹמֹתֵכֶם עֹנְנֵיכֶם כַּשָּׁפֵיכֶם cf. 29, 8; V. 10: הַרְחִיק ״ מֵאַדְמַתְכֶם; V. 18: יִפְגְּעוּ־נָא בַיי; הַכֵּלִים הַנּוֹתָרִים cf. 19: יֶתֶר cf. 21, 34, 7 (wo auch: נִשְׁאֲרוּ).

Kapitel 28.

V. 2: בְּעוֹד שְׁנָתַיִם יָמִ׳ cf. V. 11, V. 15: הִבְטַחְתָּ cf. 29, 31.

Kapitel 29.

V. 6: אַל־תִּמְעָטוּ cf. 30, 19; V. 7: דִּרְשׁוּ אֶת־שְׁלוֹם הָעִיר; V. 10: לְפִי מְלֹאת ״ שִׁבְעִים שָׁנָה; V. 11: אַחֲרִית וְתִקְוָה; V. 13: וּבִקַּשְׁתֶּם אֹתִי und gleich דְּרַשׁ; בְּכָל־לְבַבְכֶם im Deuteronom. immer מְהֻפֶּכֶת und הַצִּינֹק; מְשֻׁגָּע; V. 26: בְּכָל־לְבָבְךָ וּבְכָל־נַפְשְׁךָ; V. 17: שֹׁעָר cf. 5, 30. 23, 14. 8, 13; V. 22: קְלָלָה, im Deut. stets שָׂרַף; V. 27: גָּעַר בְּ; V. 28: אֲרֻכָּה הִיא.

Kapitel 30.

V. 5: קוֹל חֲרָדָה; V. 10: וְשָׁב ״ וְשָׁקַט וְשַׁאֲנַן 46, 27. 48, 11; V. 16: מְשִׁסָּה; V. 18: הִנְנִי־שָׁב שְׁבוּת אָהֳלֵי יַעֲקוֹב וּמִשְׁכְּנֹתָיו; אַרְמוֹן עַל־מִשְׁפָּטוֹ; אֲרַחֵם; V. 19: וְלֹא יִצְעָרוּ; V. 20: עֲדָתוֹ; V. 21: נִגַּשׁ cf. 22.

Kapitel 31.

V. 2: עַם שְׂרִידֵי חָרֶב; לְהַרְגִּיעוֹ; V. 3: מְשַׁכְתִּיךְ; V. 9: בְּתַחֲנוּנִים; אוֹבִילֵם; V. 12: וְרִנְּנוּ, וְנָהֲרוּ, טוּב ״ cf. 14: V. 13: שִׂמַּחְתִּים מִיגוֹנָם; וְהָפַכְתִּי אֶבְלָם לְשָׂשׂוֹן; V. 14: וְרִוֵּיתִי cf. 25; V. 15: נְהִי בְּכִי; בֵּן יַקִּיר; V. 16; פְּעֻלָּה; V. 19: סָפַקְתִּי עַל יָרֵךְ; V. 20: תַּמְרוּרִים; מְסִלָּה, תַּמְרוּרִים, הַצִּיבִי לָךְ צִיֻּנִים; V. 21: הָמוּ מֵעַי; יֶלֶד שַׁעֲשֻׁעִים; V. 22: נְקֵבָה, niemals im Deuteronom. für אִשָּׁה; V. 29: בַּיּוֹם הֶחֱזִיקִי בְיָדָם; V. 32: בְּרִית חֲדָשָׁה; V. 31: בֹּסֶר cf. 30; V. 33: נָתַתִּי אֶת־תּוֹרָתִי בְּקִרְבָּם; V. 35: רֹגַע הַיָּם; V. 36; יָמֻשׁוּ; V. 37: יִמַּדּוּ; לְמָטָּה ״ מִלְמַעְלָה, מוֹסְדֵי אֶרֶץ; V. 39: קָוֶה statt קָו, im Keth.; הַמִּדָּה; נֶגְדּוֹ.

Kapitel 32.

V. 2: כָּלוּא cf. 3; V. 4: יִמָּלֵט; V. 7: מִשְׁפַּט הַגְּאֻלָּה; V. 8: מִשְׁפַּט הַיְרֻשָּׁה; V. 11: סֵפֶר הַמִּקְנָה cf. 12: (zweimal) u. V. 14. 16; V. 17: הַנְּטוּיָה; בְּכֹחֲךָ הַגָּדוֹל וּבִזְרֹעֲךָ, wie schon 27, 5, wird diese Wortverbindung auf Gottes Schöpfung Himmels und der Erde angewendet, während im Deuteronomium sie nur von Auszug aus Aegypten gebraucht wird, auf den sie auch eigentlich wegen זְרֹעַ הַנְּטוּיָה nur paßt, sie steht im Deuteronomium (obgleich) selbst bildlich, im ursprünglichen und eigentlichen Sinne, bei Jer. im uneigentlichen; V. 17: לֹא יִפָּלֵא מִמְּךָ כָּל־דָּבָר cf. Deut. 17, 8. V. 9: עֵינֶיךָ פְּקֻחוֹת; V. 30: מִנְּעֻרֹתֵיהֶם; V. 33: וַיִּפְנוּ אֵלַי עֹרֶף וְלֹא פָנִים; V. 40: בְּרִית עוֹלָם V. 41: בְּכָל־לִבִּי וּבְכָל נַפְשִׁי, wo selbst in der sonst wörtlich aus dem Deuteronom. entnommenen Formel לִבִּי dem Jeremia eigenthümlich ist, während im Deuterom. gerade in dieser Formel immer die volle Form steht; V. 42: דִּבֶּר 38, 20 40, 16. im Deuteronomium durchweg מְדַבֵּר, nur Deut. 5, 1: דֹּבֵר.

Kapitel 33.

V. 3: גְּדֹלוֹת וּבְצֻרוֹת; V. 6: מַעֲלֶה־לָּהּ אֲרֻכָה וּמַרְפֵּא; V. 9: וּפָחֲדוּ וְרָגְזוּ cf. 36, 16. 24; V. 10: חָרֵב cf. 12; V. 13: תָּנָה; V. 14: וַהֲקִמֹתִי אֶת־הַדָּבָר הַטּוֹב; V. 22; לֹא יִמַּד חוֹל הַיָּם.

Kapitel 34.

V. 1: מֶמְשֶׁלֶת יָדוֹ; V. 3: וְלֹא תִמָּלֵט; V. 5: מִשְׂרְפוֹת cf. 38, 18. 23. 41, 15. 46, 6. 48, 8. 19 V. 10: בָּאוּ בַבְּרִית; V. 11: יַכְבִּשׁוּם (Kri וַיִּכְבְּשׁוּם; das Kal steht V. 16.

Kapitel 35.

V. 2: לִשְׁכָּה und öfter; V. 4: שֹׁמֵר הַסַּף; V. 5: גְּבִעִים .. וְכֹסוֹת; V. 6: צִוָּה עָלֵינוּ, im Deuter., so oft das Wort auch vorkommt, niemals mit עַל; עַד־עוֹלָם niemals im Deut. als Zusatz zu einem Gesetze.

Kapitel 36.

V. 2: מְגִלַּת־סֵפֶר niemals im Deuteron. so oft auch darin von סֵפֶר die Rede ist, cf. V. 4. 5. 8. 10. 11. 14 (zweimal מְגִ). 18. 20. 21. 23. 25. 27. 28 (zweimal). 29. 32 und סֵפֶר 51, 60. 63. V. 7: (יָשֻׁבוּ אִישׁ) מִדַּרְכּוֹ הָרָעָה sehr häufig im Jeremia V. 10: סֹפֵר cf. 12 (zweimal). 13. 20. 21. 23. (cf. 26. 32). 37, 15. 20., im Deuteron. niemals, und statt desselben scheint das, im Jeremia niemals vorkommende, שֹׁטֵר zu stehen. V. 18: בַּדְּיוֹ; V. 20: הִפְקִיד in der Bedeutung: niederlegen, deponiren, wofür Deut. 31, 26 שׂוּם steht; V. 23. שָׁלֹשׁ דְּלָתוֹת וְאַרְבָּעָה; תַּעַר הַסֹּפֵר; V. 25: הִפְגִּעוּ בַמֶּלֶךְ; V. 30: מֻשְׁלֶכֶת לַחֹרֶב בַּיּוֹם וְלַקֶּרַח בַּלָּיְלָה.

Kapitel 37.

V. 5: וַיִּשְׁמְעוּ … אֶת־שִׁמְעָם (שָׁמַע kommt öfter vor); V. 7: לְעֶזְרָה; V. 9: אַל תַּשִּׁאוּ נַפְשֹׁתֵיכֶם; V. 10: אֲנָשִׁים מְדֻקָּרִים; V. 12: לַחֲלִק (freilich sehr schwierig zu erklären); V. 13. בַּעַל פְּקִדֻת; נֹפֵל אֶל (V. 14: עַל) 38. 19. V. 15: בֵּית הָאֵסוּר, בֵּית הַכֶּלֶא (cf. V. 18).

Kapitel 38.

V. 11: בְּלוֹאֵי (V. בְּלוֹיֵ סְחָבוֹת, בְּלוֹיֵ מְלָחִים); אֶל־תַּחַת; V. 12. אַצִּילוֹת יָדֶיךָ; V. 14: אֶל־תְּכַחֵד 25. V. 16: בַּסֵּתֶר cf. 40, 15 cf. Deut. 13, 7. 26, 15. 28, 57.; V. 19: וְהִתְעַלְּלוּ־בִי; V. 22: הָטְבְּעוּ בַבֹּץ רַגְלֶךָ, נָסֹגוּ אָחוֹר; V. 27: וַיַּחֲרִשׁוּ.

Kapitel 39.

V. 2: הָבְקְעָה הָעִיר; V. 6: שָׁחַט 41, 7 (zweimal). V. 9: יֶתֶר הָעָם הַנִּשְׁאָרִים; V. 10: יֹגְבִים V. 15: עָצוּר schon früher: V. 16: לְרָעָה וְלֹא לְטוֹבָה schon oben.

Kapitel 40.

V. 1: אָסוּר בָּאזִקִּים; V. 5: אֲרֻחָה וּמַשְׂאֵת; V. 7: דַּלַּת הָאָרֶץ; V. 14: לֹא־הֶאֱמִין לָהֶם.

Kapitel 41.

V. 5: מְגֻלְּחֵי זָקָן וּקְרֻעֵי בְגָדִים וּמִתְגֹּדְדִים; V. 6: כִּפְגֹשׁ אֹתָם; V. 8: מַטְמֹנִם.

Kapitel 42.

V. 5: עֵד אֱמֶת וְנֶאֱמָן; V. 14: לַלֶּחֶם לֹא־נִרְעָב; V. 16. הָרָעָב … יִדְבַּק אַחֲרֵיכֶם; cf. Deut. 28, 21. V. 17: שָׂרִיד וּפָלִיט und in anderer Folge 44, 14.

Kapitel 43.

V. 9: וּטְמַנְתָּם בַּמֶּלֶט בַּמַּלְבֵּן; V. 12: וְעָטָה (zweimal).

Kapitel 44.

V. 7: לְהַכְרִית … אִישׁ־וְאִשָּׁה עוֹלֵל וְיוֹנֵק; V. 10: לֹא דֻכְּאוּ; V. 12: שָׂמוּ פְנֵיהֶם לָבוֹא; V. 14: מְנַשְּׂאִים אֶת־נַפְשָׁם cf. Deut. 24, 15; V. 17: וַנִּשְׂבַּע־לֶחֶם; V. 18: חָסַרְנוּ כֹל; V. 19: לְהַעֲצִבָה; V. 25: וּבִידֵיכֶם מִלֵּאתֶם; V. 28: פְּלִיטֵי חֶרֶב.

Kapitel 45.

V. 1: בְּכָתְבוֹ … עַל־סֵפֶר; V. 3: יָסַף … יָגוֹן עַל מַכְאֹבִי; יָגַעְתִּי בְּאַנְחָתִי; V. 4: אֲשֶׁר־בָּנִיתִי אֲנִי הֹרֵס וְאֵת אֲשֶׁר־נָטַעְתִּי אֲנִי נֹתֵשׁ; V. 5: וְאַתָּה תְּבַקֶּשׁ־לְךָ גְדֹלוֹת אַל־תְּבַקֵּשׁ; הִנְנִי מֵבִיא רָעָה עַל־כָּל־בָּשָׂר;

וְנָתַתִּי לְךָ אֶת־נַפְשְׁךָ לְשָׁלָל; beide letztere Wendungen auch sonst häufig bei Jeremia.

Kapitel 46.

V. 3: מָגֵן וְצִנָּה; V. 4: הַסִּרְיֹנוֹת; מִרְקוּ הָרְמָחִים; כּוֹבָעִים
V. 9: הִתְהֹלְלוּ; V. 11: רְפֻאוֹת, תְּעָלָה; V. 12: קְלוֹנֵךְ וְצִוְחָתֵךְ;
V. 15. סְחַף; V. 20: קֶרֶץ; יְפֵה־פִיָּה; V. 21: מַרְבֵּק; V. 22:
קַרְדֻּמּוֹת.

Kapitel 47.

V. 2: נַחַל שׁוֹטֵף und gleich: וְהֵילִל; וְיִשְׁטְפוּ אֶרֶץ; V. 3:
הֲמוֹן, גַּלְגִּלָּיו רַעַשׁ לְרִכְבּוֹ, שַׁעֲטַת פַּרְסוֹת אַבִּירָיו רִפְיוֹן יָדַיִם V. 4:
שָׂרִיד עֹזֵר; V. 6: יי׳, צִוָּה־לָהּ; הֵרָגְעִי וָדֹמִּי, הֵאָסְפִי אֶל־תַּעְרֵךְ, im
Deuteron., so oft es vorkommt, niemals mit לְ.

Kapitel 48.

V. 2: חָשְׁבוּ .. רָעָה; V. 6: נֻסוּ מַלְּטוּ נַפְשְׁכֶם; V. 10: רְמִיָּה;
מֹנֵעַ חַרְבּוֹ מִדָּם; V. 12: נִפֵּץ; V. 13: מִבְטֶחָם; V. 17: מַקֵּל
מַטֵּה־עֹז, תִּפְאָרָה; V. 18: צָמָא; V. 19: צַפִּי; V. 25: הָרְחֹקוֹת
וְהַקְּרֹבוֹת; V. 26: הִגְדִּיל cf. 42; V. 28: גְּאוֹן מוֹאָב גֵּאֶה מְאֹד
גָּבְהוֹ וּגְאוֹנוֹ וְגַאֲוָתוֹ וְרֻם לִבּוֹ; V. 30: עֶבְרָה cf. 7, 29. Klaglied 31
לֹא־כֵן 48, 30 cf. 8, 6; V. 31: אֲיֵלִיל; V. 33: שִׂמְחָה וָגִיל
הִשְׁבַּתִּי cf. 35.; V. 34: מְשַׁמּוֹת; נָתְנוּ קוֹלָם; V. 36: יִתְרַת עָשָׂה;
V. 37: גְּדֻדֹת; V. 39: הִפְנָה עֹרֶף; V. 41: כְּלֵב אִשָּׁה מְצֵרָה
cf. 49, 22.

Kapitel 49.

V. 2: תֵּל שְׁמָמָה; V. 3: הִתְשׁוֹטַטְנָה cf. 5, 1; V. 7:
נִסְרַח; V. 8: הָפְנוּ הֶעְמִיקוּ לָשֶׁבֶת cf. 30.; V. 10: גִּלֵּיתִי אֶת־
מִסְתָּרָיו; V. 19: גְּאוֹן הַיַּרְדֵּן cf. 50, 44; אַרְגִּיעָה אֲרִיצֶנּוּ 50, 44;
V. 20: עֲצַת־יי cf. 30. 50, 45; סָחַב 50, 45; V. 24: הִפְנְתָה
cf. 50, 16, רֶטֶט; V. 31: גּוֹי שְׁלֵיו יוֹשֵׁב לָבֶטַח, בָּדָד יִשְׁכֹּנוּ; V. 32:
וְזֵרִתִים cf. 36.

Kapitel 50.

V. 2: הֹבִישׁוּ עֲצַבֶּיהָ חַתּוּ גִלּוּלֶיהָ; אַל־תְּכַחֵדוּ; V. 3: נָדוּ הָלָכוּ V. 4:
אֶת־יְהוָֹה יְבַקֵּשׁוּ .. cf. 29, 13. V. 5: בֹּאוּ וְנִלְווּ (צִיּוֹן) יִשְׁאָלוּ; V. 9:
קְהַל־גּוֹיִם; V. 11: תִשְׂמְחוּ .. תַעַלְזוּ .. תָפוּשִׁי .. וְתִצְהֲלוּ V. 12:
מִדְבָּר צִיָּה וַעֲרָבָה cf. 51, 43; V. 14: אַל־תַּחְמְלוּ 51, 3; V. 17:
שֶׂה פְזוּרָה V. 29: קְדוֹשׁ יִשְׂרָאֵל cf. 51, 5; V. 34: גֹּאֲלָם; הִרְגִּיעַ;
(im Deut. הֵנִיחַ) V. 38: וּבָאֵימִים יִתְהֹלָלוּ cf. 51, 7; V. 39:
עַד־דּוֹר וָדוֹר, לָבֶטַח; צִיִּים אֶת־אִיִּים.

Kapitel 51.

V. 3: סִרְיֹן; V. 6: מַלְּטוּ אִישׁ נַפְשׁוֹ V. 45; גְּמוּל; V. 11:
הָבֵרוּ הַחִצִּים, הַשְּׁלָטִים; V. 17: נִבְעַר; V. 20: וְנִפַּצְתִּי cf. 21
(zweimal). 22 (dreimal). 23 (dreimal). פַּחוֹת וּסְגָנִים cf. 28. 57.
V. 25: הַר הַמַּשְׁחִית; V. 27: שְׂאוּ־נֵס (schon oft vorher); V.
28. מֶמְשֶׁלֶת früher; V. 32. נִבְהָלוּ; V. 36: גַּלִּים מְעוֹן תַּנִּים
וְהוֹבַשְׁתִּי, וְהַחֲרַבְתִּי; cf. 9, 10. cf. 10, 22. V. 28: נָעֲרוּ; V. 39.
יַעֲלֹזוּ; V. 44: יִנְהֲרוּ; V. 50: הִלְכוּ; V. 55: שְׁאוֹן קוֹלָם; V. 58:
בְּדֵי־רִיק; V. 64: כָּכָה תִּשְׁקַע.

Es sind keineswegs alle im Jeremia und nicht im Deuter. vorkommenden Wörter und Redensarten in diesem Verzeichnisse aufgeführt worden; es ist sehr schwierig, in einem solchen Falle die rechte Wahl zu treffen; manche hätten schon aus diesem Verzeichnisse zurückbleiben können; eine vollständige Sammlung derselben möchte insofern sich rechtfertigen lassen, als daraus unbestreitbar ein ganz anderer Gedanken- und Ideenkreis des Propheten als der des Verfassers vom Deuteronomium ist, und somit auch ein ganz anderer Lebenskreis, Kreis von Verhältnissen uff. sich zu erkennen giebt; das mag meine Rechtfertigung sein, daß ich so viel aufgenommen habe.

Was aber endlich nun noch den Stil des Jeremia betrifft, so ist dieser ebenfalls von dem im Deuteronomium so verschieden, daß unmöglich Jeremia Verfasser des Deuteron. sein kann. Diese Untersuchung ist aber eine so ausgedehnte, daß ich sie hier nicht zu führen wage; je öfter ich aber die beiden Schriften nach einander gelesen und verglichen habe, desto mehr hat sich mir immer von Neuem die Ueberzeugung aufgedrängt, daß derjenige der die Identität des Verfassers beider Bücher behauptet, wie von Bohlen, nur höchst oberflächliche Bekanntschaft mit beiden gemacht haben kann. Wenn nun de Wette sagt, Lehrbuch der historisch krit. Einl. 1817, §. 217, S. 240: des Propheten Stimmung sei düster, wehmüthig, niedergedrückt, so hätte doch, scheint es, hinzugefügt werden sollen, daß überall des Propheten Blick auf eine glückliche, wenngleich entfernte Zukunft hingerichtet ist; wenn er aber sogar sagt, sein Gedankengang sei ohne kraftvolle

Haltung, nur einzelne kurze Ausflüge versuchend, so scheint das durch das unmittelbar Folgende, daß überall ein inniges, warmes Gefühl hervorbreche, aufgehoben zu werden, stehe aber besonders in einem schneidenden Gegensatze mit dem, was de Wette aus Hieronymus Comment. in Jerem. provem. ad L. VI. anführt: quantum in verbis simplex — et facilis, tantum in majestate sensuum profundissimus, womit dann noch vorzüglich zu vergleichen ist, was de Wette Anm. a) hinzufügt: Anziehend ist das Aufstreben der Rede zum Rhytmus und ihr Zurücksinken in Prosa; gleichsam das Auflockern einer, hinreichender Nahrung entbehrenden Flamme. Wenn de Wette fortfährt des Propheten Schreibart deshalb zu tadeln, daß sie ohne Haltung im Ausdruck und Rhytmus sei, oft ermattend und ins Breite zerfließend, ja sogar, daß sie unedel sei, so vermag ich in alle diese Vorwürfe nicht einzustimmen, und würde nur in Beziehung auf den Rhytmus in etwa de Wette beipflichten, wenn ich nicht glaubte, daß der eigentlich dichterische Rhytmus keineswegs überall in den Propheten zu suchen und zu finden ist, wie es de Wette ja selbst §. 205 andeutet, wenn er sagt S. 228: „Da jeder begeisterte Vortrag bei den Hebräern vom Rhytmus begleitet ist, so schreiben sie [die Propheten] auch gewöhnlich im Ebenmaaß der Glieder. Da sie aber immer mehr Redner als Dichter sind, so zeichnet sich auch ihr Rhytmus gewöhnlich vor dem der lyrischen Dichter durch größere Perioden aus. Die späteren, deren Begeisterung erkaltet [ich würde sagen: bei denen der Unterschied des eigentlich dichterischen und prophetischen, mehr rednerischen Vortrages zum Bewußtsein kam], lassen die rhytmische Periode in die prosaische zerfließen, oder schreiben, wohl ganz in Prosa.“ Den Weissagungen gegen auswärtige Völker läßt de Wette mehr Gerechtigkeit wiederfahren; des Jeremia Symbolik aber schilt er dürftig und matt; seine symbolischen Handlungen aber, von denen de Wette sagt, daß sie wenig Eindruck machen, machten auf seine Zeitgenossen so gewaltigen Eindruck, daß er gerade dieses großen Eindrucks wegen von seinen Gegnern auf Tod und Leben angeklagt wurde. Was ich aber bisher aus Jeremia zur Begründung der Nichtidentität des Propheten und des Verfassers vom Deuteronom. angeführt habe, erhält seine schließliche Vollendung durch die Betrachtung der Sprache des Deuteronomiums, wozu ich jetzt fortgehe.

II. Die Sprache des Deuteronomiums.

1) Wörter, Wortverbindungen und Redensarten oder Phrasen.

Sehr auffallend ist es, daß die im Deuteronomium so außerordentlich häufigen Wortverbindungen יְהוָה אֱלֹהֶיךָ und י״ אֱלֹהֵיכֶם im Jeremia verhältnißmäßig sehr selten sind, und mit einer Art Widerstreben von ihm gebraucht werden. Die erste Verbindung steht Deut. 1, 21. 31. 2, 7 (zweimal). 30. 4, 3. 10. 19. 21. 23. 24. 25. 29. 30. 31. 40. 5, 6. 9. 11. 12. 14. 15 (zweimal). 16 (zweimal). 6, 2. 5. 10. 13. 15 (zweimal). 7, 6 (zweimal). 9. 12. 16. 18. 19. 20. 21. 22. 23. 25. 8, 2. 5. 6. 7. 10. 11. 14. 18. 19. 9, 3. 4. 5. 6. 7. 10, 9. 12 (dreimal). 14. 20. 21 (י״ הוא אֱלֹהֶיךָ). 22. 11, 1. 12 (zweimal). 12, 7. 9. 15. 18 (dreimal). 20. 27 (zweimal). 28. 29. 31. 13, 6. 11. 13. 17. 19 (zweimal). 14, 2. 21. 23 und 24 (in jedem V. zweimal). 25. 26. 29. 15, 4. 5. 6. 7. 10. 14. 15. 18. 19. 20. 21. 16, 1 (zweimal). 2. 5. 7. 8. 10. 11. 15 (zweimal). 16. 17. 20. 21. 22. 17, 1. 2 (zweimal). 8. 12. 14. 15. 18, 5. 9. 12. 13. 14. 15. 16 (אֱלֹהָי). 19, 1 (zweimal). 2. 3. 8. 9. 10. 14. 20, 1. 13. 14. 16. 17. 21, 1. 5. 10. 23. 22, 5. 23, 6 (dreimal). 15. 19 (zweimal). 21. 22 (zweimal). 24. 24, 4. 9. 13. 18. 19. 25, 15. 16. 19 (zweimal). 26, 1. 2 (zweimal). 3. 4. 5. 10 (zweimal). 11. 13. 14 (אֱלֹהָי). 16. 19. 27, 2. 3. 5. 6 (zweimal). 7. 9. 10. 28, 1 (zweimal). 2. 8. 9. 13. 15. 45. 47. 52. 53. 58. 62. 29, 11 (zweimal). 30, 1. 2. 3 (zweimal). 4. 5. 6 (zweimal). 7. 9. 10 (zweimal). 16 (zweimal). 20. 31, 3. 6. 11; die zweite Wortverbindung findet sich Deut. 1, 26. 30. 32. 3, 18. 20. 21. 22. 4, 4. 23. 34. 5, 29. 6, 1. 16. 17. 8, 20. 9, 16. 23. 10, 17. 11, 2. 22. 25. 27. 28. 31. 12, 4. 5. 7. 10. 11. 12. 13, 4 (zweimal). 5. 6. 14, 1. 20, 4. 18. 29, 5. 9. 31,

12. 13. 26. Im Jeremia steht die erste 42, 2. 3. 5 cf. 2, 17. 19. 3, 13; die zweite 13, 16. 26, 13. 42, 4. 20. 21; an allen obigen Stellen des Deuteronomiums wurde außerordentlich gut das bei Jeremia so häufige יְהוָה צְבָאוֹת gepaßt haben, doch kommt es niemals vor cf. oben bei Jerem. Das Wort יְהוָה allein steht im Deuteronomium und Jeremia verhältnißmäßig wohl gleich häufig; im Deut. kommt es allein vor 1, 3. 8. 27. 34. 36. 41. 42. 43. 45 (bis). 2, 1. 2. 9. 14. 15. 17. 31. 3, 2. 20. 21. 26 (bis). 4, 3. 10. 12. 14. 15. 20. 21. 27 (bis). 35. 39. 5, 4. 5. 11. 19. 25. 6, 4. 12. 18 (bis). 19. 21. 22. 24. 7, 7. 15. 8, 1. 9, 3. 5. 10 (bis). 11. 13. 16. 18. 19. 22. 23. 26. 28. 10, 1. 4 (bis), 5. 8. 9. 10 (bis). 15. 11, 9. 17. 21. 23. 12, 11. 26. 31. 15. 2. 4. 9. 16, 2. 15. 17, 16. 18, 1. 2. 5. 6. 7. 12. 21. 22 (bis). 19, 17. 21, 5. 8. 9. 26, 3. 7. 8. 10 (in der Anrede). 17. 18. 27, 15. 28, 11. 13. 20. 21. 22. 24. 25. 27. 28. 35. 37. 48. 49. 59. 63 (bis). 64. 65. 69. 29, 1. 3. 19 (dreimal). 20. 21. 22. 23. 26. 27. 30, 20. 31, 3. 4. 5. 7. 8. 14. 15. 16. Das Wort אֱלֹהִים allein steht Deut. 1, 17 (לֵא'). 4, 7. 28 (im Akkus., wie 25, 18). 32. 33 (im Genetivverhältnisse, wie auch 9, 10. 21, 23.) 34. 35 und 39 (י' הוּא הָאֱלֹהִים). 5, 21. 7, 9. (יי' אֱלֹהֶיךָ הוּא הָאֱלֹהִים). 26, 17. 29, 12; besonders aus Stellen, wie 4, 35 und 39 und 7, 9 ergiebt sich die richtige Auffassung von יְהוָה und אֱלֹהִים und הָאֱלֹהִים (vgl. darüber Hengstenberg: die Authentie des Pentat. 6. 1. 1836 S. 205—413). Die Bezeichnungen Gottes als אֵל קַנָּא Deut. 4, 24. 5, 9. 6, 15; als אֵל רַחוּם Deut. 4, 31; als הָאֵל הַנֶּאֱמָן Deut. 7, 9 (womit zu vergleichen אֵל אֱמוּנָה Deut. 32, 4), als אֱלֹהֵי הָאֱלֹהִים וַאֲדֹנֵי הָאֲדֹנִים Deut. 10, 17; als אֵל גָּדוֹל וְנוֹרָא Deut. 7, 21 sind dem Jeremia fremd, und nur der letzteren ähnlich ist Jer. 32, 18 הָאֵל הַגָּדוֹל הַגִּבּוֹר, die noch näher mit Deut. 10, 17 übereinstimmt, wo noch וְהַנּוֹרָא hinzugefügt wird; eben so fremd dem Jeremia ist אֵל יְשֻׁרוּן Deut. 33, 26, die Benennung Gottes als הַצּוּר Deut. 32, 4. 30. 31. 37, die Aussage von ihm אֵשׁ אֹכְלָה הוּא Deut. 4, 24. 9, 3; die Singularform אֱלוֹהַּ Deut. 32, 15. 17 (hier defektiv). als

אֱלֹהֵי אֲבוֹתֵכֶם kommt Jehovah vor Deut. 1, 11. 4, 1 als אֱ' אֲבֹתֶיךָ Deut. 1, 21. 6, 3. 27, 3; als אֱ' אֲבֹתָם Deut. 29, 24.

Das Volk Israel heißt in der Anrede, wie niemals bei Jeremia, bloß יִשְׂרָאֵל Deut. 4, 1. 5, 1. 6, 3. 4. 9, 1. 10, 12. 20, 3. 27, 9. 33, 29., ebenso in der Erzählung Deut. 1, 38. 2, 12. 17, 4. 12. 20. 18, 1. 19, 13. 22, 19. 21. 22. 23, 18. 25, 6. 7. 10. 26, 15. 27, 1. 29, 20. 31, 9. 30. 33, 5. 10. 21. 28. (34, 10), ebenfalls niemals im Jeremia; es heißt, wie niemals mein' ich, bei Jeremia, כָּל־יִשְׂרָאֵל Deut. 1, 1. 5, 1. 11, 6. 13, 12. 18, 6. 21, 21. 27, 9. 29, 1. 31, 1. 7. 11 (bis). 32, 45. (34, 12); es heißt, wie nur selten cf. 16, 14 bei Jeremia בְּנֵי־יִשְׂרָאֵל Deut. 1, 3. 3, 18. 4, 44. 45. 46. 10, 6. 23, 18. 24, 7. 28, 69. 31, 19 (bis). 22. 23. 32, 8. 49. 51 (bis). 52. 33, 1. (34, 8. 9); es heißt im Parallelismus, durchaus alterthümlich, יַעֲקֹב und יִשְׂרָאֵל Deut. 33, 10. 28; es heißt wie niemals im Jeremia: עַם סְגֻלָּה Deut. 7, 6. 14, 2. 26, 18. und עַם נַחֲלָה Deut. 4, 20, und עַם קָדוֹשׁ Deut. 7, 6. 14, 2. 21. 26, 19. 28, 9. ferner עַמְּךָ וְנַחֲלָתְךָ Deut. 9, 26. 29, כָּל־קְהַל יִשְׂרָאֵל Deut. 31, 30. cf. קְהַלְכֶם Deut. 5, 19, קְהַל יְהוָה Deut. 23, 2. 3 (bis). 4 (bis). 9 (besonders als wirklich versammeltes) cf. מוֹרָשָׁה קְהִלַּת יַעֲקֹב Deut. 33, 4, עָם לַיהוָה אֱלֹהֶיךָ Deut. 27, 9 cf. 29, 12. und 26, 17; (הָעָם Deut. 2, 4. 16. 4, 10. 10, 11. 16, 18. 17, 16. 18, 3. 20, 2. 5. 8. 9 (bis). 27, 1. 11. 12 (cf. 29, 12). 32, 44 kommt auch bei Jeremia aber viel seltener vor); כָּל־הָעָם Deut. 13, 10. 17, 7. 13. 27, 15—26 (in jedem Verse einmal, also 12mal); niemals heißt es bei Jeremia עַם־קְשֵׁה עֹרֶף wie Deut. 9, 6. 13 oder חֵלֶק יְהוָה עַמּוֹ יַעֲקֹב חֶבֶל נַחֲלָתוֹ wie Deut. 32, 9, womit Jer. 10, 16. 51, 19 zu vergleichen ist, wo umgekehrt Jehovah חֵלֶק יַעֲקֹב heißt; die Wortverbindung עַמְּךָ יִשְׂרָאֵל, welche Deut. 21, 8 (zweimal). 26, 15 und auch Jer. 32, 21. cf. 2, 13. 31. 32 vorkommt, giebt sich als ursprünglich dem Deut. angehörig zu erkennen, bei Jeremia kommt sie in einem offenbaren Zitate aus dem Deuteron. vor: כֹּל שִׁבְטֵי יִשְׂרָאֵל Deut. 29, 20, niemals im Jeremia; der Ausdruck הִקְהִיל kommt nur im Deuteronom. 4, 10. 31, 12. 28, nicht im Jerem. vor, ebenso הַקָּהָל (יוֹם) Deut. 9, 10. 10,

4. 18, 16, ebenso חָשַׁק יְהוָֹה בָּכֶם וַיִּבְחַר בָּכֶם Deut. 7, 7. 10, 15 (wegen חָשַׁק ist zu vergleichen Deut. 21, 11), und אַל־תֵּפֶן אֶל־קְשִׁי הָעָם הַזֶּה וְאֶל־רִשְׁעוֹ וְאֶל־חַטָּאתוֹ wie Deut. 9, 27; die Aufforderung וְעָרְפְּכֶם לֹא־תַקְשׁוּ עוֹד findet sich Deut. 10, 16. cf. 31, 27, und auch Jerem. 17, 23; כָּל־אִישׁ יִשְׂרָאֵל Deut. 27, 14. 29, 9. Der Ausdruck עָם wird auch von Heiden gebraucht, besonders im Pluralis, Deut. 1, 28. 2, 10. 21. 25 (Plur). 33 (עַמּוֹ). 3, 1 *(עַמּוֹ) auch V. 23. 4, 6. (Plur.) 19 und 27 ebenfalls im Plur. V. 27 auch גּוֹיִם, besonders ist V. 33 mit 34 zu vergleichen. 6, 14. 7, 6. 7. 14. 19. 9, 2. 10, 15 (Plur). 13, 8 (Plur). 14, 2 und 28, 10. 37 und 30, 3 im Plur.; הַגּוֹי heißt auch das Volk Israel Deut. 4, 6 (von Heiden sogenannt). 7. 8. (9, 14). 26, 5; vorzüglich heißen גּוֹיִם die Nichtisraeliten, und ganz besonders die Kananiter, Deut. 4, 38. 7, 1 (bis). 17. 22. 8, 20. 9, 1. 4. 5. 11, 23 (bis). 12, 2. 29. 30. 15, 6. 17, 14. 18, 9. 14. 19, 1. 20, 15. 16. 26, 19. 28, 1. 12. 36 (Singul.). 49 (bis). 50. 64. 29, 15. 17. 23. 30, 1. 31, 3.

Die Ausdrücke בְּקֶרֶב הָאָרֶץ Deut. 4, 5. 19, 10 cf. בְּקֶ׳ יִשְׂרָאֵל Deut. 11, 6. 17, 20. מִקֶּרֶב הָאָרֶץ Deut. 15, 11. 17, 5 (אָחִיךָ). cf. 18, 2; בְּקֶרֶב עַמְּךָ Deut. 21, 8, בְּקֶ׳ הָעָם Deut. 2, 16, מִקֶּ׳ הָעָם Deut. 2, 16. 27, 9. בְּקֶ׳ הַגּוֹיִם Deut. 29. 15 בְּקֶ׳ הַמַּחֲנֶה und מִקֶּ׳ הַמַּ׳ Deut. 2, 14. 15. 23, 15. 29, 10. kommen im Jeremia niemals vor; ferner seltener cf. Jer. 29, 8. בְּקִרְבְּךָ Deut. 1, 42. 6, 15. 7, 21. 13, 2. 12. 16, 11. 17, 2. 18, 2. 19, 20. 23, 15. 17. 26, 11. 28, 33. 29, 10. 15. 31, 16. 17. מִקִּרְבֶּךָ Deut. 4, 3. 18, 15. (18). 13, 4. (17, 15.) 20, 19. 21, 9. 13, 14. 18, 15; ähnlich steht בְּתוֹךְ Deut. 11, 3. 19, 2. (אַרְצְךָ). 32, 51. (bis) cf. 13, 17; מִתּוֹךְ (mit הָאֵשׁ) Deut. 5, 19. 21. 23. 9, 10. 10, 4 cf. 5, 20.

שָׁמַע steht im Deut. 1) ohne Zusatz 1, 43 uff. (auch in Jeremia). 2) mit אֶל Deut. 3, 26. 4, 1. 9, 19. 10, 10. 27. 28. 13, 4. 9. 17, 12. 18, 14. 15. 19. 21, 18. 23, 6. 28, 13. (34. 9.) (auch im Jerem.) 3) אֶת־קוֹל Deut. 1, 34. 4, 33 (ohne אֶת). 18, 16. 26, 7. 29, 18. 4) בְּקוֹל Deut. 1, 45. 8, 20. 9, 23. 13, 5. 19. 15, 5. 21, 18 (in demselben V. auch in demselben Sinne אֶל). 20. 26, 14. 17. 27, 10. 28, 1. 2.

15. 45. 62. 30, 2. 8. 10. 20 (auch nicht selten im Jerem.; aber **niemals** kommt im Deut. שְׁמַע לְקוֹל vor, wie bei Jerem. cf. oben.

Die einzelnen **Gesetze** uff. heißen im Deuteronomium 1) הַחֻקִּים 6, 24. 16, 12. 17, 19, aber **niemals**, wie im Jerem., von den Naturgesetzen 2) הַמִּשְׁפָּטִים 7, 12. 33, 21; im Singularis: Gericht und Recht 16, 18 (מ־צֶדֶק gerechtes Gericht). 19. 17, 8. 9. 11. 18, 3. 6. 21, 17. 22. 24, 17. 25, 1. 27, 19. 32, 4. 41; 3) (כָּל־) הַמִּצְוָה 6, 25. 8, 1. 11, 22. 15, 5. 17, 20. 19, 9. 26, 13. 27, 1. 30, 11. 31, 5; im Pluralis: 8, 6. 11, 13. 27. 28. 13, 5. 19. 26, 13. 18. 28, 1. 9. 13. 30, 8. 4) הַדֶּרֶךְ 5, 30. 9, 12. 10, 12. 16. 11, 22. 28. 13, 6. 31, 29; der Pluralis in der Wendung לָלֶכֶת בִּדְרָכָיו 8, 6. (10, 12. 11, 22: לָלֶ׳ בְּכָל־הַדֶּרֶךְ). 19, 9. 26, 17. 28, 9. 30, 16 cf. 32, 4. 5) בְּרִית (die Stellen, wo es **Bund** heißt, führe ich zusammen mit denen auf, wo es die Gesetze oder Bedingungen heißt, auf denen er beruht) 4, 13. 23. 31. 5, 2. 3. 7, 9. 12. 8, 18. 9, 9. 11. 15. 10, 8. 17, 2. 28, 69 (bis). 29, 8. 11. 13. 20. 24. 31, 9. 16. 20. 25 (bis). 33, 9. Den Bund übertreten עָבַר 17, 2 und הֵפֵר 31, 16. 20 cf. Jer. 11, 10. 14, 21. 34. 18. **niemals** עָזַב, wie bei Jeremia cf. oben עָבַר מִמִּצְוֹת Deut. 26, 13. 6) הַחֻקִּים וְהַמִּשְׁפָּטִים 4, 1. 5. 8. 14. 5, 1. 11, 32. 12, 1. 26, 16. 7) אֶת־חֻקָּיו וְאֶת־מִצְוֹתָיו 4, 40. 27, 10. 8) חֻקָּיו וּמִצְוֹתָיו oder umgekehrt gestellt: 6, 2. 10, 13. 28, 15. 45. 30, 15. 9) מִשְׁפָּטֶיךָ ... תּוֹרָתְךָ 33, 10. 10) הָעֵדֹת וְהַחֻקִּים וְהַמִּשְׁפָּטִים 4, 45. 6, 20. 11) הַמִּצְוָה וְהַחֻקִּים וְהַמִּשְׁפָּטִים 5, 28. 6, 1. 7, 11. 12) מִצְוֹתָיו וּמִשְׁפָּטָיו וְחֻקֹּתָיו und anders gestellt: 8, 11. 30, 16. 26, 17 (wo חֻקָּיו steht). 13) מִצְוֹת יי׳ אֱלֹהֵיכֶם וְעֵדֹתָיו וְחֻקָּיו 6, 17. Endlich 14) מִשְׁמַרְתּוֹ וְחֻקֹּתָיו וּמִשְׁפָּטָיו וּמִצְוֹתָיו 11, 1.

Die im Deuteronom. so häufigen Wortverbindungen, namentlich bei den Aufforderungen zur Beobachtung des Gesetzes: וּשְׁמַרְתֶּם לַעֲשׂוֹת Deut. 5, 29. 6, 3. 25. 8, 1. 11, 32. 13, 1. 15, 5. 17, 10. 24, 8. 28, 1. 15. 58. 31, 12. 32, 46; oder וּשְׁמַרְתֶּם וַעֲשִׂיתֶם Deut. 7, 12. 12, 28. 16, 1. 12. 23, 24. 26, 16. 29, 8, oder לִשְׁמֹר וְלַעֲשׂוֹת Deut. 24, 8. 28, 13 kommen im Jeremia **niemals** vor.

Die Warnungsformel הִשָּׁמֶר לְךָ וּשְׁמֹר נַפְשְׁךָ מְאֹד פֶּן und ganz ähnliche, wie Deut. 2, 4. 4, 9. 15. 23. 6, 12. 8, 11. 11, 16. 12, 13. 19. 30. 15, 9. 23, 10. 24, 8. kommen im Jeremia niemals vor.

Das ganze Gesetz (Deuteronomium, oder das Gesetz Kap. 27, oder alle fünf Bücher Moses) heißt הַתּוֹרָה Deut. 1, 5. 4, 8. 44. 17, 11 cf. V. 10. 18. 19 (לִשְׁמֹר אֶת־כָּל־דִּבְרֵי הַתּוֹרָה הַזֹּאת וְאֶת־הַחֻקִּים הָאֵלֶּה לַעֲשֹׂתָם). 27, 3. 8. 26. 28, 58. 61. 29, 20. 28. 30, 10. 31, 9. 11. 12. 24. 26. 32, 46. 33, 4. 10. Im Jeremia kommt הַתּוֹרָה vor: 2, 8. 6, 19 (תּוֹרָתִי). 8, 8 (תּוֹרַת יי׳). 9, 12 (wie 6, 19 und 16, 11). 18, 18 (ohne Artikel). 26, 4 (wie 6, 19 auch 31, 33). 32, 23 (im Kethib. steht תּוֹרוֹתֶךָ, im Kri: תּוֹרָתְךָ). 44, 10 (wie 6, 19). 23 (תּוֹרָתוֹ).

Das im Deuteronomium so außerordentlich häufige הִשְׁמִיד und im Niphal נִשְׁמַד (z. B. Jer. 48, 42 im Niphal) kommt im Jeremia höchst selten vor; Hiphil steht Deut. 1, 27. 2, 12. 21. 22. 23. 4, 3. 6, 15. 7, 4. 24. 9, 3. 8. 14. 19. 20. 25. 28, 48. 63. 31, 3. 4; Niphal 4, 26. 7, 23. 12, 30. 28, 20. 24. 45. 51. 61.

Die Ausdrücke דָּבַק בַּיהוָֹה Deut. 10, 20. 11, 22. 13, 5. 30, 20 cf. הַדְּבֵקִים בַּיי׳ Deut. 4, 4 (für דָּבַק vgl. auch 28, 21. 60. 13, 18); und מִלֵּא אַחֲרֵי יי׳ Deut. 1, 36; und ferner וַתַּמְרוּ אֶת־פִּי יי׳ Deut. 1, 26. 43. 9, 23; מַמְרִים הֱיִיתֶם עִם יי׳ Deut. 9, 7. 24. 31, 27; מֶרְיְךָ Deut. 31, 27. kommen so oft auch Jeremia Gelegenheit gehabt hätte, sie zu gebrauchen, doch niemals vor, und nur einmal steht אֹתִי מָרָתָה Jer. 4, 17 in Kal, welche Konstruktion niemals im Deuteron. steht.

Der bei Jeremia so häufige Ausdruck זָנָה im bildlichen Sinne im Verhältnisse zu Jehovah, kommt im Deut. nur 31, 16: זָנָה אַחֲרֵי אֱלֹהֵי נֵכַר־הָאָרֶץ vor; הָלַךְ אַחֲרֵי (בַּעַל) kommt sowohl im Deuteron. wie im Jeremia vor; im Deut. 4, 3. 6, 14. 8, 19. 11, 28. 13, 3. 5. 28, 14; ebenso פָּנָה אֶל אֱלֹהִים אֲחֵרִים Deut. 31, 18. 20; gleich häufig sind in beiden die אֱלֹהִים אֲחֵרִים Deut. 5, 7. 7, 4. 11, 16. 13, 7. 14. 17, 3. 18, 20. 28, 36. 64. 29, 25 (cf. V. 17) 30, 17. 31, 18. 20. (cf. V. 16), wegen אֲשֵׁרָה Deut. 16,21 und אֲשֵׁרִים Deut. 7, 5. 12, 3 s. oben; ebenso wegen בַּעַל פְּעוֹר: der Ausdruck אֵל נֵכָר Deut. 32, 12 kommt im Jerem. nicht vor.

Die Drohformeln יִשְׁמְעוּ וְיִרָאוּן und ähnliche Deut. 13, 12. 17, 13. 1, 20, 19. 21. kommen niemals im Jere. vor; ebenso wenig die Wortverbindung מִזְבְּחֹתֵיהֶם תִּתֹּצוּ וּמַצֵּבֹתָם תְּשַׁבֵּרוּ וַאֲשֵׁרֵיהֶם תְּגַדֵּעוּן וּפְסִילֵיהֶם תִּשְׂרְפוּן בָּאֵשׁ Deut. 7, 5. 25. 12, 3, wogegen die im Deut. nicht vorkommende Formel לִנְתוֹץ uff. im Jeremia s. oben, es kommen im Deut. keine בָּמוֹת vor, auch keine Tempel der kananitischen Götzen cf. בֵּית פְּעוֹר Deut. 3, 29. 4. 46. 34, 6 als Stadt, wo vorzüglich ein Sitz der Verehrung des Baal Peor sich befand.

Der Ausdruck לִפְנֵי יְהוָֹה Deut. 1, 45. 6, 25. (9, 18, 25 im allereigentlichsten Sinne). 10, 8. 12, 7. 12. 18 (bis). 14, 23. 26. 15, 20. 16, 11 (cf. V. 16 und 33, 9). 18, 7. 19, 17. 24, 4. 13. 26, 5. 10 (bis). 13. 27, 7. 29, 9. 14. kommt bei Jeremia nicht vor יָרֵא מִפְּנֵי Deut. 7, 19.

Die Ausdrücke für fürchten und in Furcht versetzen אַל־תִּירָא וְאַל־תֵּחָת (מִמֶּנּוּ) Deut. 1, 17. 18, 22 גּוּר מִפְּנֵי פ Deut. 1, 21. 31, 8, הֵמַסּוּ אֶת־לְבָבֵנוּ Deut. 1, 28. 20, 8. לֹא־יַעֲרֹץ מִפְּנֵיהֶם) Deut. 1, 19 cf. 7, 21 הַעַרְצוּן וְלֹא תִירְאוּן מֵהֶם und 31, 6 מִפְּנֵיהֶם in anderer Stellung und: יִירְאוּ מִכֶּם Deut. 2, 4. 3. 2 und 13, 5. 10, 20. 20. 1 (3, 22 גּאֹנוּ) וְרָגְזוּ וְחָלוּ מִפָּנֶיךָ Deut. 2, 25 (wo auch פַּחְדְּךָ וְיִרְאָתְךָ cf. 11, 25, wo nur מוֹרַאֲכֶם יָגֹרְתִּי מִפְּנֵי Deut. 9, 19. 28, 60, 18. 19 (מִפְּנֵיהֶם) 28, 10. אַל־יֵרַךְ לְבַבְכֶם אַל־תִּירְאוּ וְאַל־תַּחְפְּזוּ וְאַל־תַּעַרְצוּ מִפְּנֵיהֶם Dent. 20, 3 (niemals im Jeremia.) הָאִישׁ הַיָּרֵא וְרַךְ הַלֵּבָב Deut. 20, 8 kommen nicht alle im Jeremia vor, namentlich nicht עָרַץ, רָגַז und חול; und statt ihrer kommen andere vor wie דָּאַג מִן Jer. 42, 16 uff.

Niemals kommen im Jeremia vor die שֹׁטְרִים Deut. 1, 15. 20, 5 ff. 8. 9. 29, 9. 31, 8, die רָאשֵׁיכֶם Deut. 1, 15. 5, 20. 29, 9. 33, 5; die הַלְוִיִּם (ohne dabei stehendes הַכֹּהֲנִים Deut. 18, 7. 8. 27. 14. 31, 25 oder im Singularis הַלֵּוִי Deut. 12, 12. 18. 19. 14, 27. 29. 16, 11. 14. 18. 6. 7 ff. 26. 11. 12. 13.

Niemals kommen im Jeremia folgende Wörter oder Wendungen vor: הַנָּהָר הַגָּדוֹל נְהַר פְּרָת Deut. 1, 7. 11, 24 (hier ohne הַגָּדוֹל); לֶחֶם עֹנִי Deut. 16, 3; בְּחִפָּזוֹן Deut. 16, 3 und חָפַז Deut. 20. 3 cf. oben כָּל־זְכוּרְךָ Deut. 16, 16, 20, 13; זָכָר אוֹ נְקֵבָה Deut. 4, 16 (cf. 15, 19), bei Jeremia 31, 22 ist der Gegensatz גֶּבֶר und נְקֵבָה cf. Deut. 22, 5 גֶּבֶר und אִשָּׁה zweimal, welches auch Jer. 43, 6, 44, 20 sich auch (beide Male im Plurale); כְּמַתְּנַת יָדוֹ Deut. 16, 17 (wo auch כְּבִרְכַּת יְהוָֹה, welches 12, 15 findet; יָמִין וּשְׂמאוֹל (wozu für Jeremia so außerordentlich häufige Gelegenheit war) Deut. 2, 27. 5, 29. 17, 11. 20. 28, 14; חֵלֶק כְּחֵלֶק Deut. 17, 20, בַּדֶּרֶךְ בַּדֶּרֶךְ אֵלֵךְ Deut. 2, 25, מְעַט מְעַט Deut. 7, 22, " מַעְלָה מָעְלָה מַטָּה מָטָּה Deut. 28, 43; אֶבֶן וָאֶבֶן אֵיפָה וְאֵיפָה Deut. 25, 15; נֶפֶשׁ בְּנֶפֶשׁ עַיִן בְּעַיִן שֵׁן בְּשֵׁן יָד בְּיָד רֶגֶל בְּרָגֶל Deut. 19, 21. שְׁמֵי הַשָּׁמַיִם Deut. 10, 14 (wo auch das oben schon angeführte אֱלֹהֵי אֱלֹהִים, und אֲדֹנֵי אֲדֹנִים); אֲחֻזָּה Deut. 32, 49; חֵלֶק וְנַחֲלָה Deut. 10, 9. 12, 12. 14, 27. 29. 18, 1; (נַחֲלָה allein kommt außerdem vor Deut. 4, 21. 38. 9, 26. 10, 9. 12, 9. 15, 4. 18, 1. 2 (bis). 19, 10. 14. 21, 23. 24, 4. 25, 19. 26, 1. 29, 7); סְגֻלָּה Deut. 7, 6. 14, 2. 26, 18; (יְרֻשָּׁה Deut. 2, 5. 9 (bis). 12. 3, 20 kommt nur einmal bei Jer. 32, 8 vor); אִשֵּׁי יְהוָֹה Deut. 18, 1; אָז יֶעְשַׁן אַף יי׳ וְקִנְאָתוֹ Deut. 29, 19; קְדֵשָׁה Deut. 23, 18; אֱמֶת נָכוֹן הַדָּבָר הַזֶּה נֶעֶשְׂתָה הַתּוֹעֵבָה הַזֹּאת Deut. 13, 15. 17, 4 cf. 22, 20, חֹשֶׁךְ עָנָן וַעֲרָפֶל Deut. 4, 11 und ganz ähnlich הָאֵשׁ הֶעָנָן וְהָעֲרָפֶל Deut. 5, 19; הִקְצִיף Deut. 9, 7. 8. 22; מִתְּמֹל שִׁלְשֹׁם Deut. 4, 42. 19, 4. 6; שִׁלֵּשִׁים וְעַל־רִבֵּעִים Deut. 5, 9; וְנוֹשַׁנְתֶּם בָּאָרֶץ Deut. 4, 25; כְּכוֹכְבֵי הַשָּׁמַיִם לָרֹב Deut. 1, 10. 10, 22. 28, 62; עֵד שֶׁקֶר הָעֵד שֶׁקֶר עָנָה בְ Deut. 19, 18; אֵרַשׂ אִשָּׁה Deut. 20, 7. 28, 30, in Pual Deut. 22, 23. 25. 27. 28; בְּכָל־לְבָבְךָ וּבְכָל־נַפְשְׁךָ וּבְכָל־מְאֹדֶךָ oder mit Auslassung von וּבְ׳ מְאֹדֶךָ Deut. 4, 29. 6, 5. 10, 12. 11, 13, 13. 4. 26, 16. 30, 2. 6. 10, in der ersten Form niemals bei Jeremia, in der zweiten nur einmal 32, 41 und zwar mit der ihm eigenthümlichen kürzeren Form לִבִּי, so oft auch Jeremia Gelegenheit gehabt hätte die Formel zu gebrauchen, cf. 11, 18; מֵרֻבְּכֶם Deut. 7, 7; לְמִינָהּ Deut. 14, 13. 14 (לְמִינוֹ). 15 (לְמִינֵהוּ). 18; כָּל־חֳלִי וְכָל־מַדְוֵי מִצְרַיִם הָרָעִים Deut. 7, 15; לֹא תִתְעַמֵּר בָּהּ Deut. 21, 14. 24, 7; הִתְעַלֵּם Deut. 22, 1. 3. 4; זוּלָתִי Deut. 1, 36. 4, 12 (לְבַד מִן steht Deut. 3, 5;

bloß לְבַד 18, 8, מִלְּבַד 4, 35. 28, 69). עֲלִילֹת דְּבָר Deut. 22,
14. 17; לֹא־תְתַעֵב Deut. 23, 8; כְּנַפְשְׁךָ שָׂבְעֶךָ Deut. 23, 25;
מִסַּת Deut. 16. 10; דֵּי מַחְסֹרוֹ Deut. 15, 8 כְּדֵי רִשְׁעָתוֹ Deut.
25, 2; הֶאֱמִיר Deut. 26, 17. 18; מִמְּעוֹן קָדְשְׁךָ מִן הַשָּׁמַיִם Deut.
26, 19; cf. Jer. 25, 30. אוֹן; וְלֹא הֶאֱזִין in der Bedeutung:
Schmerz Deut. 26, 14 cf. Härernick S. 178) אֲלֵיכֶם Deut.
1, 45; הַסְכֵּת וּשְׁמַע Deut. 27, 9; שְׁגַר אֲלָפֶיךָ וְעַשְׁתְּרוֹת צֹאנֶךָ
Deut. 7, 13. 28, 4. 18. 51; טַנְאֲךָ וּמִשְׁאַרְתֶּךָ Deut. 28, 5. 17,
הִתְאַנַּף בִּי Deut. 1. 37. (בִּגְלַלְכֶם) 4, 21 (עַל־דִּבְרֵיכֶם). 9, 8. 20
הִתְעַבֵּר יי׳ בִּי לְמַעַנְכֶם Deut. 3, 26; וַתָּהִינוּ לַעֲלוֹת Deut. 1, 41;
עָשׁוּק וְרָצוּץ Deut. 28, 33 cf. V. 29: עָשׁוּק וְגָזוּל; שָׁגַל Deut.
28, 30; מְשֻׁגָּע Deut. 28, 34; in diesem 28. Kapitel des Deute-
ronomiums kommen noch folgende angedrohete Strafen vor,
die **niemals** bei Jeremia vorkommen, so oft er auch göttliche
Strafen androht: V. 20: מְאֵרָה, מְהוּמָה (auch 7, 23: הָמַם
מְהוּמָה גְדֹלָה) מִגְעֶרֶת; V. 22: שַׁחֶפֶת, קַדַּחַת, דַּלֶּקֶת, חַרְחֻר, חֶרֶב
(in der Bedeutung: Hitze, Brand), שִׁדָּפוֹן, יֵרָקוֹן; V. 27:
עֲפֹלִים, גָּרָב, חֶרֶס; V. 28: שִׁגָּעוֹן, תִּמְהוֹן לֵבָב, עִוָּרוֹן; V. 35;
שְׁחִין רָע; V. 38: יַחְסְלֶנּוּ הָאַרְבֶּה; V. 39: תֹאכְלֶנּוּ הַתֹּלָעַת; V. 42:
הַצְּלָצַל; V. 48: צָמָא, עֵירֹם, חֹסֶר כֹּל; V. 29: וְהָיִיתָ מְמַשֵּׁשׁ בַּצָּהֳרַיִם
כַּאֲשֶׁר יְמַשֵּׁשׁ הָעִוֵּר בָּאֲפֵלָה; V. 65: לֵב רַגָּז וְכִלְיוֹן עֵינַיִם וְדַאֲבוֹן נָפֶשׁ;
V. 66: וְהָיוּ חַיֶּיךָ תְּלֻאִים לְךָ מִנֶּגֶד; V. 67: מִפַּחַד לְבָבְךָ אֲשֶׁר תִּפְחָד
וּמִמַּרְאֵה עֵינֶיךָ אֲשֶׁר תִּרְאֶה; V. 63: וְנִסַּחְתֶּם, wofür Jeremia fast
regelmäßig הִדִּיחַ im Deut. nur 30, cf. 13, 11. 14 und Niphal
gebraucht; V. 39: וְלֹא תֶאֱגֹר; ferner kommen **niemals** im
Jeremia vor: עַד מִדְרַךְ כַּף רָגֶל Deut. 2, 5; בְּשִׂמְחָה וּבְטוּב לֵבָב
Deut. 28, 47; שִׁלְיָה Deut. 28, 57; מָחָר (künftig) Deut. 6, 20;
אֶת־הַחַיִּים וְאֶת־הַטּוֹב וְאֶת־הַמָּוֶת וְאֶת־הָרָע Deuteronom. 30, 15;
וְנָתַן לְךָ רַחֲמִים Deut. 13, 18; כָּלִיל Deut. 13, 17. 33, 10;
כָּל־מוֹצָא פִי יְהוָֹה Deut. 8, 3; וַיַּרְעִבֶךָ Deut. 8, 3; אֶת־הַשֵּׁם
הַנִּכְבָּד וְהַנּוֹרָא הַזֶּה אֵת יְהוָֹה אֱלֹהֶיךָ Deut. 28, 58; הַצִּרְעָה Deut.
7, 20; וָאֶתְחַנַּן אֶל יי׳ Deut. 3, 23 und וָאֶתְנַפַּל לִפְנֵי יְהוָֹה Deut.
9, 18. 25 (הִתְפַּלֵּל ist dem Deuteron. und Jeremia gemeinsam,
z. B. bei Jer. 7, 16. 11, 14. 14, 11. 29, 7. 37, 3. 42, 2. 4.
11. 20); גָּדְלְךָ Deut. 3, 24. 5, 21. 9, 26. 11, 2. 32′ 3;
יִצְרוֹ Deut. 31, 21; הַמּוֹלִיכְךָ בַּמִּדְבָּר הַגָּדֹל וְהַנּוֹרָא נָחָשׁ שָׂרָף וְעַקְרָב
וְצִמָּאוֹן אֲשֶׁר אֵין מָיִם Deut. 8, 15. cf. 1, 19. צוּר הַחַלָּמִישׁ

Deut. 8, 15 cf. 32, 13; כֹּחִי וְעֹצֶם יָדִי עָשָׂה לִי אֶת־הַחַיִל הַזֶּה Deut. 8, 17; יֹשֶׁר לְבָבְךָ Deut. 9, 5 (zu bemerken sind die alterthüml. Segolatformen חֹסֶר, עֹצֶם, יֹשֶׁר, אֹכֶל) וְרָבְצָה בּוֹ כָּל־הָאָלָה Deut. 29, 19; אֶת־מַכּוֹת הָאָרֶץ הַהוּא וְאֶת־תַּחֲלֻאֶיהָ אֲשֶׁר חִלָּה יי׳ Deut. 29, 21; עָרִים בְּצֻרֹת חוֹמָה גְבֹהָה דְּלָתַיִם וּבְרִיחַ Deut. 3, 5 und ähnlich 9, 1: עָרִים גְּדֹלֹת וּבְצֻרוֹת בַּשָּׁמָיִם; רָעוֹת רַבּוֹת וְצָרוֹת Deut. 31, 17 (bis). 21; וְאָכַלְתָּ וְשָׂבָעְתָּ וּבֵרַכְתָּ אֶת־יְהוָֹה Deut. 8, 10. cf. 6, 11. 11, 15. שַׁקֵּץ תְּשַׁקְּצֶנּוּ וְתַעֵב תְּתַעֲבֶנּוּ Deut. 7, 26; גְּבוּרֹתֶךָ Deut. 3, 24; וְלֹא יָסָף Deut. 5, 19; יְקוּם Deut. 11, 6; יְבוּלָהּ Deut. 11, 17; גּוֹזָל Deut. 32, 11; הָהָר בֹּעֵר בָּאֵשׁ Deut. 4, 11. 5, 20. 9, 15; גּוֹיִם גְּדֹלִים וַעֲצֻמִים מִכֶּם Deut. 11, 23; נָשַׁל Deut. 7, 1. 22; וְדָרַשְׁתָּ וְחָקַרְתָּ וְשָׁאַלְתָּ הֵיטֵב Deut. 13, 15 (wegen דָּרַשׁ cf. 17, 4. 19, 18); הוּא תְהִלָּתְךָ וְהוּא אֱלֹהֶיךָ Deut. 10, 21; בְּכָל־אַוַּת נַפְשְׁךָ Deut. 12, 15. 20. 21. 18, 6; מוּם Deut. 15, 21 (bis). 17, 1. 32, 5; כַּצְּבִי וְכָאַיָּל Deut. 12, 15. 22. 15, 22 (bei Jeremia einmal אַיֶּלֶת 14, 5); הַשְׁחֵת תַּשְׁחִיתוּן וְסַרְתֶּם מִן Deut 31, 29. cf. 4, 16. 25. 31. 9, 26. 10, 10. 20, 20 cf. Piel 9, 12 פֶּסֶל תְּמוּנַת כָּל־סָמֶל Deut. 4, 16. cf. V. 23. 25. 5, 8; תַּבְנִית Deut. 4, 16. 17 (bis). 18 (bis); נָהַג Deut. 4, 27. 28, 27 (so oft auch Jeremia vom Wegführen des Volkes spricht, doch niemals von ihm gebraucht; sein Lieblingsausdruck ist הִדִּיחַ Jer. 8, 3. 16, 15. 23, 2. 3. 8. 24, 9. 27, 10. 15. 29, 14. 18. 30, 11. 32, 37. 40, 12 cf. V. 15. 43, 5. 46, 28. 49, 5. 36. 50, 17).

Sehr mannigfach sind die Ausdrücke, deren der Verfasser des Deuteronomius sich bedient, wenn er vom Auszuge aus Aegypten spricht; es übermannt ihn gleichsam das Gedächtniß alles des Großen, was Gott hier Wunderbares vollbrachte. So sagt er Deut. 4, 34: הֲנִסָּה אֱלֹהִים .. לָקַחַת לוֹ גוֹי מִקֶּרֶב גּוֹי בְּמַסֹּת בְּאֹתֹת וּבְמוֹפְתִים וּבְמִלְחָמָה וּבְיָד חֲזָקָה וּבִזְרוֹעַ נְטוּיָה וּבְמוֹרָאִים גְּדֹלִים und 17, 19: הַמַּסֹּת הַגְּדֹלֹת אֲשֶׁר רָאוּ עֵינֶיךָ וְהָאֹתֹת וְהַמֹּפְתִים וְהַיָּד הַחֲזָקָה וְהַזְּרֹעַ הַנְּטוּיָה; ferner 11, 2. 3: אֲשֶׁר לֹא־רָאוּ אֶת־מוּסַר יי׳ אֱלֹהֵיכֶם אֶת־גָּדְלוֹ אֶת־יָדוֹ הַחֲזָקָה וּזְרֹעוֹ הַנְּטוּיָה וְאֶת־אֹתֹתָיו וְאֶת־מַעֲשָׂיו; ähnlich 26, 8: וַיּוֹצִאֵנוּ יי׳ מִמִּצְרַיִם בְּיָד חֲזָקָה וּבִזְרֹעַ נְטוּיָה וּבְמֹרָא גָּדֹל וּבְאֹתוֹת וּבְמֹפְתִים cf. 5, 15 cf. auch 34. 11, und 12: לְכָל־הָאֹתֹת וְהַמּוֹפְתִים וּלְכֹל הַיָּד הַחֲזָקָה וּלְכֹל הַמּוֹרָא הַגָּדוֹל; ferner 6, 21: וַיּוֹצִיאֵנוּ יי׳ מִמִּצְרַיִם בְּיָד חֲזָקָה (cf. 7, 8) und gleich unmittelbar darauf V. 22: וַיִּתֵּן יי׳ אוֹתֹת וּמֹפְתִים גְּדֹלִים וְרָעִים; zu vergleichen ist auch 10, 21: אֲשֶׁר עָשָׂה אִתְּךָ אֶת־הַגְּדֹלֹת und 29, 2: הַמַּסּוֹת הַגְּדֹלֹת אֲשֶׁר רָאוּ עֵינֶיךָ הָאֹתֹת וְאֶת־הַנּוֹרָאֹת הָאֵלֶּה וְהַמֹּפְתִים הַגְּדֹלִים הָהֵם; nach jener gehäuften Aufführung vom Wunderbarem (4, 34) heißt es drei Verse weiter 4, 37: וַיּוֹצִאֲךָ בְּפָנָיו בְּכֹחוֹ הַגָּדוֹל מִמִּצְרָיִם, und endlich 9, 29: אֲשֶׁר הוֹצֵאתָ בְּכֹחֲךָ הַגָּדֹל וּבִזְרֹעֲךָ הַנְּטוּיָה blos יָד חֲזָקָה, kommt noch vor 3, 24. 9, 26; אוֹת אוֹ מוֹפֵת kommt noch Deut. 13, 2. 3, und לְאוֹת וּלְמוֹפֵת Deut. 28, 46 vor. Einmal kommen nun ähnliche Wendungen in dieser Verbindung mit dem Auszuge aus Aegypten weit seltener bei Jeremia vor (nur Jer. 32, 20 und 21), und mit so auffallenden Veränderungen, daß sie einen offenbar anderen Verfasser verrathen; bei Jer. 32, 20 steht שַׂמְתָּ אֹתוֹת וּמֹפְתִים, während שׂוּם niemals in dieser Verbindung im Deuteronomium erscheint, sondern, wenn ein besonderes Verb. dabei steht, עָשָׂה; als weniger bedeutend möge bemerkt werden, daß das Deut. in diesen Stellen bloß מִצְרַיִם hat, Jeremia בְּאֶרֶץ und מֵאֶרֶץ מִצְרַ׳, welches freilich in der gleich anzuführenden Formel das Gewöhnliche ist; in V. 21 verräth das aramaisirende אֶזְרוֹעַ entschieden einen andern Verfasser בְּיָד נְטוּיָה וּבִזְרוֹעַ חֲזָקָה kommt niemals im Deuteron. vor, wie es Jer. 21, 5 steht; wie im Deut. lautet die Formel auch bei Jer. 17, 5. 27, 5. 32, 17. 48, 25.

Die Wortverbindung מֵאֶרֶץ מִצְרַ׳ מִבֵּית עֲבָדִים Deut. 5, 6. 6, 12. 7, 8. 8, 14. 13, 6 ist im Jeremia nur 34, 13 bei Gelegenheit eines wörtlichen Zitates aus dem Deut. zu finden.

Ebenso ist das Verb. אָהַב im Verhältnisse des Volkes zu Gott und umgekehrt im Deut. viel häufiger, als im Jeremia; von Gott steht es Deut. 4, 37. 7, 8. 13. 10, 15. 18. 23, 6; vom Menschen oder Volke im Verhältniß zu Gott Deut. 5, 10. 6, 5. 7, 9. 10, 12. 11, 1. 13. 22. 19, 9. 30, 6. 16. 20; im Verhältniß des Menschen zum Menschen Deut. 10, 19. 15, 16. 21, 15 (bis). 16 theils von allgemeiner Liebe, theils von ehelicher.

Niemals kommen bei Jeremia die Wörter oder Wortverbindungen vor: שִׂמְלָה Deut. 8, 4. 10, 18. 21, 13. 22, 3. 5 oder שַׂלְמָה Deut. 24, 13. 29, 4; שְׁנַת הַמַּעֲשֵׂר Deut.

26, 12; מַעְשַׂר תְּבוּאָתְךָ Deut. 26, 12; שְׂכִיר עָנִי וְאֶבְיוֹן Deut. 23 14; לַלֵּוִי וְלַגֵּר לַיָּתוֹם וְלָאַלְמָנָה Deut. 26, 12 und 13 (ohne הַלֵּוִי stehen die drei Worte Deut. 24, 17. 19. 20. 21. 27, 19 und kommen so auch bei Jeremia vor), הַלֵּוִי וְהַגֵּר Deut. 26, 11; יָבָם und יִבֵּם Deut. 25, 5 ff. עֹשֵׂה עָוֶל Deut. 25, 16; לֹא יָרֵא אֱלֹהִים Deut. 25, 18; גּוֹי גָּדוֹל עָצוּם וָרָב Deut. 26, 5; אֶת־עָנְיֵנוּ וְאֶת־עֲמָלֵנוּ וְאֶת־לַחֲצֵנוּ Deut. 26, 7; (לִתְהִלָּה וּלְשֵׁם וּלְתִפְאָרֶת) Deut. 26, 19 in anderer Stellung Jerem. 13, 11, und in derselben wie 13, 11 mit dem **niemals** im Deut. vorkommenden שָׂשׂוֹן Jer. 33, 9) יַדְבֵּק יי׳ בְּךָ אֶת־הַדָּבֶר (bei Jeremia nie in dieser Verbindung mit יַדְבֵּק cf. Jerem. 13, 11 קְטוֹרָה Deut. 33, 10; וְשִׁנַּנְתָּם לְבָנֶיךָ Deut. 6, 7. wofür 11, 19 steht בְּשִׁבְתְּךָ בְּבֵיתֶךָ וּבְלֶכְתְּךָ בַדֶּרֶךְ וּבְשָׁכְבְּךָ וּבְקוּמֶךָ ׃ וְלִמַּדְתֶּם Deut. 6, 7. 11, 19; וְהָיָה כִּי יְבִיאֲךָ ·· אֶל הָאָרֶץ ·· לָתֶת לָךְ עָרִים גְּדֹלֹת וְטֹבֹת אֲשֶׁר לֹא־בָנִיתָ וּבָתִּים מְלֵאִים כָּל־טוּב אֲשֶׁר לֹא מִלֵּאתָ וּבֹרֹת חֲצוּבִים אֲשֶׁר לֹא־חָצַבְתָּ כְּרָמִים וְזֵיתִים אֲשֶׁר לֹא נָטָעְתָּ Deut. 6. 11 cf. 11, 15; וַאֲהֵבְךָ וּבֵרַכְךָ וְהִרְבֶּךָ וּבֵרַךְ פְּרִי־בִטְנְךָ וּפְרִי־אַדְמָתֶךָ דְּגָנְךָ וְתִירֹשְׁךָ וְיִצְהָרֶךָ שְׁגַר וגו׳ Deut. 6, 13; dem Deuteronomium durchaus eigenthümlich ist die Schilderung des Landes Canaan, wie sie 6, 7 — 10 gegeben wird; 11, 14. 15: und ich will geben den Regen eures Landes zu seiner Zeit Herbstregen und Frühlingsregen und du sollst einsammeln dein Getreide u. deinen Most und dein Oel und ich will geben Gras auf deinem Felde deinem Vieh, und du sollst essen und satt werden; וְשַׂמְתֶּם אֶת־דְּבָרַי אֵלֶּה עַל־לְבַבְכֶם וְעַל־נַפְשְׁכֶם וּקְשַׁרְתֶּם אֹתָם לְאוֹת עַל־יֶדְכֶם וְהָיוּ לְטוֹטָפֹת בֵּין עֵינֵיכֶם ··· וּכְתַבְתָּם עַל מְזוּזוֹת בֵּיתֶךָ וּבִשְׁעָרֶיךָ Deut. 11 18. 19; וַהֲבֵאתֶם שָׁמָּה עֹלֹתֵיכֶם וְזִבְחֵיכֶם וְאֵת מַעְשְׂרֹתֵיכֶם וְאֵת תְּרוּמַת יֶדְכֶם וְנִדְרֵיכֶם וְנִדְבֹתֵיכֶם וּבְכֹרֹת בְּקַרְכֶם וְצֹאנְכֶם Deut. 12, 6 womit zu vergleichen sind V. 11. 14, 23. 18, 4; קָדָשֶׁיךָ ··· וּנְדָרֶיךָ Deut. 12, 26; 13, 5: Folget (hinter ihm gehet her) Jehova eurem Gotte und fürchtet ihn und seine Gebote beobachtet (תִּשְׁמֹרוּ) und auf seine Stimme höret und ihm dienet und an ihm hanget וּבוֹ תִדְבָּקוּן ׃ יַכְּכָה יְהוָה in den Strafandrohungen, wie es Deut. 28, 22. 27. 28. 35, vorkommt, ist dem Jeremia fremd; V. 23: und es sei dein Himmel der über deinem Haupte ist, Erz (נְחֹשֶׁת) und die Erde die unter dir ist Eisen; יִתֵּן יי׳ אֶת־מְטַר אַרְצְךָ אָבָק וְעָפָר מִן־הַשָּׁמַיִם יֵרֵד עָלֶיךָ Deut. 28, 24;

לְשַׁמָּה לְמָשָׁל וְלִשְׁנִינָה Deut. 28, 37 kommt ebenfalls nicht unter Jeremia's häufiger Drohungen vor; 28, 59: und es wird Jehovah auszeichnen (וְהִפְלָא) deine Schläge und die Schläge deines Samens, große und langdauernde (נֶאֱמָנוֹת) Schläge und böse langdauernde Krankheiten; ... גַּם כָּל־חֳלִי וְכָל־מַכָּה יַעְלֵם יי׳ עָלֶיךָ Deut. 28, 61; מַכּוֹת הָאָרֶץ הַהִוא וְאֶת־תַּחֲלֻאֶיהָ Deut. 29, 21; גָּפְרִית וָמֶלַח שְׂרֵפָה כָל־אַרְצָהּ לֹא תִזָּרַע וְלֹא תַצְמִחַ וְלֹא־יַעֲלֶה בָהּ כָּל־עֵשֶׂב Deut. 29. 22; und es wird zurückehren Jehovah dein Gott zu deiner Gefangenschaft und wird sich dein erbarmen (וְרִחֲמֶךָ) und er wird zurückehren uud dich sammeln (וְקִבֶּצְךָ) aus allen Völkern (הָעַמִּים) bei Jeremia immer גוֹיִם) wohin dich Jehova dein Gott zerstreut hat (הֱפִיצְךָ), auch 4. 27. 28, 64 Jeremia hat meistens הִדִּיחַ aber auch הֵפִיץ 9, 15, 13, 24. 18, 17 Deut, 30, 3; wenn dein Verstoßener (נִדַּחֲךָ) am Ende des Himmels sein wird, wird von dort dich sammeln (יְקַבֶּצְךָ) Johova dein Gott u. von dort dich nehmen und es wird dich bringen Jehova dein Gott in das Land, welches deine Väter besessen haben und wirst es besitzen Deut. 30, 4. 5.

Bei Jeremia kommen **niemals** vor; וַיָּרֵעוּ אֹתָנוּ Deut. 26, 6; תֵּרַע עֵינוֹ בְאָחִיו Deut. 28, 54. 56 (hier וְלֹא יֵרַע לְבָבְךָ: עֵינְךָ Deut. 15. 10; טוֹב הַדָּבָר Deut. 1, 14, וַיִּיטַב בְּעֵינַי הַדָּבָר Deuteronom. 1, 23 cf. הֵיטִיבוּ אֲשֶׁר דִּבֵּרוּ Deut. 5, 25. 18, 17, לְמַעַן יִיטַב לָךְ Deut. 5, 16. 6, 18, 12, 25. 28. 22, 7 cf. 5, 26; אֲשֶׁר יִיטַב לְךָ Deut. 4, 40. 6, 3; לְמַעַן תִּחְיוּן וְטוֹב לָכֶם Deut. 5, 30, 19, 13 cf. לְטוֹב לָנוּ Deut. 6, 24. 10, 13. (die Formeln לְהֵיטִיבְךָ Deut. 8, 16. 30, 5 oder mit אֶת Deut. 28, 63 als Gegensatz von הֶאֱבִיד und הִשְׁמִיד kommen auch bei Jeremia vor; wegen des adverbialischen הֵיטֵב Deut. 9, 21. 13, 15. 17, 4. 19, 18. 27, 8 s. oben); טוֹב לוֹ עִמָּךְ Deut. Deut. 15, 16; הַדּוֹר הָרָע הַזֶּה Deut. 1, 35 cf. הַמִּשְׁפָּחָה הָרָעָה הַזֹּאת Jer. 8, 3 sonst kommt דוֹר noch vor Deut. 2, 14. 7, 9. 23, 3. 4. 9, 29, 21. 32, 5. 20; aber nur einmal im Liede 32, V. 7; דוֹר וָדוֹר wie bei Jeremia); שֹׁמֵר הַבְּרִית וְהַחֶסֶד Deut. 7, 9. 12; אֲבֵדָה Deut. 22, 3; הֲנִהְיָה Deut. 4, 32; כְּסוּת Deut, 22, 14; רַב לָכֶם c. inf. Deut. 1, 26. 2, 3. 26. (hier ohne inf. bloß: רַב לָךְ; (לַעֲלֹת) לֹא אֲבִיתֶם Deut. 1, 26. 2, 30 (ohne לְ, wie auch 10, 10). 23, 6. 25, 7. 29, 19; חֵטְא Deut. 15, 9. 19,

15. 21, 22. 22. 26. 23, 22. 23. 24, 15. 16; עֶרְוַת דָּבָר Deut. 23, 15. 24, 1; בְּנֵי־בְלִיַּעַל Deut. 13, 14, דָּבָר ··· בְלִיַּעַל Deut. 15, 9; בַּעַל in der Bedeutung Mann Deut. 22, 22. 24, 4 (cf. בָּעַל Deut. 21, 13. 24, 1; Herr heißt es Deut. 12, 1).

Im Deuteronomium herrschen die Formen מַהֵר 4, 26. 7. 4. 22. 9, 3. 12 (bis). 16. 28, 20, und בֶּטַח 12, 10. 33, 28 vor; מְהֵרָה steht nur Deut. 11, 17. und לָבֶטַח Deut. 33, 12. cf. Jer. 23, 6. 32, 37. 33. 16. 49, 31. im Jeremia kommen die ersten Formen gar nicht vor.

Das Land Palästina heißt im Deuteronomium 1) אֶרֶץ כְּנַעַן 32, 49 „welches ich gebe den Kindern Israel zum Besitze.“ 2) אֶרֶץ הַכְּנַעֲנִי 1, 7. 11, 30. 3) אַרְצָם 4, 38. 6, 5 22, 29. 19, 1 nämlich das Land der es bewohnenden großen kananitischen Völkerschaften; 4) הַר הָאֱמֹרִי 1, 7. 19. 20 (welches Jehovah unser Gott giebt). 5) אֶרֶץ יְרֻשָּׁתוֹ 2, 12 (nämlich Israels; „welches gegeben hat Jehova ihnen“). 6) אֶרֶץ טוֹבָה 8, 7. 10 (welches er dir giebt) cf. No. 11. 7) הָאָרֶץ mit den Zusätzen: welches geschworen hat Jehovah euren Vätern, dem Abraham, Isaak und Jakob, ihnen zu geben und ihrem Samen nach ihrem 1, 8. cf. 30, 20. (34, 4), und mit Auslassung von Etwas 6, 10. 23 8, 1. 10. 11. 26, 3. 31, 7 cf. No. 12; welches Jehovah unser Gott uns giebt: 1, 25. 2, 29. 3, 20. 4, 1. 5. 28 9, 23. 11, 31. 12, 1. 15, 4. 16, 20. 17, 14. 18, 9. 19, 14. 24, 4. 25, 19. 26, 1. 9. 27, 2. 3. 28, 8. 32, 52 cf. No. 12: welches er ihnen gesagt (versprochen) 29, 8. 19, 8; welches er euch vertheilt 12, 10. 8) bloß הָאָרֶץ 1, 21. 22. 22. 4, 25. 9, 4 (הַזֹּאת so auch 29, 23; הַהִוא 29, 21. 26). 13, 8. 15, 11. 28, 26. 32, 52. (34, 1?). 9) in Beziehung auf No. 7 cf. auch No. 12 אַרְצְכֶם 11, 14. 15, 7 (wo ausdrücklich dabeisteht: in deinem Lande, welches Jehovah dein Gott dir giebt, ebenso: 19, 2. 10. 26, 2. 28, 52. 2). 24, 14. 28, 12. 24. 28, 52. 10) הָאָרֶץ mit andern Zusätzen; welches du sehen wirst 3, 29 welches ihr besitzen sollt 5, 30; welches ihr Väter besessen haben 30, 5 wohin ihr kommt es zu besitzen 4, 5. 14. 26. 6, 1. 11, 8. 11. 29. 23, 21. 30, 16. 31, 16 cf. No. 12. 11) הָאָרֶץ הַטּוֹבָה 9, 6; welches er geschworen hat zu geben uff. 1, 35. 3, 25

4, 21. 22. 6, 18. 11, 17. 25. 12) הָאֲדָמָה 4, 10. 40 (welches Jehova dein Gott dir giebt, so auch 5, 16. 21, 1. 25, 15. 26, 10. 15) 11, 9 (welches Jehovah geschworen hat deinen Vätern uff., so auch V. 21. 30, 20. 31, 20.), אַדְמָתֶךָ 7, 13. 12, 19. 28, 4. 11. 18. 21 (wohin du kommst es zu besitzen). 33. 42. 51. 63 (wie V. 21) 29, 27. 30, 9. 31, 13 (und 32, 47 wohin ihr über den Jordan hinübergeht es zu besitzen). 32, 43 (אַדְמָתוֹ); sonst steht noch אֲדָמָה 6, 15. 11, 17. 14, 2. 12, 1. 13) גְּבֻלְכֶם 11, 24. 12, 20. 16, 7. 19, 8. 28, 40. 14) הַנַּחֲלָה welches Jehovah dein Gott dir giebt 12, 9. 15) גְּבוּל אַרְצְךָ welches Jehova dein Gott dir vertheilen wird. 26) אֶרֶץ זָבַת חָלָב וּדְבָשׁ Deut. 6, 3. 11, 9. 26, 9. 15. 27, 3. 31, 20 mit vorhergehendem הָאֲדָמָה. Die Stellen 34, 2 ff. 41 und 33, 13 gehören nicht mehr hierher. Von diesen Namen sind dem Deuteronom eigenthümlich No. 1 — 6. 11.

Das im Deuteronomium so außerordentlich häufige לְרִשְׁתָּהּ 3, 18. 4, 5. 14. 26. 5, 28. 6, 1. 7, 1. 9, 6. 11, 8. 10. 11. 29. 21, 2. 23, 21. 25, 19. 28, 21. 30, 16. 18. oder לָרֶשֶׁת 2, 31. 9, 1. 4. 11, 31. 12, 26 findet sich niemals bei Jeremia.

Die im Deuteronomium so häufige Wortverbindung, die bei der Einschärfung der Einheit des Heiligthums in längerer, oder kürzerer Form vorkommt: הַמָּקוֹם אֲשֶׁר־יִבְחַר יי אֱלֹהֵיכֶם מִכָּל־שִׁבְטֵיכֶם לָשׂוּם אֶת־שְׁמוֹ שָׁם לְשִׁכְנוֹ תִדְרְשׁוּ וּבָאתָ שָׁמָּה 12, 5. 14. 18. 21. 26. 14, 23. 24. 25. 15, 20. 16, 6. 7. 11. 15. 16. 17, 8. 10. 18, 6. 26, 2. 31. 11. oder statt לָשׂוּם dieser Ausdruck לְשַׁכֵּן שְׁמוֹ שָׁם 14, 23. 16, 2. 6. 11. 26, 2 kommt höchst merkwürdigerweise in der ersten Form niemals bei Jeremia vor, obwohl er sie recht passend oft hätte gebrauchen können; Anspieluugen auf die zweite enthalten Jer. 7. 12: אֲשֶׁר שִׁכַּנְתִּי שְׁמִי שָׁם und 7, 7: וְשִׁכַּנְתִּי אֶתְכֶם בַּמָּקוֹם הַזֶּה u. V. 3: וַאֲשַׁכְּנָה אֶתְכֶם בַּמָּקוֹם הַזֶּה.

Auf die Stelle Deuteronom. 28, 10 שֵׁם יְהוָה נִקְרָא עָלֶיךָ beziehen sich die Stellen des Jeremia 7, 10. 11. 14. 30: אֲשֶׁר נִקְרָא שְׁמִי עָלָיו und 25, 29. 32, 34, 34, 15; זָדוֹן Deut. 17, 12: 18, 22 wird im Jer. 50, 31. 32 höchst dichterisch das stolze Babel genannt.

2) Grammatisches in Formen, Syntax und Satzverbindung.

Voran mögen hier die beiden Erscheinungen stehen, die zuerst die Aufmerksamkeit auf die Verschiedenheit der Sprache des Pentateuches von den aller spätern Bücher gelenkt haben, nämlich הוא für הִיא und נַעַר für נַעֲרָה. Von jenem, welches 36mal im Deuteronomium vorkommt, sagt Ewald Krit. Grammat. der Hebräischen Schrache 1827 S. 176: Nach dem Geist der Sprache und der sichtbar allmähligen Scheidung des Genus (S. 170 ff.) ist dieses ein unverkennbarer Beweis für das höhere Alter des Pentateuchs. Ich führe nur die Stellen an, in denen es in der Verbindung בָּעֵת הַהִוא vorkommt Deut. 1, 9. 16. 18. 2, 34. 3, 4. 8. 12. 18. 21. 23. 4, 14. 5, 5. 9, 20. 10, 1. 8, welche Wortverbindung auch im Jeremia nicht selten vorkommt, u. jedes Mal בָּעֵת הַהִיא heißt cf. oben. נַעַר für נַעֲרָה steht im Deuteronomium 22, 15 (bis). 16. 20. 21. 23. (נַעַר בְתוּלָה) 24. 25. 26 (bis) 27. 28 (נַעַר בְתוּלָה). 29; und nur einmal steht נַעֲרָה V. 19, vielleicht ursprünglich wohl nur ein Schreibfehler der Abschreiber.

Hiermit möge gleich verbunden werden der Gebrauch von הָאֵל für הָאֵלֶּה, welches (die Stelle 1 Chron. 20, 8 abgerechnet, in der der Verf. der Chronik die alterthümliche Form seiner Urschrift beibehielt) nur im Pentateuche vorkommt, und zwar im Deut. 4, 42. 7, 22. 19, 11. Richtig bemerkt noch Härernik Einleitung S. 184: der Pentateuch braucht die kurze Form (אֵל für אֵלֶּה nur wo (syntaktischen Gründen) der Artikel dabei steht, es ist daher ein Abusus, wenn der Chronist diese Form in einem Falle setzt, wo der Pent. nur die vollere gebrauchen würde. Der Artikel steht bei den mit dem Substantiv verbundenen Adjektiven und Pronomen: Deut. 1, 5. 6. 31. 32. 35 (bis) 2, 7. 30, 3, 25 (bis) 27. 28. 4, 6. 8. 21. 22 (bis) 32. 37. 38. 5, 3. 21. 25. 6, 18. 24. 25. 7, 19 (dreimal) 8, 10. 15. 17. 18. 9, 4 (bis) 13. 27. 29 (bis). 10, 10. 15. 11, 2 (bis) 7. 17. 22. 12, 2. 13, 6 (bis) 12. 15. 16. 14, 28. 15, 5. 15. 16, 4. 8. 12. 17, 4. 5 (drei=

mal). 9 (bis) 10. 12. 16. 18 (bis). 19. 18. 1. 7. 9. 14. 19, 9. 20. 20, 15 (bis) 16. 21, 3. 7. 9. 22, 9. 14. 16. 18. 20. 26. 24, 3 (bis). 4. 8. 18. 22, 25, 6. 26, 9 (bis). 12. 16. 27, 3. 8. 9 (bis). 10. 26. 28, 12. 52 (bis) 54. 58 (viermal). 61. 65. 29, 8. 13 (bis). 18. 19 (bis). 20. 21 (bis) 23 (bis) 26 (bis).

Die Pronominalsuffix הוּ ֵ findet sich bei Substantiven im Jeremia nur bei רֵעֵהוּ, und selbst bei diesem Worte hat er einmal רֵעוֹ, welche Form in diesem Worte sich niemals im Deuteronom. findet, sondern nur רֵעֵהוּ 4, 42. 15, 2. 19, 4. 11. 22, 24. 26. 27, 17. 24; ferner שָׂדֵהוּ Deut. 5, 18 (obwohl viermal in demselben Verse auch ו vorkommt עַבְדּוֹ, אֲמָתוֹ, שׁוֹרוֹ, חֲמֹרוֹ); לְמִינֵהוּ Deut. 14, 15 (cf. V. 14, wo לְמִינוֹ); מְבֻשָׁיו Deut. 25, 11. Im Verbum, wie וַיְהַגֵּהוּ, steht dieses Suffix im Deut. 2, 33. 3, 3. 28 (bis). 19, 11. 21, 1. 25, 2. 32, 10 (viermal). 11 (bis). 12. 13 (bis). 15. 16 (bis). 33, 8. 34, 1.

Bemerkenswerth ist noch Deut. 5, 24: אַתְּ תְּדַבֵּר, worin sich, die Punktetion als richtig vorausgesetzt, der Uebergang aus אַתָּה in das Verbalpräfix תְּ zu erkennen giebt; niemals Etwas Aehnliches bei Jeremia.

Die im Deuteronomium vorherrschenden Pronomformen אָנֹכִי, הֵם, Pronominalsuffix ָם bei Substantiven im Plural auf וֹת, לֵבָב statt לֵב sind oben bereits besprochen worden. Die Form im Zahlworte שִׁבְעַת יָמִים Deut. 16, 3. 4. 13. 15 findet sich niemals im Jeremia; 28. 30, 10. 11. 31, 1. 3. 7. 9. 12. 16. 17. 19 (bis). 21. 22 (bis). 24. 26. 28. 30. die Form שִׁבְעָה Deut. 16, 9 (bis) 28, 7. 25.

Die vollere Verb-Endung ן kommt bei Jeremia nur fünfmal vor, niemals im Präterito; im Präterito findet sie sich im Deut. zweimal 8, 3. 16 (יָדְעוּן), außerdem nur noch einmal bei Jesai, 26, 16 vgl. Ewald Krit. Gramm. S. 265 Härernick S. 185. Im Futurum kommt jene Endung, 56 mal, im Ganzen also 58 mal vor. Im Futurum findet sich: Deut. 1, 17 (bis). 18. 22. 29 (bis) 2. 25. 4, 6. 10 (bis). 11 (bis). 16. 26 (dreimal). 28 (viermal). 5, 16. 20. 30 (bis). 6, 2. 3. 14. 17. 7, 5 (bis). 12. 25. 8, 1 (bis). 13. 19. 20 (bis). 11, 23. 12, 1. 2. 3 (bis). 4. 8. 13, 5. 12. 17, 13. 16. 18, 1. 15. 29, 8. 30, 18 (bis). 31, 29. 33, 11.

Vollkommen **fremd** ist dem Jeremia das Futurum auf ן statt auf נָה, welches im ganzen Pentateuche so oft vorkommt; im Deuteronomium findet sich diese Form 21. 15 תִּהְיֶין (so ist wahrscheinlich ursprünglich zu punktiren und zu lesen, die Punktatoren lesen als ob נָה geschrieben wäre); und dann תִּמְצָאן 31, 21.

Die außerordentlich häufige Fälle der Infinitiv-Endung des Deuteronomiums auf ה־ z. B. יִרְאָה sind oben bereits aufgeführt worden.

Der Uebergang des End- ה in den Verbis ל״ה in י kommt im Jeremia **niemals** vor; im Deuteronomium findet er sich zweimal 8, 13 zugleich mit dem ין in der Form יִרְבְּיֻן (von demselben Verb findet sich Deut. 11, 21 auch die jetzt regelmäßige Form יִרְבּוּ) und 32, 37 in dem Liede (also dichterisch) in der Form חָסָיוּ statt חָסוּ.

Die im Deuteronomium 14, 14 vorkommende alterthümliche Form כֶּשֶׂב, die **nur** im Pentateuche vorkommt ist dem Jeremia **fremd**; er hat nur כֶּבֶשׂ Jerem. 11, 19.

Daß Jerem. 33, 26 יִשְׂחָק hat, ist oben gesagt worden; das Deuteronomium hat **niemals** diese Form, sondern stets יִצְחָק Deuteronom. 1. 8. 6, 10. 30, 20. 34, 4; ebenso ist die alleinige Form צָעַק die im Deut, 22, 24. 27, 26, 7 vorkommende, anders bei Jeremia, s. oben.

Daß der Infinitivus absolutus in mehreren Vorkommensweisen bei Jeremia gar nicht im Deuteronomium, sich wiederfindet, dafür spricht die Vergleichung der Stellen des Deuteronomiums, wo derselbe vorkommt. Es sind folgende: 1, 16. 3, 6. 4, 26 (bis) 5, 12. 6, 17. 7, 2, 18. 26 (bis). 8. 19 (bis). 11, 13. 22. 12, 2. 13, 10. 16 (bis). 14, 22. 15, 2. 4. 5. 8 (bis). 10. 11. 14. 17, 15. 20, 17. 21. 14. 23. 22. 1. 4. 7. 23, 22. 24, 9. 13. 25, 17. 27, 1. 30, 18. 31, 18. 29; die Stellen Deut. 16, 1. 31, 26 sind bereits in der Sprache des Jeremia genannt worden. Imperatviisch steht der absolute Infinitiv 5, 12. 24, 9 cf. .27 1.

Defektiv geschrieben (הָשֵׁב, הָקֵם, הַחֲרֵם ff.) findet sich der Infinitivus abs. im Hiphil in den Stellen Deut. 3, 6. 15, 8. 20. 17. 23, 1. 4. 7. 24, 13. 31, 18. 29.

Das Akkusativzeichen אֵת fehlt im Deuteronomium, gegen die Regel, Gesenius Lehrg. S. 682 Ewald Krit. Gr. S. 595, daß es vor dem mit dem Artikel verbundenen Substantiv oder vor dem Nomenproprium stehen sollte, in folgenden Stellen: 6, 18. 7, 9. 15. 9, 18 cf. 10, 21. 12, 8 cf. V. 11. 16 (bis). cf. V. 24. 25. 27. 28 (bis). 13, 6 (bis). 19. 14, 16. 17. 18 (viermal). 25. 26. 15, 19. 16, 13 (cf. 17, 2). 17, 7. 12. 18, 1. 3 (dreimal). 19, 5. 19. 20, 14 (dreimal). 21, 9 (bis). 21. 22, 6 (cf. V. 7). 17. 21. 22. 24. 24, 7. 25, 18. 26, 13 (cf. 27, 1 und 30, 15). 30, 19 (viermal).

Das Akkusativzeichen fehlt im Deuteron., wo es nach der Regel, (Gesenius Lehrgeb. S. 682 und Ewald Krit. Gramm. S. 595), wegen des angehängten Pronoms stehen sollte, in folgenden Stellen: 1, 12. 2, 25 (bis). 3, 27. 4, 9. 19. 36. (beide Weisen verbunden). 5, 13. 18. 6, 2 (wie 4, 36) 17 (bis). 7, 3. 5. (viermal). 9. 13 (bis). 24. 10, 16. 11, 1 (viermal) 25 (bis) 12, 6 (fünfmal). 11 (sechsmal). 13. 14. 17 (siebenmal). 21. 23 (bis). 26 (bis). 27 (dreimal). 15, 3. 11. 16, 2. 6. 11. 17, 2. 18, 1. 10. 18. 19, 5. 21, 10. 22, 4. 9. 23, 7. (bis). 24, 10. 15. 19. 20. 21. 25, 9. 11. 26, 2. 17 (dreimal). 27, 16 (bis). 17. 28, 15. 42. 45. 53 (bis). 30, 10 (bis). 16 (dreimal). 31, 28.

Regelmäßig steht dasselbe Deuter. 4. 10. 40. 5, 11. 16. (bis). 21 (dreimal). 26. 7, 4. 8, 5. 9, 14. 21 (bis). 11. 2 (bis). 3. 17. 18. 12, 2. 3 (bis). 5. 6. (bis). 31 (bis). 13, 5. 14, 23. 24. 15, 2 (bis). 3. 7 (bis). 8. 16. 23. 19, 5. 20, 19. 21, 6. 12 (bis). 13 (bis). 16. 23. 22, 16. 24. 24, 15. 25, 7. 11. 12. 26, 7 (viermal). 15. 18. 27, 10 (bis). 28, 7. 12. 15. 29. 36. 48. 59. 29, 8. 16 (bis). 19. 21. 30, 3. 6. 8. 31, 16. 21. 27 (bis). Auch beim Deuteronomium läßt sich also fragen, was eigentlich als Regel aufzustellen sei.

Das Akkusativzeichen אֵת fehlt im Deuteronom., wo es des dem Substantiv folgenden Genitivs wegen stehen sollte (Gesenius Lehrgeb. S. 662 und Ewald Krit. Gramm. S. 595) in folgenden Stellen: 5, 18 (bis). 7, 13 (viermal). 25. 9. 9, 9 (bis). 11, 14. 15, 19. 18, 4 (bis) 19, 13. 14. 20, 14. 23, 24. 27, 20. 28, 12. 33 (bis). 42. 51 (bis). 56. 59. 60. 29, 17. 21. 30, 6. 31, 28.

Ganz nach der Regel fehlt das Akkusativzeichen אֶת auf die Frage: wohin? möge ה ָ angehängt sein oder nicht (Ewald Krit. Gramm. S. 595). ohne ה ָ: 1, 7. 2, 8. 3, 27. 23, 19. 28, 38; mit ה ָ; 1, 24. 40. 41. 43. 2, 1. 9, 9. 10, 1. 3. 6 ff. 22. 30, 12. Dieser konstante Gebrauch wäre das Einzige, was gegen Hengstenbergs Uebersetzung von שׁוּב שְׁבוּת oder auch שׁוּב אֶת שְׁבוּת durch: zum Gefängniß zurückkehren (Authentie des Pentateuches 1836 S. 104 ff.) könnte eingewandt werden.

Der Akkusativ des Relativpronoms ohne אֶת und daran gehängtes Suffixum findet sich im Deut. 1, 1. 8. 14. 18. 20. 25. 31 (bis cf. V. 33). 35. 39. 41. 2, 3. 12. 29. 35. 3, 4. 19. 20 (bis). 28. 4, 1 (bis). 2 (dreimal). 4, 8. 9. 10. 13. 21. 23. 31. 40 (bis). 46. 5, 1. 16. 25. 28 (bis). 30 (bis). 6, 1. 2. 6. 10 (bis). 11 (dreimal). 17. 18. 20. 23. 7, 8. 11. 12. 13. 15. 16. 19. 8, 1 (bis). 2. 3. 10. 11. 18. 20. 9, 2. 5. 9. 10. 12 (bis). 16. 18. 21. 23. 25. 26. 28. 29. 10, 2. 4. 5. 11. 13. 21. 11, 3. 4. 5. 6. 7. 8. 9. (10). 13. 17. 21. 22. 27. 28 (bis). 31. 32. 12, 1 (dreimal). 5. 9. 10. 11 (bis). 13. 14. 15. 17. 21 (bis). 26. 28. 31. 13, 1. 3. 6. 7. 13. 14. 19. 14, 4. 23. 24. 26 (bis). 29. 15, 4. 7. (14?) 20. 16, 2. 6. 10. 11. 15. 16. 17. 18. 20. 21. 22. 17, 2. 3. 10 (bis). 11 (bis). 14. 18, 6. 9. 17. 19. 22. 19, 2. 3. 9. 10. 14 (dreimal). 20, 14. 16. 18. 20. 21, 1. 4. 6. 8. 22, 24. 23, 17. 20. 24. 24, 4. 5. 25, 6. 15. 19. 26, 1. 2 (dreimal). 3. 10. 11. 13. 15. 19. 27, 1. 2. 3. 4. 10. 28, 1. 8. 11. 13. 14. 15. 20. 33. 34. 36 (bis). 45. 52. 53. 54. 55 (bis). 57 (bis). 64. 67 (bis). 68. 69 (bis). 29, 2. 11. 15. 21. 22. 24. 25. 30, 1. 5. 8. 11. 16. 20. 31, 5. 7. 11. 16. 18. 20. 21 (bis). 23. 29. Das Pronomen ist also, zumal verhältnißmäßig betrachtet, im Deuteronomium viel häufiger als bei Jeremia.

Das Relativpronomen im Akkusativ mit folgendem אֶת und daran gehängtem Suffixum, wie es sich niemals im

Jeremia gebraucht findet, kommt im Deut. 4, 19. 11, 12. 12, 2. 18, 14. 31, 4 vor.

Der Akkusativ des Relativpronoms mit Suffixum am Verb., also ohne אֵת findet sich im Deut. 18, 21. 22. 24, 3. 28, 48. also viel seltener als im Jeremia.

Einzig ist, was bei Jeremia nicht vorkommt, אֲשֶׁר־הוּא als Nominativ Deut. 20, 20 (הוּא übrigens für הִיא).

Das relative was, auch mit vorhergehendem כָּל־, wird im Deuteronomium ausgedrückt durch אֵת אֲשֶׁר: 4, 3. 5, 24. 7, 18. 24, 9. 25. 17, viel seltener als im Jeremia.

Abweichungen im Geschlechte kommen im Deut. 3, 6. 14? 22? 20, 17. 27, 2. 4. 5. 31, 19. 21 vor; im Numerus 13, 1. 28, 4.

Der Akkusativ ohne אֵת geht dem Verbum voran in folgenden Stellen des Deuteronomiums 1, 17 (bis). 28. 2, 6 und 28 (in jedem V. zweimal). 2, 35. 3, 8. 4, 12. 7, 25. 8, 1. 14, 9. 18, 1. 8. 15. 18. 19, 18. 20, 14. 28, 30 (dreimal). 33. 38 (bis). 39 (bis). 40. 41. 42. 50.

Der Akkusativ mit אֵת steht dem Verbum voran in folgenden Stellen des Deut. 4, 10. 14. 20. 5, 19. 6, 13. 23. 9, 21. 10, 20. 13, 1. 17. 14, 6. 7 (bis). 9 (אֵת זֶה). 10. 11. 20. 15, 23. 20, 19. 20. 21, 17. 22, 14. 16. 26, 17; ferner אֶת־הַכֹּל vor dem Verb.: (1, 38). 2, 4. 36. 3, 12; endlich 3, 21 mit einem Eigennamen: וְאֶת־יְהוֹשׁוּעַ צִוֵּיתִי.

In der Satzverbindung stellen sich ebenfalls nicht unbedeutende Verschiedenheiten zwischen dem Verfasser des Deuteronomiums und Jeremia heraus. Ueber das im Deut. nur vorkommende עַל־כֵּן statt dessen auch Deut. 15, 10 בִּגְלַל הַדָּבָר הַזֶּה gebraucht wird, welches im Jeremia nicht vorkommt ist oben bereits gesprochen worden; ich nehme hier die einzelnen Punkte in derselben Folge durch, wie oben, also die zeitbestimmenden und bedingenden Sätze, die Sätze der Absicht und der Folge, die Sätze in Objektivverhältnisse, die Kausalsätze, die adversative Satzverbindung, die Komparativsätze, die Frage: warum. Es möge nachträglich hier in Beziehung auf das bereits oben bei der Sprache des Jeremia Durchgenommene, wie auch in Beziehung auf das Folgende bemerkt werden, daß freilich im Hebräischen Vieles nicht Satz ist, sondern nur Satzbestimmung, wie z. B. בִּלְתִּי, und hier nur der Uebersichtlichkeit wegen der Ausdruck unserer deutschen Satzverbindung zusammengestellt wird.

Während wird ausgedrückt durch בְּ mit folgendem Infinitiv Deut. 9, 9; mit einem Adverb. und angehängtem Suffix Deut. 31, 27: בְּעוֹדֶנִּי חַי während ich noch am Leben bin; dieses kommt im Jeremia **nicht** vor.

Als und Sobald als heißt 1) כְּ Deut. 5, 20. 17, 18. 20, 2. 9. 23, 12. 24, 13. 31, 24 2) כַּאֲשֶׁר Deut. 2, 16. 3) בְּ c. infinit. 4, 45. 46. 5, 25. 9, 23. 23, 5. 24, 9. 25, 17. 4) אֲשֶׁר? Deut. 7, 19.

Wann heißt im Deuteronomium 1) כִּי 4, 25. 29. 6, 10. 20. 25 (oder: wenn). 7, 1. 17. 11, 29. 12, 20 (bis). 21. 25 (weil?) 29. 13, 2. 7. 13. 19. 14, 24 (viermal). 15, 6. 7. 12. 13. 16. 21. 17, 2. 8. 14. 18, 6. 9. 21. 19, 1. 6 (weil?). 9. 11. 16. 20, 1. 10. 19. 21, 1. 10. 15. 18. 22. 22, 6. 8 (bis). 13. 22. 23. 28. 23, 10. 11. 22. 23. 25. 26. 24, 1. 3. 5. 7. 10. 19. 20. 21. 25, 1. 5. 11. 16. 26, 1. 12. 28, 2. 9. 55 (denn?). 29, 18 (denn?). 30, 1. 9. 10 (bis). 31, 21. 29? 32, 36? Offenbar viel häufiger als im Jeremia. 2) בְּ c. infinit. 6, 7 (viermal). 9, 4. 11, 19. 15, 18? 16, 13. 23, 14. 27, 3. 4. 12. 28, 6? 19. 29, 18. 31, 11. 3) כְּ c. infinit. 17, 18? 4) לְ c. infinit. 23, 12.

Ehe oder bevor heißt auch im Deuteronomium בְּטֶרֶם c. fut. 31, 21.

Bis heißt im Deuteronomium 1) עַד c. infinit. 1, 31. 2, 14. 15. 7, 20. 23. 24. 9, 7. 11, 5. 20, 20. 22, 2. 28, 20 (bis). 21. 22. 24. 45. 48. 51. (bis). 52. 61; cum praeterit. 2, 14, wie **niemals** im Jeremia. 2) עַד־אֲשֶׁר c. fut. 2, 29. 3, 20. 9, 21, **niemals** im Jeremia; **bis nicht** heißt עַד־בִּלְתִּי 3, 3, **niemals** im Jeremia der Ausdruck בִּלְתִּי, steht im Deuteronomium noch 4, 21 (bis). 8, 11. 12, 23. 17, 12. 20 (bis). und Jerem. mit לְ.

Nachdem 1) אַחֲרֵי־אֲשֶׁר Deuteron. 24, 4. **niemals** im Jeremia. 2) c. infinit. 1, 4. 12, 30. 31, 27. 29.

Wenn heißt im Deuteronomium 1) אִם 5, 22. 8, 19. 11, 13. 22. 28. 15, 5. 19, 8. 20, 11. 12. 21, 14. 22, 20.

25. 24, 1. 12. 25, 2. 28, 1. 15. 58. 30, 4. 17. 32, 30. 41; sehr oft וְהָיָה אִם. 2) אֲשֶׁר 11, 27 cf. V. 28, wo אִם steht. 3) כִּי? 6, 25. 24, 3. 4) בְּ c. infinit. 15, 18? 5) עֵקֶב 7, 12, wo wenigstens Hieron. Si, Luther, Michaelis und v. Meyer: wenn, die LXX. aber ἡνίκα, also wann übersetzen; Gesenius: dafür daß, weil cf. 8, 20, wo auch Mich. weil, Luther und von Meyer darum, daß, wie LXX. ἀνθ' ὧν, Hieron. aber auch hier si. übersetzt; das Wort kommt im Jeremia gar nicht vor.

Absicht und Folge, also unsere: daß, damit, so daß werden im Deuteronomium ausgedrückt 1) durch לְ c. infinit. 1, 33 (bis). 2, 14. 3, 18 (לְרִשְׁתָּהּ cf. die anderen Stellen oben). 4, 2. 34. 35. 36. 38 (dreimal). 42. 5, 5. 6, 24. 7, 6. 8, 2. 9, 28. 10, 8. 13, 4. 6. 19, 3. 20, 4. 10. 24, 4. 25, 11. 2) durch לְמַעַן c. fut. 4, 1. 40. 5, 14. 16 (bis). 26. 30. 6, 2 (bis). 18. 8, 1. 11, 8. 9. 21. 12, 25. 28. 13, 18. 14, 23. 29. 16, 3. 20. 17, 16. 19. 20. 22, 7. 23, 21. 24, 19. 25, 15. 29, 5. 8. 30, 19. 31, 12 (bis). 19, also bei weitem häufiger als bei Jeremia. 3) Durch לְמַעַן c. infinit. 2, 30. 6, 23. 8, 2. 3. 16 (bis). 18. 9, 5. 17, 16. 29, 12. 18. 4) לְמַעַן אֲשֶׁר c. fut. 20, 18. 27, 3; und 5) (ist freilich nicht ganz sicher) durch אֲשֶׁר 4, 40. 6, 3 (bis).

Daß nicht, damit nicht heißt im Deuteronomium 1) פֶּן 4, 16. 19. 23. 6, 12. 15. 7, 22. 25. 8, 11. 12. 9, 28. 11, 16. 12, 19. 30 (bis). 15, 9. 20, 5. 6. 7. 22, 9. 25, 3. 29, 17 (bis). 2) לְבִלְתִּי c. infin. 4, 21 (bis). 8, 11. 12, 23. 17. 12. 20 (bis). 3) לְמַעַן אֲשֶׁר לֹא c. fut. 20, 18, niemals im Jeremia.

Daß, im Objektiv- oder Akkusativverhältnisse oder auch in einem anderweitigen Abhängigkeitsverhältnisse zum Vorhergehenden wird im Deuteronomium ausgedrückt 1) durch אֲשֶׁר 28, 20. 2) durch אֵת אֲשֶׁר 9, 7 und 3) durch כִּי 4, 26. 35. 39. 5, 15. 21. 7, 9. 8, 3. 5. 19. 9, 3. 6. 15, 15. 16, 12. 20, 20. 24, 18. 22. 26, 3. 28, 10. 29, 5. 30, 18. 31, 29. 32, 26.

Das Verhältniß der Kaussalität zu bezeichnen, und zwar um die Ursache (weil), und den Grund (denn, im Hauptsatze; jenes im Nebensatze) anzugeben, gebraucht der Verfasser des Deuteronomiums 1) כִּי 1, 17. 42. 2, 5. 9, (bis). 19 (bis). 30. 3, 2. 11. 22. 27. 28. 4, 3. 6. 7. 22. 24. 31. 32. 5, 5. 9. 11. 22? 23. 6, 15. 7, 4. 6. 16. 21. 24. 26. 8, 7. 16. 9, 5 (sondern?). 6. 12. 19. 25. 10, 17. 19. 11, 2. 7. 10. 22. 31. 12, 9. 31 (bis). 13, 4. 6. 11. 14, 2. 7. 8. 21. 27. 29. 15, 4. 10. 11. 16 (bis). 18. 16, 1. 3. 15. 19. 17, 1. 18, 5. 12. 14. 19, 6 (bis). 20, 1. 4. 19. 21, 5. 9? 17. 23. 22, 27. 23, 8 (bis). 15. 22. 24, 1. 15. 27, 20. 28, 38. 39. 41. 45. 62. 29, 15. 18? 19. 30, 11. 14. 31, 6. 7. 18. 20. 21. 23. 27. 29. 32, 3. 4. 9. 20. 28. 30. 31. 32. 35. 36 (zweimal). 40. 43. 47. 52. 33, 9. 21. (34, 9). 2) אֲשֶׁר 3, 24. 12, 7? 15, 14? cf. 23, 5, wo aber schon עַל דְּבַר אֲשֶׁר vorhergeht. 3) יַעַן אֲשֶׁר 1, 26. 4) durch עַל אֲשֶׁר 29, 24. 32, 51 (bis). 5) עַל־כִּי 31, 17. 6) תַּחַת אֲשֶׁר 21, 14. 22, 29. 28, 47. (V. 62 heißt es statt daß, welches im Jeremia nicht vorkommt). 7) תַּחַת כִּי 4, 37. 8) עַל דְּבַר אֲשֶׁר 22, 24 (bis). 23, 5. 9) עֵקֶב cf. unter Wenn No. 5. 10) בְּ c. infin. 1, 27. 11) מִן c. infin. 9, 28. 28, 55. 56. 12) *weil nicht* heißt מִבְּלִי c. infin. 9, 28. 28, 55; vielleicht gehört unter No. 10 auch בִּבְלִי דַעַת 4, 42. 19, 4 weil er es nicht wußte, besser: ohne zu wissen; der Ausdruck בְּלִי in beiden Verbindungen ist dem Jeremia *durchaus* in dieser Bedeutung *fremd*; bei ihm kommt מִבְּלִי c. partic. *vollkommen anders* vor.

Sondern heißt im Deuteronomium 1) כִּי אִם 7, 5. (10, 12, was anderes als? eigentlich: was fordert Jehovah dein G. von dir? [Nichts] sondern) 12, 5. 14. 18. 16, 6. 2) כִּי 5, 3. 7, 8. 8, 3. 13, 10. 15, 8. 21, 17. 23. 29, 14; das Verhältniß des öfteren Vorkommens beider Ausdrucksweisen im Deuter. und Jeremia ist also ein umgekehrtes.

Warum? heißt im Deuteronomium 1) לָמָּה 5, 22. 2) עַל מָה 29, 23; *niemals* מַדּוּעַ.

Die indirekte Frage wird eingeleitet im Deuteronomium durch הֲ 4, 32 (bis). 33. 34. 8, 2. 13, 4. 31, 17., also viel seltener als im Jeremia; auch kommt bei der einfachen im Deut. *niemals* אִם vor, wie bei Jeremia; Fragen mit מִי z. B. 20, 5 ff. אֵיכָה 1, 12. 7, 17. 12, 30. 18, 21. 32, 30 aber *niemals* אֵיךְ sind beiden Schriften gemeinsam; אָנָה Deut.

1, 28. Fragen überhaupt aber im Jeremia weit häufiger als im Deuteronomium.

Die Komparativsätze werden im Deuteronomium ausgedrückt 1) durch כַּאֲשֶׁר und mit darauf folgendem Verbum des Hauptsatzes 8, 5. 2) durch כֵּן ··· כַּאֲשֶׁר 12, 22. 22, 26. 28, 63. 3) der Hauptsatz geht voran, und es folgt der Nebensatz mit כַּאֲשֶׁר 2, 1. 12. 14. 5, 16. 29. 6, 3. 16. 19. 25. 9, 3. 10, 5. 9. 11, 25. 12, 20. 21. 13, 18. 15, 6. 16, 10. 18, 2. 19, 8. 19. 20, 17. 23, 24. 24, 8. 26, 15. 18. 26, 19. 27, 3. 28, 9. 29, 49. 29, 12 (bis). 30, 9. 31, 3. 4; also viel häufiger als im Jeremia. כֵּן kommt noch vor Deut. 3, 21 (4, 5). 7, 19. 8, 20 (כַּגּוֹיִם ··· כֵּן). 12, 4. 30. 31. 15, 17. 18, 14. 20, 15. 22, 3 (dreimal).

Ganz einzig ist das im Jeremia nicht vorkommende (וְאַף כִּי אַחֲרֵי מוֹתִי) Deut. 31, 27.

Höchst merkwürdig ist es, daß das im Deuteronomium so außerordentlich häufige, zuweilen schwierige רַק, niemals bei Jeremia vorkommt. Im Deut. steht es: 2, 28. 35. 37. 3, 11. 19. 4, 6. 9. 10, 5. 12, 15. 16. 23. 26. 15, 5. 23. 17, 16. 20, 14. 16. 20. 28, 13. 33.

Einzig steht da das im Jeremia nicht vorkommende schwierige אֶפֶס כִּי Deut. 15, 4; LXX. ὅτι, Hieronym. Et omnino, Luther und von Meyer: Es soll allerdings kein Bettler uff. (v. Meyer in der Note: Zwar sollte an sich kein Armer uff. Andere: es sei denn daß uff.); Michaelis: es wäre denn daß uff.; Gesenius nur daß s. s. aber, jedoch, indessen cf. Numer. 13, 19. Amos 9, 8.

Nicht bei Jeremia kommt vor אַחַר כֵּן Deut. 21, 13.

Beim Nachsatze fehlt ו Deuteron. 4, 26. 8, 19. 13, 4. 15, 7. 13. 21. 20, 1. 21, 23. 23, 12 (bis). 24, 12. 19. 20. 21. 27, 4. 31. 11.

Wie oben bei der Sprache des Jeremia gehe ich auch hier, nachdem ich bisher überwiegend das im Deuteronomium öfter Vorkommende und ihm Eigenthümliche durchgenommen habe, nun auch dieses Buch kapitelweise durch, um dasjenige zusammenzustellen, was bisher noch nicht seine Berücksichtigung gefunden hat.

Kapitel 1.

Das öfter vorkommende בְּעֵבֶר הַיַּרְדֵּן V. 1. und 5. 3, 8. 20. 25. 4, 41. 46. 47. 49. 11, 30 (cf. 30, 13) erscheint nirgends bei Jeremia, ebenso wenig הָאֱמֹרִי 1, 4. 3, 2. 4, 46; 1, 7. 9. 20. 27. 44. 2, 24. 3, 8. 9. 4, 47. 31, 5, oder die 6 Völkerschaften Kanaans 20, 17 oder die sieben 7, 1; V. 10: לָרֹב V. 12: טָרְחֲכֶם וּמַשַּׂאֲכֶם וְרִיבְכֶם; V. 13: הָבוּ לָכֶם אֲנָשִׁים חֲכָמִים וּנְבֹנִים וִידֻעִים; cf. V. 15. und 4, 6; V. 15: שָׂרֵי אֲלָפִים וְשָׂרֵי מֵאוֹת וְשָׂ' חֲמִשִּׁים וְשָׂרֵי עֲשָׂרֹת; V. 17: לֹא־תַכִּירוּ פָנִים; כַּקָּטֹן כַּגָּדֹל תִּשְׁמָעוּן; יִקְשֶׁה מִכֶּם; V. 22: יָשִׁבוּ אֹתָנוּ דָּבָר cf. V. 25; V. 27: וַיַּהַרְגֵנוּ; V. 28: עַם גָּדוֹל וָרָם מִמֶּנּוּ עָרִים גְּדֹלֹת וּבְצוּרֹת בַּשָּׁמָיִם cf. 2, 10. 21. 4, 38. 7, 1. 9, 1. 2. 14. 11, 23. 26, 5; V. 30: יי' הַהֹלֵךְ לִפְנֵיכֶם הוּא יִלָּחֵם cf. V. 33.; V. 31: עַד־בֹּאֲכֶם 11, 5; V. 32: אֵינְכֶם מַאֲמִינִם בְּ' cf. 9, 23 (לְ'). (Imperf. cf. 4, 12). ihr glaubtet nicht, vertrautet nicht; V. 33: לָתוּר לָכֶם מָקוֹם; V. 34: וַיִּקְצֹף; V. 39: לֹא יָדְעוּ טוֹב וָרָע; V. 41: וַתַּחְגְּרוּ אִישׁ אֶת־כְּלֵי מִלְחַמְתּוֹ; V. 42: לֹא תִנָּגְפוּ; V. 43: וַתָּזִדוּ וַתַּעֲלוּ cf. 18, 20: V. 44: וַיַּכְּתוּ.

Kapitel 2.

V. 5: אַל־תִּתְגָּרוּ בָם cf. V. 9, 19. 24. V. 6: מַיִם תִּכְרוּ, אֹכֶל תִּשְׁבְּרוּ; V. 7: יָדַע לֶכְתְּךָ אֶת הַמִּדְבָּר; V. 9: אַל־תָּצַר אֶת cf. V. 19; V. 10: und 21: עַם גָּדוֹל וְרַב וָרָם כָּעֲנָקִים, niemals bei Jeremia eine ähnliche Vergleichung, und Bezeichnung eines Volkes, so oft er deren auch erwähnt; V. 15: יַד־יי' הָיְתָה בָּם לְהֻמָּם .. עַד תֻּמָּם; V. 26: דִּבְרֵי שָׁלוֹם; V. 30: הִקְשָׁה יי' .. אֶת רוּחוֹ וְאִמֵּץ אֶת לְבָבוֹ wegen אִמֵּץ cf. 15, 7; V. 36: קִרְיָה אֲשֶׁר שָׂגְבָה cf. 3, 4; V. 34: מְתִם וְהַנָּשִׁים וְהַטָּף cf. 3, 6.

Kapitel 3.

V. 3: הִשְׁאִיר־לוֹ שָׂרִיד; V. 4. und 13. 14: חֶבֶל אַרְגֹּב; V. 5: עָרִים בְּצֻרֹת חוֹמָה גְבֹהָה דְּלָתַיִם וּבְרִיחַ; V. 11: מִיֶּתֶר הָרְפָאִים cf. V. 13.; V. 17: אַשְׁדֹּת הַפִּסְגָּה 4, 49; V. 18: כָּל־בְּנֵי־חָיִל, חֲלוּצִים; V. 20: יָנִיחַ יי' לַאֲחֵיכֶם; V. 21: וְאֶת־יְהוֹשׁוּעַ צִוֵּיתִי cf. 28; V. 24: אֲשֶׁר מִי־אֵל בַּשָּׁמַיִם וּבָאָרֶץ cf. 4, 7. 8. כְּמַעֲשֶׂיךָ וְכִגְבוּרֹתֶךָ; V. 28: וְחַזְּקֵהוּ וְאַמְּצֵהוּ.

Kapitel 4.

V. 2: לֹא תֹסִפוּ עַל־הַדָּבָר .. וְלֹא תִגְרְעוּ מִמֶּנּוּ cf. 13, 1; אֲשֶׁר אָנֹכִי מְצַוֶּה אֶתְכֶם sehr häufig oder מְלַמֵּד V. 1.; V. 27:

מתי מספר; V. 28: אשר לא יראון ולא ישמעון ולא יאכלון ולא יריחן; V. 30: בצר לך; V. 30: שוב עד so auch 30, 2; V. 31: לא ירפך ולא ישחיתך; V. 35: אין עוד מלבדו; V. 38: הוריש גוים גדלים ועצמים ממך cf. 7, 1. 9, 1. 2. 14. 11, 23. V. 39: והשבת אל־לבבך, so auch 30, 1. cf. 11. 18; אין עוד cf. V. 35; V. 40: למען תאריך ימים 25, 15. cf. 5, 16. 30. 6, 2. 11, 9. 17, 20. 22, 7. 30, 18. 32, 47; V. 41: אז יבדיל cf. 10, 8. 19, 2. 7. 29, 20. (wegen אז cf. Jer. 11, 15. 18. 31, 13).

Kapitel 5.

V. 4: פנים בפנים; V. 26: מי־יתן als Wunsch, cf. 28, 67 zweimal.

Kapitel 6.

V. 11: ואכלת ושבעת 8, 10 cf. 12. 11, 15. 14, 29. 26, 12. 31, 20.; V. 25: צדקה תהיה־לנו; בצדקתך cf. 9, 4. 5. 6. 24, 13.

Kapitel 7.

V. 2: לא־תכרת להם ברית ולא תחנם; V. 3: ולא תתחתן בם; V. 7: לא מרבכם; V. 9: שמר הברית והחסד cf. V. 12, אלף דור; V. 11: לא יאחר לשנאו, אל־פניו ישלם־לו; V. 14: עקר ועקרה; V. 16: מוקש הוא לך; V. 20: הנשארים; הנסתרים; V. 22. und V. 1: נשל מפניך; V. 25: פן־תוקש; V. 26: הרם zweimal cf. 13, 18.

Kapitel 8.

V. 2: למען ענתך לנסתך cf. V. 3; V. 3: וירעבך ויאכלך את־המן cf. 16. הודיע; V. 5; בלה; בצק; V. 7: ותהמת, עינת, בבקעה; V. 9: מסכנת; הרריה; V. 14: ורם לבבך.

Kapitel 9.

V. 3: יכניעם; V. 5: ברשעת הגוים האלה cf. 18, 12. 20, 18; V. 6: לא בצדקתך; V. 12: מסכה cf. 16; V. 14: הרף ממני; V. 16: סרתם מהר מן־הדרך cf. V. 12. cf. 12, 28; V. 19: האף והחמה אשר קצף; גם בפעם ההוא cf. 10, 10; V. 21: ואכת; דק לעפר.

Kapitel 10.

V. 4: מכתב; V. 11: לך למסע; V. 17: אשר לא־ישא פנים ולא יקח שחד.

Kapitel 11.

V. 6: פצה; V. 10: גן הירק; V. 11: ארץ הרים ובקעת;

V. 12: תָּמִיד; V. 16: פֶּן־יִפְתֶּה לְבַבְכֶם; V. 17: וְעָצַר אֶת־הַשָּׁמַיִם; V. 21: כִּימֵי הַשָּׁמַיִם עַל־הָאָרֶץ.

Kapitel 12.

V. 3: נִתֵּץ; V. 9: הַמְּנוּחָה; V. 11: מִבְחַר; V. 12: וּשְׂמַחְתֶּם לִפְנֵי יי 18. 16, 11. 26, 7. cf. V. 7. 14, 26. 16, 13; V. 15: cf. 22. 15, 22; הַטָּמֵא וְהַטָּהוֹר; V. 17: מַעְשַׂר ferner 13, 23. 28. מַעְשַׂר דְּגָנְךָ וְתִירֹשְׁךָ וְיִצְהָרֶךָ; V. 20: כִּי־תְאַוֶּה נַפְשְׁךָ cf. 14, 26; V. 23: הַדָּם הוּא הַנָּפֶשׁ; V. 27: מִזְבַּח יי אֱלֹהֶיךָ zweimal; V. 30: פֶּן־תִּנָּקֵשׁ אַחֲרֵיהֶם cf. 7, 25.

Kapitel 13.

V. 7: כִּי יְסִיתְךָ; V. 9: לֹא־תֹאבֶה לוֹ; V. 17: תֵּל עוֹלָם לֹא תִבָּנֶה עוֹד.

Kapitel 14.

V. 1: לֹא־תָשִׂימוּ קָרְחָה בֵּין עֵינֵיכֶם לָמֵת; die verschiedenen verbotenen oder gestatteten Thiere zum Essen von V. 4—21 übergehe ich; V. 22: עַשֵּׂר; V. 26: אֲשֶׁר תִּשְׁאָלְךָ נַפְשֶׁךָ; V. 27. und 29: אֵין לוֹ חֵלֶק wird nicht haben.

Kapitel 15.

V. 2: זֶה דְּבַר הַשְּׁמִטָּה cf. 19, 4., כָּל־בַּעַל מַשֵּׁה יָדוֹ; V. 6: וְהַעֲבַטְתָּ cf. V. 8; V. 7: לֹא תְאַמֵּץ אֶת־לְבָבְךָ וְלֹא תִקְפֹּץ אֶת־יָדְךָ; V. 9: שְׁנַת הַשֶּׁבַע שְׁנַת הַשְּׁמִטָּה cf. 31, 10; V. 10: וְלֹא־יֵרַע לְבָבְךָ; V. 13: רֵיקָם cf. 16, 16; V. 14: תַּעֲנִיק לוֹ.

Kapitel 16.

V. 3: חָמֵץ; V. 4: שְׂאֹר; V. 7: וּבִשַּׁלְתָּ; V. 12: כִּי עֶבֶד הָיִיתָ בְּמִצְרָיִם, dieser oft im Deuteronomium geltend gemachte Grund kommt bei Jeremia nicht vor; die oft im Deuteron. wiederkehrende Wortverbindung 16, 13: „du, und dein Sohn, und deine Tochter und dein Sklave und deine Sklavin und der Levite, und der Fremdling und die Waise und die Wittwe die in deinen Thoren ist" ist dem Jeremia ebenfalls fremd; er hat eine ganz andere cf. Jer. 7, 34 uff.; V. 19: לֹא־תַטֶּה מִשְׁפָּט, cf. 24, 17; 27, 19. לֹא תַכִּיר פָּנִים; הַשֹּׁחַד יְעַוֵּר עֵינֵי חֲכָמִים וִיסַלֵּף דִּבְרֵי צַדִּיקִם cf. 27, 25; V. 20: צֶדֶק צֶדֶק תִּרְדֹּף; V. 21: אֲשֵׁרָה כָּל־עֵץ; V. 22: מַצֵּבָה.

Kapitel 17.

V. 1: כֹּל דָּבָר רָע; V. 6: עַל־פִּי (שְׁנַיִם עֵדִים) zweimal cf. V. 10. 11. 19, 15 (bis).; V. 8: לַמִּשְׁפָּט בֵּין־דָּם לְדָם בֵּין דִּין לְדִין

וּבֵין נֶגַע לָנֶגַע דִּבְרֵי רִיבֹת; V. 10: אֲשֶׁר יַגִּידוּ לְךָ und אֲ׳ יוֹרוּךָ cf. V. 11. 24, 8. 33. 10; V. 12: עֹשֶׂה בְזָדוֹן cf. 18, 22.; V. 20: לְבִלְתִּי רוּם־לְבָבוֹ.

Kapitel 18.

V. 1: כָּל־שֵׁבֶט לֵוִי; V. 3: מִשְׁפַּט הַכֹּהֲנִים מֵאֵת הָעָם; V. 10: קֹסֵם קְסָמִים מְעוֹנֵן וּמְנַחֵשׁ וּמְכַשֵּׁף cf. V. 14; V. 11: וְחֹבֵר חָבֶר וְשֹׁאֵל אוֹב וְיִדְּעֹנִי וְדֹרֵשׁ אֶל־הַמֵּתִים; V. 13: תָּמִים תִּהְיֶה עִם יי׳.

Kapitel 19.

V. 3: תָּכִין לְךָ הַדֶּרֶךְ וְשִׁלַּשְׁתָּ אֶת־גְּבוּל אַרְצְךָ; V. 6: יֵחַם לְבָבוֹ; וְהִכָּהוּ נֶפֶשׁ cf. V. 11; גֹּאֵל הַדָּם cf. V. 12; V. 11: אָרַב לוֹ; V. 14: גְּבֻל; V. 15: לְכָל־עָוֹן וּלְכָל־חַטָּאת בְּכָל חֵטְא אֲשֶׁר יֶחֱטָא; V. 16: עֵד־חָמָס; לַעֲנוֹת בּוֹ סָרָה; V. 19: כַּאֲשֶׁר זָמַם לַעֲשׂוֹת.

Kapitel 20.

V. 1: יָצָא לַמִּלְחָמָה 21, 10; עַם רַב מִמְּךָ; V. 2: בְּקָרָבְכֶם אֶל הַמִּלְחָמָה cf. V. 3; V. 5: חָנַךְ zweimal; V. 10: וְקָרָאתָ אֵלֶיהָ לְשָׁלוֹם; V. 11: אִם־שָׁלוֹם תַּעַנְךָ; פָּתַח für die Thore öffnen sich ergeben; הָיָה לָמַס; V. 12: הִשְׁלִים עִם; V. 16: כָּל־נְשָׁמָה; V. 19: בָּא בַּמָּצוֹר cf. V. 20. Jer. 19, 9. (52, 5); V. 20: עֵץ מַאֲכָל; עַד־רִדְתָּהּ.

Kapitel 21.

V. 2: זְקֵנֶיךָ וְשֹׁפְטֶיךָ; V. 3: לֹא עֻבַּד בָּהּ, לֹא מָשְׁכָה בְּעֹל, עֶגְלַת בָּקָר; V. 4: נַחַל אֵיתָן, עָרֻף cf. V. 6; V. 5: כָּל־רִיב וְכָל־נָגַע; V. 8: כַּפֵּר לְעַמְּךָ, וְנִכַּפֵּר לָהֶם; V. 10: יְפַת־תֹּאַר; V. 12: וְעָשְׂתָה אֶת־צִפָּרְנֶיהָ; V. 13: יֶרַח יָמִים; V. 16: בַּכֵּר; V. 17: פִּי שְׁנַיִם; V. 18: בֵּן סוֹרֵר וּמוֹרֶה cf. 20: V. 20: זוֹלֵל וְסֹבֵא; V. 22 und 23: תָּלָה.

Kapitel 22.

V. 6: אֶפְרֹחִים אוֹ בֵיצִים zweimal; V. 8: מַעֲקֶה לְגַגֶּךָ; V. 9: כִּלְאָיִם; תְּבוּאַת הַכָּרֶם; V. 10: חָרַשׁ; V. 11: שַׁעַטְנֵז צֶמֶר וּפִשְׁתִּים יַחְדָּו; V. 12: גְּדִלִים; V. 14: und 19: וְהוֹצִיא (עָלֶיהָ) שֵׁם רָע; V. 19; עָנַשׁ; בְּתוּלַת יִשְׂרָאֵל im Deuteronomium: eine Jungfrau Israels, eine israelitische Jungfrau, im Jeremia dagegen als Anrede ans ganze Volk: du Jungfrau Israel; V. 20: אִם אֱמֶת הָיָה הַדָּבָר הַזֶּה; V. 21: לִזְנוֹת בֵּית אָבִיהָ; V. 22: שֹׁכֵב עִם zweimal cf. 23. 25. (bis). 28. 29. 27, 20. 21. 22. 23 cf. 31, 16.; אִשָּׁה בְעֻלַת־בַּעַל; V. 24: עִנָּה cf. 29. 26, 6; V. 26: וּרְצָחוֹ נֶפֶשׁ.

Kapitel 23.

V. 1: לֹא יְגַלֶּה כְּנַף אָבִיו cf. 27, 20; V. 5: לֹא קִדְּמוּ אֶתְכֶם; V. 7: לֹא־תִדְרֹשׁ שְׁלֹמָם וְטֹבָתָם; V. 10: כֹּל דָּבָר רָע; יָצָא מַחֲנֶה; V. 15: אֲשֶׁר יִנָּצֵל אֵלֶיךָ; V. 16: הַסְגִּיר עֶבֶד; עֶרְוַת דָּבָר 24, 1; V. 18: בְּנוֹת יִשְׂרָאֵל; V. 20: לֹא־תַשִּׁיךְ לְאָחִיךָ נֶשֶׁךְ כֶּסֶף נֶשֶׁךְ אֹכֶל cf. 21 (bis).; V. 22: לֹא תְאַחֵר לְשַׁלְּמוֹ.

Kapitel 24.

V. 5: כִּי־תַשֶּׁה בְרֵעֲךָ מַשָּׁאת; V. 10: וְשִׂמַּח אֶת; יָצָא בַצָּבָא; נֹשֶׁא; V. 11. 12: עֲבֹט עֲבֹטוֹ cf. 11. 12. 13; V. 15: מְאוּמָה; אֶת־נַפְשׁוֹ cf. Jerem. 44, 15; V. 17: לֹא תַחֲבֹל בֶּגֶד אַלְמָנָה; V. 19: תִקְצֹר קְצִירְךָ, עֹמֶר; V. 20: תַחְבֹּט זֵיתְךָ לֹא תְפָאֵר; V. 21: תִבְצֹר כַּרְמְךָ.

Kapitel 25.

V. 1: בֶּן־הַכּוֹת; V. 2; וְהִצְדִּיקוּ אֶת־הַצַּדִּיק וְהִרְשִׁיעוּ אֶת־הָרָשָׁע; V. 5: אִישׁ זָר; V. 9: הָלָץ; V. 11: כִּי יִנָּצוּ אֲנָשִׁים; V. 13: כִּיס; V. 15: אֶבֶן שְׁלֵמָה וָצֶדֶק יִהְיֶה־לָּךְ אֵיפָה שְׁלֵמָה וָצֶדֶק יִהְיֶה־לָּךְ; V. 16: תּוֹעֲבַת יְהוָה (öfter); עֹשֵׂה עָוֶל; V. 18: וַיְזַנֵּב בְּךָ כָּל־; הַנֶּחֱשָׁלִים; עָיֵף וְיָגֵעַ; V. 19: זֵכֶר (עֲמָלֵק).

Kapitel 26.

V. 5: בִּמְתֵי מְעָט cf. 28, 62; וְעָנִיתָ וְאָמַרְתָּ 27, 14. 15; גּוֹי גָּדוֹל עָצוּם וָרָב; V. 6: עֲבֹדָה קָשָׁה; V. 15: הַשְׁקִיפָה.

Kapitel 27.

V. 9: נִהְיֵיתָ לְעָם; V. 14: קוֹל רָם; V. 15: פֶּסֶל וּמַסֵּכָה; V. 16: מַקְלֶה אָבִיו; V. 17: מַסִּיג גְּבוּל; V. 18: מַשְׁגֶּה עִוֵּר.

Kapitel 28.

Dieses so oft von Jeremia benutzte, und vorzüglich aus dem Gedächtniß angeführte Kapitel läßt sich als durchweg dem Vf. des Deuteronomiums eigenthümlich angehörig nachweisen, welches Vieles enthält, was niemals im Jeremia vorkommt; außer dem oben bereits Angeführten möge noch Folgendes hier stehen: V. 1: עֶלְיוֹן עַל; V. 6: בְּבֹאֶךָ ... בְּצֵאתֶךָ cf. 19; V. 7: הַקָּמִים עָלֶיךָ; נִגָּפִים V. 25; V. 8: יְצַו יי׳ אִתְּךָ; אֶת־הַבְּרָכָה; מִשְׁלַח יָדֶךָ; V. 9: יְקִימְךָ יי׳ לוֹ לְעָם cf. 29, 12; V. 11: וְהוֹתִרְךָ יי׳ לְטוֹבָה 30, 9; V. 12: אֶת־אוֹצָרוֹ הַטּוֹב אֶת־הַשָּׁמַיִם; מְטַר; אַרְצְךָ בְּעִתּוֹ; מַעֲשֵׂה יָדֶךָ; וְהִלְוִיתָ; V. 13: וְהָיִיתָ רַק לְמַעְלָה ... לְמָטָּה; V. 29: לֹא תַצְלִיחַ אֶת־דְּרָכֶיךָ; V. 32: וְאֵין לְאֵל יָדֶךָ; V. 44: הוּא יַלְוְךָ; V. 47: מֵרֹב כֹּל בְּטוּב לֵבָב; V. 50: גּוֹי עַז פָּנִים; V. 54:

האיש הרך בך והענוג cf. 56, wo auch: מהתענג ומרך; V. 61: יעלם יהוה; V. 65: מנוח, לא תרגיע; V. 68: והתמכרתם.

Kapitel 29.

V. 3: לב לדעת ועינים לראות ואזנים לשמע; V. 9: נצבים, ראשיכם שבטיכם זקניכם ושטריכם (statt שבטיכם ist ohne allen Zweifel mit den LXX., welche κριταὶ ὑμῶν haben, שפטיכם zu lesen); V. 10: טפכם נשיכם וגרך 31, 12; מחטב עציך עד שאב מימיך; V. 11: לעברך בברית יי׳ ובאלתו cf. V. 13, 18. (cf. V. 19. 20); V. 15: אשר עברתם (eine eben solche Wendung früher); V. 18: למען ספות הרוה את־הצמאה; V. 19: ורבצה בו כל־האלה cf. 20. 30, 7; V. 20: והבדילו .. לרעה; V. 27: באף ובחמה ובקצף גדול; im Jer. 21, 5; V. 28: הנסתרת, והנגלת.

Kapitel 30.

V. 11: לא נפלאת הוא ממך; V. 16: וחיית ורבית וברכך יי׳; V. 19: החיים והמות נתתי לפניך הברכה והקללה ובחרת בחיים.

Kapitel 31.

V. 6 (cf. V. 7): חזקו ואמצו cf. V. 23, לא ירפך ולא יעזבך cf. V. 8; V. 14: ואצונו; V. 20: ואכל ושבע ודשן; ונאצוני, ופנה אל אלהים אחרים.

Kapitel 32.

Auch dieses so häufig von Jeremia berücksichtigte Kapitel ist voll von Eigenthümlichkeiten, die jenem Propheten fremd sind. Hier werde ich nun größtentheils voraussetzen, was bereits Jahn in Bengel's Archiv für die Theologie und ihre neueste Literatur B. 3 St. 1. 1818. S. 206—210 zusammengestellt hat. V. 1; האזינו cf. oben Deut. 1, 45; תזל כטל אמרתי, יערף כמטר לקחי cf. 33, 9. 28; die Form עלי; V. 4: תמים פעלו, אל אמונה ואין עול; V. 5: דור עקש; V. 6: תגמלו־זאת; V. 8: אלהים־עליון; בהפרידו בני אדם; V. 11: יעיר קנו על־גוזליו ירחף, אברה; V. 12: בדד cf. 33, 28, אל נכר; V. 14: חמאת בקר וחלב צאן, חלב כרים, דם־ענב חמר; V. 15: וינבל; V. 17: לא שערום; V. 20: דור תהפכת, לא אמן בם; V. 21: קנאוני und אקניאם; ותלהט; V. 23: אספה; Formen wie עלימו cf. V. 27: צרימו; V. 22: למו, ענבמו, V. 27: אלהימו, V. 38; זבחימו 33, 29: במותימו; V. 24: שן־בהמות, זחלי עפר; V. 25: איש שיבה; V. 27: פעל כל־זאת; אבד עצות, ואין בהם תבונה; V. 31: פלילים; V. 32: שדמת עמרה, אשכלת מררת; מהדרים,

V. 33: פְּתָנִים, אַכְזָר; V. 34: כָּמֻס; תָּמוּט רַגְלָם; V. 38: נְסִיכָם; סְהָרָה; V. 39: אֵין אֱלֹהִים עִמָּדִי; V. 41: שַׁנּוֹתִי בְּרַק חַרְבִּי; וְתֹאחֵז בְּמִשְׁפָּט יָדִי; V. 42: פַּרְעוֹת אוֹיֵב; V. 43: הַרְנִינוּ; V. 46: שִׂימוּ לְבַבְכֶם לְכָל הַדְּבָרִים; V. 51: מְעַלְתֶּם בִּי.

Kapitel 33.

V. 2: לָמוֹ zweimal cf. 32, 32; הוֹפִיעַ; V. 3: חֹבֵב; דִּבְּרֹתֶיךָ; V. 5: הִתְאַסֵּף; V. 6: מְתָיו cf. oben; V. 8: תֻּמֶּיךָ וְאוּרֶיךָ; V. 9: בְּרִיתְךָ יִנְצֹרוּ; V. 10: קְטוֹרָה, פֹּעַל יָדָיו; V. 11: מִן־יְקוּמוּן; V. 12: חֹפֵף; V. 13: מֶגֶד שָׁמַיִם cf. 14 zweimal V. 15. 16; V. 14: גֶּרֶשׁ יְרָחִים; הַרְרֵי קֶדֶם; V. 16: die Formen תָּבוֹאתָה und שֹׁכְנִי, אֶחָיו, נְזִיר; V. 17: הָדָר, יְנַגַּח; V. 19: שְׂפוּנֵי טְמוּנֵי חוֹל; שֶׁפַע, V. 21: חֶלְקַת מְחֹקֵק סָפוּן; V. 22: יְזַנֵּק; V. 24: טֹבֵל; V. 28: בְּדָד cf. 32, 12.

Ueber den Stil des Deuteronomiums füge ich ebenfalls nur ganz Weniges hinzu; von Bohlen sagt Einleitung S. 182: „Das Buch, von jener Gesetzwiederholung Deuteronomium genannt, zeigt mehr inneren Zusammenhang, als die vorhergehenden Abtheilungen und trägt einen auffallend verschiedenen, fast durchweg apologetischen Charakter; der Stil ist selbstständig, hat etwas Breitrhetorisches und wird nicht selten moralisirend oder im Geiste der späteren Propheten väterlich warnend (s. Vater Comment. III. S. 693); die Sprache verräth sich als der jüngeren Literaturperiode angehörig, wie es de Wette und Gesenius auf das fridenteste nachgewiesen haben" usf.; de Wette (Dissertatio etc. S. 155) giebt ihm sogar, was mir wahrhaft abscheulich erscheint, außer der garrulitas eine inanis verborum copia, und S. 156 eine lata garrulitas Schuld; anders und gewiß verständiger sagt Jahn (Bengel's Archiv im 1sten Stücke des 3ten Bandes S. 222 f.: Im fünften Buche schwebten dem bejahrten Mose die künftigen Schicksale des Volks nach dem verschiedenen Betragen im Lande Kanaan vor Augen, und die Aussichten waren für das Volk, für welches er so viel Großes gewirkt hatte, größtentheils trübe, welches sein Gemüth in eine besorgte affectvolle Lage versetzte und zu nachdrücklichen Ermahnungen stimmte; wozu noch sein hohes Alter kam. Er ist daher hier, wie überhaupt alte Männer zu seyn pflegen, weit redseliger, gesprächiger und wortreicher; wiederholt, was er schon gesagt hatte, theils aus Mangel des Gedächtnisses, theils aus Sorgfalt, es recht nachdrücklich und tief einzuprägen; er bedient sich hiebei auch mancher andern Wörter, wie sie ihm von dem Affekte zugeführt werden. Ist es denn aber so Etwas Unnatürliches, daß der von Gott berufene Gesetzgeber im brennenden, ja glühenden Eifer für seinen Gott und Herrn, und andererseits für das Volk, dessen Hartnäckigkeit und Starrsinn er aus Erfahrung so genau kannte, immer wieder und wieder in die innigsten Ermahnungen und Bitten auf die rührendste Weise übergeht? daß er in seiner heiligen Liebe gar nicht müde wird, immer aufs Neue zum Vertrauen und zur Treue gegen Jehovah durch alle nur möglichen Beweggründe zu ermuntern, sie durch Alles was ihm zu Gebote steht, zu stärken und zu kräftigen zu jenem entscheidenden ernsten Kampfe mit den mächtigen Völkerschaften Kanaans? Bald weist er sie auf den Schöpfer Himmels und der Erde hin, auf den wahrhaftigen und einzigen Gott, welches Jehovah ist, bald auf die wiederholten Verheißungen ja auf den Schwur, den er den Stammvätern geleistet, bald auf die großen Thaten dieses lebendigen Gottes in Aegypten, die vor ihren Augen geschehen, bald auf die wundervolle Führung durch die erschreckliche und Grausen erregende Wüste, bald auf die traurigen Folgen, die ihr und namentlich der in der Wüste dahingerafften Väter Ungehorsam für sie wirklich gehabt, bald auf die bereits so außerordentlich glücklichen Erfolge in den Kämpfen mit Sichon und Og, bald auf Begebenheiten der allernächsten Vergangenheit, bald auf die furchtbaren Folgen, welche der Ungehorsam für sie und ihre Nachkommen haben würde, um durch alles dies das Volk zunächst zum muthigen Kampfe gegen die Kananiter anzufeuern, Vertrauen zum lebendigen Gotte in ihnen zu entzünden, und den größesten Haß und Abscheu gegen alle Abgötterei einzuflößen. Und sein Wort hat die Früchte getragen, auf die zunächst Alles ankam; das Volk hat wirklich die Kananiter überwunden und ist, so lange Josua und diejenigen lebten, die Gottes große Wunder mit eigenen Augen gesehen hatten, dem Jehovah im Großen und Ganzen treu ergeben gewesen. Das ist Thatsache, das sagt die Geschichte; und nun kommen die Kritiker unserer Tage und meistern jenen Gottesmann, und werfen ihm Breit-rhetorisches vor und wollen höchst tiefsinnig gefunden haben, daß er nicht selten moralisirend werde, während man bloß die Augen und Ohren aufzuthun braucht, um überall den Geist des lebendigen Gottes, die Quelle aller Sittlichkeit zu erkennen; ja einer wirft ihm sogar eine inanis verborum copia vor, als ob da auch nur eine leiseste Spur von Leerheit sein könnte, wo die innigste Fülle göttlichen Denkens und Wollens uns entgegentritt, wenn wir nämlich die Zeiten vor demjenigen betrachten, in dem als dem eingebornen Sohne des Vaters die ganze Fülle der Gottheit leibhaftig wohnte und noch wohnt.

Nachdem bisher überwiegend das Unterscheidende in der Sprache der beiden Bücher durchgenommen, stelle ich noch kürzlich der Vollständigkeit wegen das Gemeinsame beider und Einzelnes auch aus beiden hier zusammen; hierher würde eigentlich auch Manches, namentlich in der Satzverbindung, gehören, was oben bereits des Zusammenhanges wegen da gewesen ist. Daß übrigens von dem Folgenden das Meiste auch in anderen Schriften vorkommt, will ich im Voraus noch erinnern; und daß fast in jedem Verse bei Jeremia, in dem mit dem Deut. Gemeinsames vorkommt, zugleich nur ihm Eigenthümliches erscheint. שְׁבִיָּה Deut. 21, 11. 32, 42; Jerem. 48, 46 und öfter; שְׁבִי Deut. 21, 10. 13. 28, 41. cf. Jer. 20, 6. 22, 22. 30, 16; בִּגְלַל (כֶם) Deut. 1. 37. 15, 10 und 18, 12 cf. Jer. 11, 17. 15, 4. und öfter; יְגִיעֲךָ Deut. 28, 33 cf. Jer. 3, 24. 20, 5; וַיֹּאמֶר יי׳ אֵלַי Deut. 2, 9. 9, 12. 13. cf. Jer. 1, 7. 3, 6. 11. 9, 12. 11, 6. 9. 14, 11. 14. 15, 1. 24, 3; הַטּוֹב וְהַיָּשָׁר בְּעֵינֵי יי׳ (oder הַיָּשָׁר וְהַטּוֹב) oder bloß eines Deut. 6, 18. 12, 28; bloß eines 12, 8. 25. 13, 19. 21, 9 (im Jeremia 26, 14 und öfter); הָרַע בְּעֵינֵי יְהוָֹה Deut. 4, 25. 9, 18. 17, 2. 31, 29; הָדַף Deut. 6, 19. 9, 4 cf. Jer. 46, 15; כְּהַיּוֹם Deut. 6, 24 cf. Jer. 44, 22; הִתְפַּלֵּל Deut. 9, 20. 26 cf. Jer. 7, 16. 11, 14. 14, 11. 29, 7. 31, 16. 37, 3. 42, 2. 4. 11. 20; אצל Deut. 11, 30. 16, 21 cf.

Jer. 35, 4. 41, 17; בְּאַפּוֹ וּבַחֲמָתוֹ Deut. 29, 22 cf. 9, 19 Jer. 7, 20. 44, 6 (in anderer Folge); חֲרוֹן אַפּוֹ Deut. 13, 18 (cf. 29, 23 מֶה חֳרִי הָאַף הַגָּדוֹל הַזֶּה und 6, 15. 29, 26) cf. Jer. 4, 8. 26. 12, 13. 25, 37. 30, 24. 49, 37. 51, 45; אַחֲרִית הַיָּמִים Deut. 4, 30. 31, 29 cf. Jer. 48, 47. 49. 39; עָשָׂה חֶסֶד Deut. 5, 10. Jer. 32, 18; בְּמָצוֹר וּבְמָצוֹק אֲשֶׁר יָצִיק לְךָ אֹיִבְךָ Deut. 28, 53. 55. 57 und Jer. 19, 9; לְהַכְעִיסוֹ (und mit anderen Fürwörtern) Deut. 4, 25. 9, 18. 31, 29. 32, 16. (cf. V. 19). 21 (zweimal). cf. Jer. 7, 18. 19. 8, 19. 11, 17. 25, 6. 7. 32, 29. 30. 44, 8 cf. V. 3; הַעִידֹתִי בָכֶם אֶת־הַשָּׁמַיִם וְאֶת־הָאָרֶץ Deut. 4, 26. 8, 19. 30, 19. 31, 28 cf. 32, 26 und 46. Jer. 11, 7 cf. 42, 19; יְהוָֹה אֱלֹהֵינוּ Deut. 1, 19. 20. 25. 41. 2, 29. 33. 5, 2. 21. 22. 24. 6, 4. 20. 24. 25. 29, 14. 17. 28. (32, 3 bloß לֵאלֹהֵינוּ, und 31, 18: יְהוָֹה אֱלֹהָי; cf. Jer. 3, 22. 23. 25 (bis). 5, 19. 24. 8, 14. 14, 22. 15, 10. 26, 16 (cf. 23, 36). 42, 6 (bis). 20 (bis). 43, 2. 50, 28. 51, 10 אֱלֹהֵיהֶם " Deut. 12, 31 uff. Jer. 43, 1 (bis).; הָלַךְ אַחֲרֵי אֱלֹהִים אֲחֵרִים Deut. 8, 19. 28, 14 cf. Jer. 7, 6. 9. 11, 10. 13, 10. 16, 11 25, 6. cf. 2, 5. 9, 13. uff. עָשָׂה נְבָלָה בְּיִשְׂרָאֵל Deut. 22, 21 Jer. 29, 23; סֵפֶר כְּרִיתֻת Deut. 24, 1. 3. Jer. 3, 8; חָפְשִׁי Deut. 15, 12. 13. 18. Jer. 34, 9. 10. 11. 14. 16; פָּדָה Deut. 7, 8. 9, 26. 13, 6. 15, 15. 21, 8. 24, 18. Jer. 15, 21. 31, 11; אֲפֵלָה Deut. 28, 29. Jer. 23, 12; צָהֳרַיִם Deut. 28, 29 Jer. 6, 4; אֱמֶת Deut. 22, 20. Jer. 4, 2 uff.; וְאֵין מוֹשִׁיעַ לָהּ (oder statt מוֹשִׁיעַ ein anderes Partizip) Deut. 22, 27. 28, 26. 29. 31. 68 (cf. 28, 32), also vorzüglich im 28sten Kapitel, welches Jeremia am allerhäufigsten nachbildet, Jer. 4, 4. 7, 33. 9, 21. 13, 19. 14, 16. 19. 16, 19. 21, 12 (cf. 30, 5). 30, 10. 32, 33. 44, 2. 46, 27. 49, 5; cf. auch Deut. 32, 4. 12. 28. und 39 (bis). אַל תִּתְגָּר בָּם מִלְחָמָה Deut. 2, 9. 19 (ohne מִלְחָמָה). 24 Jer. 50, 24; לֹא הִרְגִּיעַ Deut. 28, 65 (intransitiv); Jer. 31, 2. 50, 34 (in transitiver Bedeutung); שׁוּב עַד יְהוָֹה Deut. 30, 2. (V. 10: אֶל יי׳); bei Jeremia ohne Zusatz sich bekehren Jer. 3, 12. 14. 22; וַעֲזָבֻנִי Deut. 31, 16. 20 cf. Jer. 1. 16 (cf. 17, 13). 2, 13. 17. 19. 3, 13. 5, 7. 19. 9, 12. 16, 11. 19, 4; שֹׁרֶשׁ פֹּרֶה רֹאשׁ וְלַעֲנָה Deut. 29, 17. 31, 6. (32, 22) cf. Jeremia, der מֵי רֹאשׁ

gebraucht Jer. 8, 14. 9, 14. 23, 15; מַעֲבִיר בְּנוֹ Deut. 18, 10 cf. V. 14, auch bei Jeremia 32, 35; הַמַּעַלְךָ מֵאֶרֶץ מ׳ Deut. 20, 1 cf. Jer. 2, 6. 16, 14. 23, 8. הַמּוֹצִיאֲךָ Deut. 8, 14. (cf. 13, 6. 11.) Jer. 7, 22. 11, 4. 31, 32. 32, 21. 34, 13. cf. 38, 23. הַמּוֹלִיכְךָ בַּמִּדְבָּר Deut. 8, 15 (cf. V. 2) Jer. 2, 6. הַמַּאֲכִלְךָ Deut. 8, 16. עֲלֵה רֵשׁ (und ähnliche Verbindungen) Deut. 1, 21. 2, 24 (zweimal). 31. 5, 27. 9, 12. 10, 11 cf. Jer. 2, 12. 49, 31 dagegen Deut. 1, 7. 8. 40. 2, 13. 3, 27. 9, 23; בַּסֵּתֶר Deut. 13, 7. 27, 15. 24. 28, 57 Jer. 37, 17. 38, 16. 40, 15; אָבֹד תֹּאבֵדוּן Deut. 4, 26. 7, 20. 8, 19. 11, 17. 22, 3. 26, 5. 28, 20. 22. 30, 18. Jer. 4, 9. 9, 11. 18, 18. 25, 35. 49, 7. 50, 6; הֶאֱבִיד Deut. 7, 10. 24. 8, 20. 9, 3. 28, 51. 63 Jer. 25, 10. 46, 8; אִבֵּד Deut. 11, 4. 12, 2. 3. Jer. 23, 1; עַל־הֶהָרִים הָרָמִים וְעַל הַגְּבָעוֹת וְתַחַת כָּל־עֵץ רַעֲנָן Deut. 12, 2 cf. Jer. 2, 20. 3, 6. 13. 17, 2; עֹלֹתֵיכֶם Deut. 12, 6. 11. 13. 14. (26). 27 auch bei Jer. 22 uff. לָבֹז יִהְיֶה Deut. 1, 39, auch bei Jeremia 2, 14. 15, 13. 17, 3. 30, 16. 49, 32., bei dem aber noch häufiger vorkommt לְשָׁלָל 21, 9. 38, 2. 39, 18. 45, 5. 49, 32. 50, 10; הִשְׁמִיעַ Deut. 4, 10. 36. 30, 12. 13, viel öfter im Jeremia 4, 5. 15. 16, 20. 18, 2. 23, 22. 31, 7. 46, 14 (zweimal). 48, 4. 49, 2. 50, 2 (zweimal). 29. 51, 27; דִּבֶּר סָרָה Deut. 13, 6 cf. Jer. 28, 16. 29, 32; כֵּן Deut. 12. 4 uff. Jer. 3, 20. 5, 31. 14, 7. 20, 12. 24, 8. כָּכָה Deut. 25, 9. 29, 23. Jer. 13, 9. 19, 11. 22, 8. 28, 11. 51, 64.; מִפְּנֵי רֹעַ מַעַלְלֶיךָ Deut. 28, 20 (cf. 9, 19). Jer. 2, 2. 22. 4, 4. 7, 12. 13, 17. 14, 16. 21, 12. 23, 10. 20, 3. 44, 2 (bis). 28, 6. 34, 5. 38, 12; כה besonders bei Jeremia häufig; אַנְשֵׁי הַמִּלְחָמָה Deut. 2, 14. Jer. 41, 16. עַל־דִּבְרֵיכֶם Deut. 4, 21 cf. Jer. 7, 22. 14, 1; בִּקֵּשׁ אֶת־יי Deut. 4, 29 (mit dem Infin. 13, 11 cf. Jer. 26, 21. 29, 30). Jer. 29, 13. הָעִבְרִי Deut. 15, 12 und Jer. 34, 9. 14, aber auch schon als gleichbedeutend damit יְהוּדִי Jer. 34, 9, welches noch niemals im Deuteronomium (cf. oben הַיְּהוּדִים); גֵּר יָתוֹם וְאַלְמָנָה Deut. 14, 29. 16, 11. 14. 24, 17. 19—21. 26, (11). 12. 13. 27, 19 אֱלֹהִים חַיִּים Deut. 5, 23. Jer. 23, 36.

אֶת־יְהוָֹה אֱלֹהֶיךָ תִּירָא וְאֹתוֹ תַעֲבֹד וּבִשְׁמוֹ תִּשָּׁבֵעַ Deut. 6, 13. cf. V. 24. 8, 6. 10, 12. 20. 11, 13. 22. 13, 5. 19 ähnlich auch Jer. פֶּן ··· נִדַּחְתָּ וְהִשְׁתַּחֲוִיתָ לָהֶם וַעֲבַדְתָּם Deut. 4, 19. 5, 9. 8, 19. 11, 16. 30, 17 (wegen נִדַּח uff. vgl. Deut. 13, 6. 11. 14); ähnlich auch Jerem.

אֲשֶׁר יי׳ אֱלֹהֵינוּ נֹתֵן לָנוּ Deut. 1, 20. 25. 29. 3, 20. 4, 1 (dreimal). 2 (zweimal). 8. 14. 21. 22 (zweimal). 5, 1 uff. cf. Jerem. 16, 15. 24, 10. 25, 5. 35, 15.

הַגִּלְעָד Deut. 2, 36. 3, 10. 12. 13. 15. (34, 1); Jerem. 8, 22 ohne Artikel (nach dem Punkte): בְּגִלְעָד.

אֵשׁ ist Femin. Deut. 4, 24. 36. 5, 22. 9, 3. 18, 16, Jer. 48, 45. masc. gener. יִקַּר 8, 5 (zweimal). 21, 18. 22, 18 הִשִּׂיג Deut. 19, 6. Jer. 42, 16 Klagel. 1, 3. הַטָּאת Deut. 19, 15; oft bei Jeremia, aber niemals חֵטְא wie im Deut. cf. oben. לְהַצִּילְךָ Deut. 23, 15 cf. 25, 11. cf. 20, 4., sehr häufig im Jeremia: 1, 8. 19. 15, 20. (21). 20, 13. 21, 12. 22, 3. 39, 17. 42, 11 cf. 30, 11. 42, 11; אָכַל (in Beziehung auf Völker: vernichten) Deut. 7, 16. 31, 17, Jerem. 2, 3. 10, 25. 30, 16. 50, 7. 17. 51, 34; מָחָה Deut. 9, 14. 25, 6. 19. 29, 19. Jerem. 18, 23; תִּפְאֶרֶת Deut. 26, 19 (aber niemals תִּפְאָרָה wie Jer. 48, 17), jenes auch im Jeremia; קָצַף Deut. 1, 34 cf. 37. 9, 7 (Hiphil auch V. 8, 22). 19; קֶצֶף Deut. 29, 7 auch bei Jer; מִקֵּץ Deut. 15, 1. und מִקְצֵה Deut. 14, 28; הָפַךְ Deut. 23, 6. 29, 22; פָּנָה Deut. 30, 17. 31, 18. 20; Pflegen oder das Wiederkehrende, sich Wiederholende wird durch's Futurum ausgedrückt Deuteronom. 1, 44. 8, 5. (Kap. 2 öfter). 12, 30. 31. 16, 19 (bis).; Jer. 2, 15. 27; 5, 21 (bis). 26 (bis). 12, 2. 25, 30. 36, 18. 43, 12. 49, 19. 22. 50, 44. וַיַּקְשׁוּ אֶת־עָרְפָּם (aber im Deuteron. immer noch in Verbindung mit אִמֵּץ לְבָבוֹ) Jer. 7, 26. 17, 23. 19, 15; עַרְבוֹת יְרֵחוֹ Deut. 34, 1. 8. Jer. 39, 5. 52, 8; כְּמַהְפֵּכַת אֱלֹהִים אֶת־סְדֹם וְאֶת־עֲמֹרָה Deut. 29, 22 (wo aber statt dieser zweien Städte vier genannt werden, nämlich außer denselben noch אַדְמָה וּצְבוֹיִם). Jer. 50, 40; לְמַאֲכָל לְעוֹף הַשָּׁמַיִם וּלְבֶהֱמַת הָאָרֶץ Deut. 28, 26 Jerem. 7, 33. 16, 4. 19, 7. 34, 20; das im Deuteron. z. B. 18, 20 seltenere אַךְ ist im Jer. häufig 3, 12. 5, 4. 5. 26, 15. 24. 28, 7. 32, 30 (bis). 34 4; נָתַץ in Piel im Deut. 7, 5. 12, 3, in Niphal im Jer. 48, 25. 50, 23; מְקֹמוֹת Deut. 12, 2 Jer. 24, 9. 29. 14. 45, 5.

Nach den bisher dargelegten sprachlichen Gründen, worin ich mit mehr Recht als von Bohlen S. 164 den seinigen nachrühmt, glaube sagen zu dürfen, „die sich nicht wohl entkräftigen lassen,“ wird es den Unbefangenen wohl zur Evidenz bewiesen sein, daß die Sprache des Jeremia und die des Deuteronomiums eine total verschiedene ist; und dieses Resultat muß sich durch immer genauere Forschungen (zu welchen ich die meinigen sehr gern nur als Vorspiel, Versuch und Anregung will gelten lassen), nur immer mehr befestigen; kein Kapitel des Jeremia oder des Deuteronomiums wird bezeichnet werden können, worin nicht Idiotismen des einen oder des andern Buches sich sollten nachweisen lassen; ja bei allem Aehnlichen, was in beiden Schriften aufgeführt werden kann, läßt sich entschieden zeigen, wie der Prophet Jeremia den Verfasser des Deuteronomiums frei und auf ihm eigenthümliche Weise nachahmt. Hiernach ist denn auch zu berichtigen, was Gesenius De Pentateuchi Samaritani origine, indole et auctoritate 1815 S. 7. Anmerkung 19 sagt: In sermone et usu loquendi Deuteronomium ad Jeremiae sermonem inter omnes, qui hodie extant, V. S. libros proxime forsan accedit, was, zumal in einer allgemeinen Uebersicht und im J. 1815 von dem großen Sprachforscher ausgesprochen, immer doch ganz anders sich hören läßt, als von Bohlens oben angeführte Einl. S. 182 und 83 befindliche exorbitante Behauptung, daß de Wette und Gesenius auf das Evidenteste nachgewiesen haben, die Sprache des Deuteronomiums verrathe sich als der jüngeren Literaturperiode angehörig. Wenn aber von Bohlen sagt: „Aus den übrigen Büchern des Pentateuches lassen sich nur einzelne Ausdrücke und Wortbildungen aufführen, welche ebenfalls bei dem Jeremia sich wiederfinden (vgl. Genes. 1, 22. Jerem. 3, 16. 23, 3. Genes. 22, 15 [enthält Nichts Hierhergehöriges, man müßte denn שֵׁנִית dahin rechnen wollen cf. Jer. 1, 13. 33, 1]. 18. 25, 4. Jerem. 4, 2. Genes. 28, 3 [von Bohlen läßt die bei Ewald nachstehenden zwei Stellen Genes. 35, 11. 48, 4 aus]. Jerem. 50, 9. (Ewald Composit. der Genes. S. 287)“ und dann fortfährt: „indessen sind diese Beispiele bei dem Sprachgebrauche der ganzen Periode nicht beweisend" [ist überhaupt etwas unverständlich ausgedrückt], so werden wir doch billiger Weise Ewald, der sich in der Gelehrtenwelt, namentlich auf alttestamentlichem Gebiete und ganz vorzüglich auf dem Gebiete hebräischer Sprachforschung, ein größeres mit Recht verdientes Vertrauen erworben hat, als von Bohlen, beipflichten, wenn er sagt (a. angef. O.) „welches [nämlich הִתְבָּרְכוּ Genes. 22, 18. 25, 4. und noch die Stellen mit Niphal Genes. 12, 3. 18, 18. 28, 14] an Gedanken und Worten so eigenthümlich der Genesis ist, daß man es sonst nie in der ganzen Bibel findet, man müßte sonst Jer. 4, 2 beibringen, wo es indessen keines Beweises bedarf, daß hier nur Nachbildung der alten Genesis ist;" und unten auf derselben Seite: Finden wir hier auch dieselbe Zusammenstellung ופרו וְרָבוּ Jer. 3, 16. 23, 3. Ezech. 36, 11 wieder, so werden wir wohl nicht lange zweifeln, auf welcher Seite Originalität ist? Was von Bohlen noch über die Stellen Numeri 21, 28. 29 [er hätte 24, 17. 21, 19 hinzufügen sollen] und Jerem. 48, 45. 46 zum Theil Schiefes und Verfehltes sagt, übergehe ich, da er selbst die Schwäche seiner Beweisführung zu fühlen scheint, indem er hinzusetzt: „allein es kann bei alledem nicht ausgemacht werden, ob der Verfasser [der Numeri nämlich] gerade aus dem Jeremia entlesen, da ihm die wichtige Stadt Chesbon an die alte Dichtung erinnerte, welche zum Sprichworte geworden war (V. 27. על כן יאמרו המשלים) und beide Referenden die Stelle aus dem Gedächtnisse citiren mögen", und Morers in seiner ausgezeichneten Commentatis critica de utriusque Recensionis Graecae Alexandrinae et Hebraicae Masorethicae Indole et Auctoritate Hamburg 1837 S. 15 und 16 schon die neuere Sprachweise der Stelle im Jeremia nachgewiesen hat, ja sogar beweisen will, daß dieselbe erst von einem Späteren sei hinzugeschrieben worden; nur die kurzen Bemerkungen erlaube ich mir 1) der Ausdruck קִרְיָה ist nach dem Obigen sogar noch in der prosaischen Sprache des Pentateuches gebräuchlich, später war er veraltet, und wird wohl deshalb von Jeremia ausgelassen 2) אֵשׁ ist immer im Pentateuche weiblich z. B. im

Deuteronomium 4, 24. 26. 5, 22. 9, 3. 18, 16., wie auch an der Stelle der Numeri (offenbar Druckfehler ist es bei Morers l. l., wenn er sagt: אש apud antiquiores scriptores semper mascul. gen., secundum recentiorum consuetudinem in modum femin. usuputum est; es muß umgekehrt heißen femin. gen. in modum mascul. uff). 3) Die Stellen aus dem B. Numeri wird schon Jesaj. 16, 2 und noch viel bestimmter Amos 2, 2 aus dem Gedächtniß angeführt; und es heißt geradezu die Sachen auf den Kopf stellen, wenn man, wie von Bohlen es thut, wähnen kann, der Verfasser des Liedes im B. Numeri fahre, nachdem er den Jeremia nachgeahmt, nun im folgenden Verse (30) mit Nachahmungen aus dem Jesaia (16, 2) fort; offenbar lag den verschiedenen Propheten z. B. hier dem Amos, Jesaja, Jeremia dasselbe Lied im B. Numeri vor, was jeder von ihnen auf ihm eigenthümliche Weise benutzte, so daß man an der Art und Weise der Benutzung noch erkennen kann, wem das Lied ursprünglich angehörte, nämlich dem Pentateuche.

Nachdem also von Bohlen auf noch nicht ganz drei Seiten seinen sprachlichen Beweis, und zwar wie er selbst versichert, durch eine Reihe der triftigsten Gründe, über das Entstehen des Gesetzbuches und zwar näher für die „Familienähnlichkeit" des Deuteronomiums und des Jeremia geliefert hat, fährt er S. 169 seiner Einleitung also fort: „Müssen wir uns daher bescheiden, über die Anordnung der vier ersten Bücher keine weitere Muthmaßung geben zu können, als daß etwa Jeremia bei der Redaktion derselben ebenfalls könne betheiligt gewesen seyn, so bleibt doch der Hauptbeweis, daß auch sie vor dem Josia nicht ins Leben getreten, ein unumstößliches Ergebniß der Kritik, welches bis hieher nach innern und äußern Gründen eine solche Haltbarkeit gewonnen hat, daß weder Schmähgründe noch Sophismen dasselbe zu erschüttern vermögen." Nun! es ist nicht zu läugnen, an Zuversichtlichkeit in seinen Versicherungen fehlt es von Bohlen keineswegs; ständen Zuversichtlichkeit im Versichern und Strenge des Beweises überall und immer in gleichem Verhältnisse, so müßten wir von Bohlen für einen der stringentesten Beweisführer halten. Die Sache verhält sich aber ganz anders; alles jenes Floskelwesen von „unbefangener Forschung," und hochfahrenden Sätzen wie etwa S. 178: der Pentateuch erscheint, sowohl der Geschichte als seinem ganzen Inhalte nach, erst um die Zeit des Exils, und wen davon die bisherigen Gründe nicht überzeugt haben, der ist überhaupt nicht mit Gründen zu überzeugen" [hoho! das ist doch etwas zu stark!], S. 183: Nach welcher Seite hin hier sich die Schaale neige, ist im Vorhergehenden zur Genüge erörtert worden uff. wird immer mehr in seiner Unwahrheit erkannt werden. De MoKers in seiner so viel Vorzügliches enthaltenden Rezension über von Bohlens Genesis (in der Bonner Zeitschrift, Heft XVI. S. 146—178. Heft XVII. S. 164 bis 170 und XVIII. S. 96—127); Professor Dr. Bleek in seinem ausgezeichneten Festprogramm zum 3. Aug. 1836, und Prof. Dr. Hengstenberg, der im zweiten Bande seiner über mein Lob weit erhabenen Beiträge zur Einleitung ins Alte Testament (die Authentie des Pentateuches enthaltend) die Spuren des Vorhandenseins unseres Pentateuches bei Hosea (S. 48 bis 83), bei Amos (S. 83—122; das Resultat aus beiden siehe S. 122—125) und seine Geltung im Reiche Israel nach den Büchern der Könige (S. 126—180) unwiderleglich dargethan hat, werden vielleicht Prof. von Bohlen, wenn er noch empfänglich für Gründe ist, und nicht in der Befangenheit oder vielmehr wahren Gefangenschaft von seinen Vorurtheilen beharren will, einigermaßen irre gemacht haben; aber er hat eine besondere Stärke darin, zu ignoriren, wie die herrliche Schrift von Hertz: Sind in den Büchern der Könige Spuren des Pentateuchs und der mosaischen Gesetze zu finden? Altona 1822. ohne Eindruck auf ihn gemacht zu haben, bei Seite liegen gelassen wird. Und so steht denn sehr zu befürchten, daß das Folgende, eigentlich nur eine umfassendere Ausführung dessen, was Dr. Ranke in seinen Untersuchungen über den Pentateuch S. 147—154 bereits dargelegt hat, wie v. Bohlen ebenfalls wird ignorirt werden; um deren willen aber, denen es auf Wahrheit und Ueberzeugung ankommt und um der Sache selbst willen muß es gesagt werden. Es soll nämlich der Versuch gemacht werden, darzuthun, daß die vier ersten Bücher des Pentateuches vom Deuteronomium vorausgesetzt werden, welches bisher auch, selbst von den heftigsten Gegnern der Aechtheit des Pentateuches und namentlich des Deuteronomiums ist angenommen worden; erst die neueste höhere Kritik hat sich höher emporgeschwungen, und blickt alto supercilio auf die dort unten herab, die auf den Mittelstufen des Berges noch herumarbeiten, jenen höchsten Gipfel freiester Aussicht und Ansicht noch nicht erklommen haben. Wie mitleidig mag doch von diesen allerneuesten und allerhöchsten Kritikern (von Bohlen, Vatke, George) auf einen so besonnenen und kritischen Forscher wie Dr. Bleek ist herabgesehen werden, wenn derselbe in den theolog. Studien und Kritiken 1831 Heft 3 S. 509 sagt: Namentlich habe ich nach wiederholter Untersuchung über die Abfassung des Deuteronomiums und dessen Verhältniß zu den früheren Büchern zu keiner andern Ansicht kommen können, als welche ich schon früher dargelegt habe (Biblisch-exegetisches Repertorium von Rosenmüller uff. B. 1. 1822; S. 14 ff. und S. 44 ff.)" Ich erlaube mir, die letztere Stelle von S. 44 unten bis S. 47 für diejenigen herzusetzen, die nicht im Besitze der in jenem Bande von S. 1—79 enthaltenen so höchst schätzbaren „einigen aphoristischen Beiträge zu den Untersuchungen über den Pentateuch von Friedrich Bleek" sind. Seine Worte lauten also: „Allein wenn wir die Sache auch nur ganz im Allgemeinen betrachten, so muß uns eine solche Ansicht [daß nämlich die einzelnen Bücher des Pentateuches entweder mehr oder weniger, von einander unabhängig, von verschiedenen Sammlern herrühren, oder in der Ordnung, worin sie sich jetzt befinden, nach einander zu verschiedenen Zeiten verfaßt oder gesammelt seien] doch durchaus unwahrscheinlich sein; schon die Genesis, die sich doch noch am besten abschließt, ist gewiß niemals als eine für sich bestehende Schrift vorhanden gewesen. Es ist durchaus unwahrscheinlich, daß ein Jüdischer Schriftsteller, der eine zusammenhängende Geschichtserzählung, die mit der Schöpfung der Welt anfing, verfaßte oder aus einzeln vorhandenen Urkunden zusammensetzte, sollte da abgebrochen haben, wo die Genesis endigt, bei der Ankunft der Israeliten in Aegypten und dem Tode des Jakobs und Josephs, zumal da in der Genesis selbst so viele Hindeutungen auf die folgende Geschichte des Volkes sei, dessen Auszug aus Aegypten und die Besitznahme des Landes Kanaan. Auch deWette nimmt an. (Einl. §. 151), daß mit dem ersten Buche schon ursprünglich das zweite zusammengehangen, daß beide Einen Sammler haben. Allein mit dem Schlusse des Exodus ist noch weniger denkbar, daß ein solcher werde seine Geschichtserzählung abgebrochen haben; wie hätte er wohl die Israeliten so mitten in der Wüste am Berge Sinai stecken lassen? Wie ließe es sich auch wohl denken, wenn es richtig ist, was ich oben §. 1. zu zeigen gesucht habe, daß namentlich im dritten und vierten Buche sich einzelne, ächt Mosaische und im Mosaischen Zeitalter selbst niedergeschriebene, Gesetze befänden, daß unser Verfasser oder Redacteur der beiden ersten Bücher diese sollte nicht mitaufgenommen haben? Indessen auch der Schluß des vierten Buches, das seinem geschichtlichen Theile nach die Erzählung des zweiten fortsetzt, indem es die Geschichte vom Aufbruche vom Sinai, im zweiten Jahre des Auszugs aus Aegypten bis zur Ankunft im Lande Moab im vierzigsten Jahre, bis zur Zeit kurz vor dem Tode des Moses fortführt, giebt keineswegs einen irgend passenden Ruhepunkt, wo man glauben könnte, daß der Verfasser oder seine Geschichtserzählung hätte abbrechen können. Einen solchen würde nicht einmal der Tod des Moses abgeben; denn Mose für sich ist doch nicht der eigentliche Held der Geschichte, sondern das Israelitische Volk in seinem Verhältnisse zu Jehovah [wohl sehr richtig; war aber nicht mit ihm die Gesetzgebung geschlossen, und gerade dadurch der treffendste Abschluß gegeben, der nur sich denken läßt?]; das Volk aber befand sich beim Tode des Moses in einer solchen Lage, daß, wer die Geschichte von der Schöpfung der Welt an bis auf diesen Punkt fortgeführt hatte, hier nicht hätte abbrechen können [ich möchte vielmehr behaupten, er mußte abbrechen; Jehovah hat vom Auszuge aus Aegypten an gehandelt, er hat dem Volke seinen ganzen Willen, zuletzt noch im Deuteronomium durch Moses ausgesprochen; jetzt ist es des Volkes Sache diesen Gotteswillen, sein Gesetz zu bethätigen und zu erfüllen; wie bisher Jehovah überwiegend thätig war, soll jetzt das Volk in seinem Gehorsam oder Ungehorsam zeigen, wie es Gottes Großthaten für dasselbe aufgenommen und anerkannt hat]. Beim Tode des Moses haben die Israeliten das ihnen verheißene Land Kanaan, noch nicht betreten, und nur 2½ Stämme haben, und zwar außerhalb desselben jenseit des Jordan ihre Besitzung erhalten [es ist aber Land zweier Könige des kananitischen Emoriterstammes, also das Land von Kananitern, deren ganzes Land ihnen verheißen war], unter der Bedingung, daß die Streitbaren unter ihnen noch mit ihren Brüdern ziehen sollten, um ihnen zur Besitznahme auch ihres Antheils zu verhelfen, und Josua ist zum Heerführer bestimmt, dieses ins Werk zu setzen [das ist es; alles Gesetzliche ist damit abgeschlossen, alles von Jehovah Ausgehende hat im Wesentlichen damit seine Endschaft erreicht; die Israeliten und Josua an ihrer Spitze sollen jetzt ausführen, ins Werk setzen, verwirklichen, realisiren die göttliche Idee, die im Gesetze sich ausgesprochen hat]. Wie unwahrscheinlich ist es, daß der Verfasser hier, nachdem er so alle Vorbereitungen erzählt hat, sollte abgebrochen haben, ohne die Begebenheiten selbst, worauf Alles hindeutet, zu berühren [nicht allein nicht unwahrscheinlich erscheint mir dieß, sondern im allerhöchsten Grade treffend, und tiefsinnig; freilich ist's Etwas Anderes mit der göttlichen Verheißung und der Ausführung selbst; diese hängen wohl nothwendig zusammen, haben aber ihre Abgränzungspunkte in der Geschichte der Offenbarung; die Verheißung Genes. 12, 3 entwickelt sich noch vor unsern Augen; ein solcher Abgränzungspunkt ist nun das Abtreten des Moses, mit dem die Offenbarung des göttlichen Willens als Gesetzes für dieses bestimmte Volk seinen Abschluß erreicht hat]. Als der allein passende Punkt, wo dieses geschehen konnte, kann uns nur die Zeit erscheinen, wo die Israeliten das Land Kanaan in Besitz genommen hatten, und wo das diesseitige Land eben so unter sie vertheilt war, wie das jenseitige schon durch den Moses unter die 2½ Stämme." [Daß hier wieder ein solcher Abgränzungspunkt liege, möchte ich nicht im Allerentferntesten bezweifeln, ich stimme ganz überein, (cf. Alttestamentl. Studien H. 1. Auth. d. Buches Josua S. 127 f.); aber doch immer ein anderer als mit dem Abschluß der Gesetzgebung durch Moseh; Einnahme und Vertheilung des Landes sind bereits Ausführung des göttlichen Willens und Gesetzes, wie Jehovah denselben durch Moseh hatte offenbaren lassen; insofern diese bestimmte Vertheilung aber für alle späteren Geschlechter und Zeiten die geltende war, gehörte sie freilich auch wieder unter die göttlichen Festsetzungen; aber wollte man so fortgehen, so hat man überall keinen Aufenthalt; und die ganze Geschichte des Volkes bewegt sich dann ununterbrochen fort, durch die Zeiten der Schopheten hindurch zu den Königen und deren Ende dem doppelten Exil, welches schon im Gesetze gedroht wird uff.]

Dieß über den innigen Zusammenhang des Deuteronomiums mit den vorhergehenden Büchern im Großen und Ganzen; es muß sich aus dem Folgenden ergeben, wie weit von Bohlens Behauptung S. 182 Wahrheit enthält: „Das Buch dagegen beginnt von Neuem mit den früheren Gesetzen und giebt sie sämmtlich [??!] wieder, unter Modificationen und Widersprüchen, welche die ersten Bücher nicht nothwendig voraussetzen, ja fast die Ansicht beglaubigen helfen, daß dieses Compendium, welches am entschiedensten unter Mosis Namen auftritt und zuerst von der Geschichte citirt wird, auch am frühesten schriftlich vorhanden gewesen (s. §. 21 und de Wette Einleit. §. 156)." Zur Einleitung in das Nachfolgende gebe ich kürzlich eine Uebersicht der im Deuteronomium vorhandenen Gesetze. Das Gebiet der Edomiter oder Kinder Esau's (Deut. 2, 5), das der Moabiter (Deut. 2, 9), und das der Amoniter (Deut. 2, 19) soll von den Israeliten unangefochten bleiben; das Ostjordanland wird den dritthalb Stämmen angewiesen Deut. 3, 18 ff.; Aussonderung der drei östlichen Frei- oder Asylstädte Deut. 4, 41 ff.; die zehn Gebote werden wiederholt Deut. 5, 6—21; es soll das Gesetz den Kindern eingeschärft Deut. 6, 7. 11, 19; auf die Hand und zwischen die Augen gebunden Deut. 6, 8. 11, 18. auf Thürpfosten und Thore geschrieben werden Deut. 6, 9. 11,

20; die Kananiter sollen vertilgt werden Deut. 7, 2. 3. 5. 16. 24—26. 12, 2—4 30. 31. 18, 9—12; die Leviten sollen keinen Landesantheil haben Deut 10, 9. 18. 1—8; die Fremdlinge solle man lieben Deut. 10, 19; Gesetz wegen Segen und Fluch nach der Ankunft im Lande auf den Bergen גְּרִזִים und עֵיבָל Deut. 11, 29; wegen Einheit des Gottesdienstes Deut. 12, 5—7. 11—14. 26. 27. wegen des gewöhnlichen Fleischessens Deut. 12, 15. 20—22. 15, 22 (wie Reh und Hirsch wegen des auf die Erde zu gießenden Blutes Deut. 12, 16. 23. 24. 15, 23; wegen des Zehnten an Getreide, Most und Oel, und der Erstlinge an Groß- und Kleinvieh, und alle die Gelübde und freiwilligen Gaben und Weihungen (נִדְבֹתֶיךָ וּתְרוּמַת יָדֶךָ) Deut. 12, 17. 18; die Leviten solle man nicht verlassen Deut. 12, 19. 14, 27; Speisegesetze Deut. 14, 3—21; wegen des jährlichen abzusondernden und vor Jehovah zu essenden Zehnten Deut. 14, 22. 23; wegen falscher Propheten Deut. 13, 3. 5. 18, 20., Verführer zum Abfall von Jehovah im eigenen Verwandtschaftskreise Deut. 13, 9, wenn eine ganze Stadt abtrünnig wird Deut. 13, 15; man soll sich keine Maale stechen 14, 1; Wohlthätigkeit gegen Leviten, Fremdlinge, Waisen und Wittwen Deut. 14, 29. 16, 11. 14; der dreijährige Zehnten Deut. 14, 28; das Erlaßjahr Deut. 15, 1 ff. V. 12 ff.; Arme 15, 4. 7. 10 ff.; über alle männliche Erstgeburt Deut. 15, 19 ff.; Passahfest Deut. 16, 1—8, Fest der Wochen V. 9—12, Laubhüttenfest V. 13—15; wegen Richter und Amtleute Deut. 16, 18, Rechtsverwaltung V. 19. 20, Ascherah V. 21, Säule, V. 22., kein mit einem Fehler versehenes Thier soll geopfert werden 17, 1; Anbeter anderer Götter soll man steinigen V. 2—5., und zwar auf das Zeugniß von zwei oder drei Menschen V. 6; höchstes Gericht am auserwählten Orte V. 8—13; das Königsgesetz V. 15—20; das Recht der Priester Deut. 18, 1—5, der Leviten V. 6—8; Gehorsam gegen den Propheten V. 15 ff., drei andere Freistädte Deut. 19, 2—13; die Grenze soll nicht verrückt werden V. 14; wegen Zeugen V. 19. 20; strenge Wiedervergeltung V. 21; Kriegsregeln Deut. 20; Verfahren bei unbekanntem Todtschlag Deut. 21, 1—9; wegen gefangener

Weibspersonen V. 11—14; Recht des Erstgebornen V. 15 bis 17, wegen des ungehorsamen Sohnes V. 18—21, wegen eines Gehenkten V. 22. 23; wegen verirrter uff. Ochsen und Schaafe Deut. 22, 1—4, ein Weib soll nicht Mannskleidung tragen und umgekehrt V. 5; wegen eines gefundenen Vogelnestes V. 6. 7; Lehen am Dache V. 8; Weinberg nicht mit mancherlei zu besäen V. 9; man soll nicht ackern mit Ochs und Esel V. 10; Kleid aus Wolle und Leinen untersagt V. 11; die Läpplein V. 12; Verfahren bei dem Vorwurfe gegen eine eben verheirathete Frau V. 13—21; bei vorgefallener Schwächung eines Eheweibes V. 22, einer Verlobten in der Stadt V. 23. 24, auf dem Felde V. 25—27, einer nicht verlobten Jungfrau V. 28. 29; Blutschande mit des Vaters Weibe V. 30; wer nicht in die Gemeinde Jehova's kommen dürfe Deut. 23, 1. 2; Ammoniter und Moabiter V. 3—6, Edomiter und Aegypter V. 7. 8; Reinerhaltung des Heerlagers V. 9. (10. 11 und 12—14); den geflüchteten Sklaven soll man nicht ausliefern V. 15. 16; keine קְדֵשָׁה und keinen קָדֵשׁ V. 17, und deren Lohn nicht in's Haus Jehova's zu bringen V. 18; kein Wucher V. 19. 20; wegen Gelübde V. 21—23; wenn man in den Weinberg oder in die Saat Jemandes geht V. 24. 25. Scheidebrief Deut. 24. 1—4; wenn man ein Weib genommen V. 5; man darf nicht beide Mühlsteine nehmen V. 6; Strafe eines Menschendiebes V. 7; wegen des Aussatzes V. 8. 9; man darf nicht ins Haus des Schuldners gehen V. 10. 11; vom Pfande des Dürftigen V. 12. 13; vom Tagelöhner V. 14. 15; der Vater soll nicht für die Kinder sterben und umgekehrt V. 16; Recht des Fremdlings, der Waise und der Wittwe V. 17. 18; besonders bei der Ernte V. 19—21 und V. 22; nicht über 40 Schläge! Deut. 25, 1—3; der dreschende Ochse V. 4; Leviratsehe V. 5—10; Strafe des unziemlich helfenden Weibes V. 11. 12; zweierlei Gewicht und Maaß V. 13—16; wegen Amalekiter V. 17—19; die ersten Erstlinge aller Früchte des Landes nach dessen Besitznahme Deut. 26, 1—11; das Zehntenjahr V. 12—15; die Denksteine des Gesetzes Deut. 27, 1—8; Volk des Herrn V. 9. 10; Segen und Fluch V. 11—26; verheißener Segen und gedroheter Fluch Deut. 28, 1—14 und 15—68; Haltung dieses erneuerten Bundes Deut. 29, 9; die Götter dieser Völker V. 18; Liebe zu Jehovah Deut. 30, 16; Befehl an Josua Deut. 31, 7. 8; Vorlesung im Erlaßjahr V. 10—13. Bei dieser summarischen Uebersicht habe ich die vielen mannichfachen Ermahnungen, Warnungen uff. nicht aufgeführt; die vorzüglichsten sind: Nichts dazu und Nichts davon zu thun 4, 2. 13, 1; behaltet's uff. 4. 6; hüte dich, ... daß du nicht vergessest 4, 9. 23. 6, 12. 8, 11. 14. 18 9, 7; bewahret eure Seelen uff. 4, 15; du sollst zu Herzen nehmen ... daß du haltest 4, 39. 40; behaltet nun, daß ihr thut uff. 5, 29 und 30; höre und behalte uff. 6, 3; höre, Israel, Jehovah unser Gott ist ein einiger Jehovah 6, 4; und du sollst Jehovah deinen Gott lieb haben uff. 6, 5; und diese Worte nimm zu Herzen V. 6; Jehovah fürchten, ihm dienen und in seinem Namen schwören V. 13. 10, 20; nicht anderen Göttern zu dienen uff. 6, 14, Jehovah nicht versuchen V. 16; halten die Gebote uff. V. 17, thun was recht und gut ist V. 8; fürchte dich nicht 7, 18. 21; alle Gebote sollt ihr halten 8, 1. 6. 10, 12. 13. 11, 1. 8. 32. 12, 1. 32. 13, 4. 15, 5. 17, 19. 26, 16 ff. 27, 10. 29, 29; ihn loben 8, 10, beschneidet eures Herzens Vorhaut 10, 16, höre Israel 9, 1; du sollst wissen 9, 3. 6, sprich nicht 9, 4, hütet euch ... daß ihr abtretet und dienet anderen Göttern und betet sie an 11, 16; du sollst ohne Wandel sein 18, 13.

Schon beim bloßen Ueberblick über diese im Deuteronomium enthaltenen Gesetze möchte Jeder geneigt sein, dieses Gesetzbuch keinesweges für ein erstes zu halten, weil so außerordentlich Vieles fehlt, was gerade für die ersten äußeren Lebensverhältnisse unbedingt erforderlich gewesen wäre; zwar ist z. B. der Diebstahl verboten, aber Nichts kommt vor über die verschiedenen Arten der Bestrafung desselben; Ehebruch ist verboten, aber nur im Fall eines verbotenen Verwandtschaftsgrades wird namhaft gemacht; die Opfer im Allgemeinen werden erwähnt, aber Nichts Einzelnes über die verschiedenen Arten derselben, dabei zu beobachtende Zeremonieen uff., was bei einem Volke, das Jehovah's Eigenthum sein sollte, nothwendig werde zu erwarten gewesen sein; wie es mit den Aeckern der Israeliten solle gehalten werden, über einen Gegenstand also von der allergrößesten, ja von entscheidender Wichtigkeit, worauf eigentlich der ganze Gottesstaat beruhen sollte, kein Wort; nur die Freilassung der Sklaven wird erwähnt, Nichts über die Art und Weise ihrer Erwartung; so viele Fragen über das Verhältniß der Sklavinnen bleiben im Deuteronomium ebenfalls vollständig unbeantwortet; ein Gleiches gilt von den Strafen des Meineides, wie man überhaupt aus dem Deuteronomium nur eine höchst dürftige Vorstellung von den wirklichen Strafen für Uebertretungen des Gesetzes sich zu bilden im Stande ist; und so könnte eine ganze Reihe von höchst richtigen Verhältnissen erwähnt werden, über welche man vergeblich im Deuteronomium näheren Aufschluß sucht. Was man nun von vornherein durch den gesetzlichen Inhalt des Buches aufgefordert wird zu erwarten, das sagt nun das Buch selbst zum Theil auf das Allerentschiedenste selbst aus; und es ist in der That befremdend genug, wenn man einem Buche, welches so tiefen sittlichen Ernst ausspricht, in seinen so außerordentlich häufigen Zeugnissen und Berufungen auf vorhergehende Gesetze, mit der kühnen, ja frechen Rede entgegentritt, und ihm kurzweg: du lügst! du bist ein Betrüger! entgegenruft. Ich nehme zunächst diejenigen Stellen durch, 1) wo Gesetze überhaupt vorausgesetzt werden 2) diejenigen wo die Bücher Genesis, Exodus, Levitikus und Numeri insbesondere entweder in Verheißungen oder bestimmten Gesetzen oder Begebenheiten vorausgesetzt sind und endlich 3) diejenigen, in denen außerdem noch Geschichtliches derselben erwähnt wird, und bekenne gern, daß nicht selten hierbei Grenzstreitigkeiten unter 1. 2. und 3 vorkommen und ich Vieles aus No. 3 bereits unter No. 2 mitgenommen habe; was also in dem einen Abschnitte nicht vorkommt, kommt in einem andern vor. Ich folge dabei der Kapitelzahl des Deuteronomiums.

1) Gesetze werden im Deuteronomium vorausgesetzt.

Deut. 1, 18 sagt der Verfasser des Deuteronomiums, Moses habe den Israeliten gesagt: und ich gebot euch in jener

Zeit alle die Worte (Gesetze), die ihr thun sollt. Dieses auf die zehn Gebote bloß, beziehen zu wollen, würde nach dem Zusammenhange unstatthaft sein, da unmittelbar im Vorhergehenden von der Einsetzung der Richter und Schoterim die Rede ist, die (V. 16) zwischen Israelit und Israelit richten sollten, und also bestimmte Gesetze haben mußten, namentlich auch Straffestsetzungen, wie sie gerade der innersten Wahrheit gemäß für die ersten Verhältnisse bürgerlichen Zusammenlebens in jenem Gesetzkodex Exodus in den Kapiteln 21, 22 und auch 23 enthalten sind. Auch Deut. 4, 5 ff. bezieht sich höchst wahrscheinlich auf die ganze frühere Gesetzgebung wenn Mose spricht: siehe ich habe euch Gebote und Rechte [חֻקִּים וּמִשְׁפָּטִים, wohl am besten: religiöse und bürgerliche Gesetze oder Satzungen und Gesetze, Gebote und Rechte], gelehret, wie mir Jehovah mein Gott geboten; er braucht beide Male das Präteritum, und würde gewiß, wenn er die nun erst zu gebenden Gesetze verstände, אָנֹכִי מְלַמֵּד und מְצַוֶּה gebraucht haben, wie so häufig sonst und gleich im 8. Verse von der erneuerten Vorlegung der Gesetze אָנֹכִי נֹתֵן gebraucht wird. Aber ganz entscheidend für unseren Gegenstand ist die Stelle

Deut. 4, 13. 14. Hier werden ausdrücklich die zehn Worte (Gebote) auf den beiden Steintafeln als der Bund (בְּרִית) Jehova's wie sie so häufig κατ' ἐξοχήν heißen, von den übrigen Geboten und Rechten (wie oben 4, 5) unterschieden, die außerdem Moseh ihnen gegeben habe. Wörtlich heißt die wichtige Stelle also V. 13: Und Er (Jehovah) verkündigte euch seinen Bund, den er euch gebot zu thun, die zehn Worte und schrieb sie auf zwei Steintafeln. V. 14: Und es gebot mir Jehovah in jener Zeit, euch zu lehren Gebote und Rechte, daß ihr sie thätet im Lande, wohin ihr hinüberzieht es einzunehmen. Hier ist mit den klarsten Worten eine frühere ausführlichere Gesetzgebung, außer den zehn Geboten vorausgesetzt; und alle Ausflüchte bei dieser Stelle sind vergeblich und ganz eitel und leer; wie mit dem Präteritum immer jene frühere Gesetzgebung bezeichnet wird, dafür spricht besonders auch V. 23, wo freilich zunächst nur die zehn Gebote gemeint zu sein scheinen; cf. 5, 12. 15. 16. Ebenso entschieden als in dieser Stelle (4, 13. 14) ist in der folgenden eine frühere Gesetzgebung vorausgesetzt:

Deut. 5, 20—24, besonders V. 24. Die Stelle heißt wörtlich V. 20: Und es geschah, als ihr hörtet die Stimme mitten aus der Finsterniß und der Berg brannte im Feuer, so nahtet ihr mir, alle Häupter eurer Stämme und eure Aeltesten, V. 21: Und spricht: siehe, er hat uns sehen lassen Jehovah unser Gott seine Herrlichkeit und seine Größe, und seine Stimme haben wir gehört mitten aus dem Feuer; heute haben wir gesehen, daß Gott spricht mit den Menschen und derselbe lebendig bleibt. V. 22: Und nun, warum sollen wir sterben, wenn uns dieses große Feueuer verzehrt, wenn wir fortfahren noch zu hören die Stimme Jehovah's unseres Gottes und wir sterben. V. 23: Denn wer (mehr deutsch: was) ist alles Fleisch, welches die Stimme eines lebendigen Gottes gehört hat reden mitten aus dem Feuer, wie wir, und blieb lebendig? V. 24: Nahe du dich und höre Alles, was Jehovah unser Gott sagen wird, und du sprich zu uns Alles, was Jehovah unser Gott zu dir sagen wird und wir wollen es hören und thun. Hier wird also wieder in den bestimmtesten Worten außer den zehn Geboten, welche das Volk selbst vernommen hat, eine fernere Reihe von Gesetzen, die es von Jehovah durch Moses erhalten sollte so offenbar vorausgesetzt, daß kein Ausweg ist, dieß abzuleugnen. Jehovah giebt seine Zufriedenheit mit den Worten des Volkes zu erkennen V. 25—27, in deren letzten (Verse) ihm geboten wird in seine Zelte zurückzukehren, Moseh dagegen erhält V. 28 den bestimmten Befehl:

Deut. 5, 28: Und du stehe hier bei mir, und ich will reden zu dir das ganze Gesetz und die Gebote und Rechte [כָּל־ הַמִּצְוָה וְהַחֻקִּים וְהַמִּשְׁפָּטִים jegliches Gebot, und die religiösen und bürgerlichen Gesetze], welche du sie lehren sollst, und sie thun sollen im Lande, welches ich ihnen gebe es einzunehmen. Hier werden nun in Verbindung mit der folgenden Stelle die ferneren Offenbarungen durch Moseh ebenso bestimmt als faktisch eingetreten bezeichnet, wie das Volk sie erwartet hatte. Diese unmittelbar folgende sich anschließende Stelle ist:

Deut. 5, 29. 30: Und beeifert euch zu thun, wie euch geboten hat Jehovah euer Gott; weichet nicht zur Rechten und zur Linken. V. 30: Auf allem Wege, welchen Jehovah euer Gott euch geboten hat, sollt ihr wandeln, damit ihr lebet und es euch wohl gehe und ihr lange lebet im Lande, welches ihr einnehmen sollt. Nach diesen so entscheidenden Stellen wird man die folgenden ebenfalls auf die frühere Gesetzgebung beziehen müssen, weil noch zu wenige im Deuteronomium selbst vorgekommen sind, auf welche man die gehäuften Ausdrücke von den verschiedenen Arten der Gesetze beziehen könnte, also

Deut. 6, 17: Beobachtet die Gebote Jehovah's eures Gottes, und seine Zeugnisse, und seine Satzungen (חֻקָּיו), welche er dir geboten hat.

Deut. 6, 20: Wann dich fragen wird dein Sohn morgen (künftig), welches sind die Zeugnisse, und die Satzungen und die Rechte, welche Jehovah unser Gott euch geboten hat?

Deut. 6, 24: Und es gebot uns Jehovah zu thun alle diese Satzungen.

Deut. 6, 25: Und Gerechtigkeit wird es für uns sein, wenn wir uns beeifern werden zu thun dieses ganze Gebot uff.

Deut. 7, 9: Und wisse, daß Jehovah dein Gott [der wahre] Gott ist, der zuverlässige Gott, welcher den Bund und die Liebe bewahret denen die ihn lieben und seine Gebote halten bis ins tausendste Geschlecht.

Deut. 7, 11. 12: Und beobachte das Gebot, und die Satzungen und die Rechte, welche ich dir heute gebiete sie zu thun. V. 12: Und es wird geschehen, wenn ihr höret diese Rechte und beeifert euch und thut sie, so wird Jehovah dein Gott dir bewahren den Bund und die Liebe, welche er geschworen hat deinen Vätern. Diese Stelle ist man insofern berechtigt, ebenfalls hierher zu ziehen, als nach der bestimmtesten Aeußerung des Deuteronomiums (5, 2. 3) die frühere Gesetzgebung eigentlich und wesentlich für die nach den Strafgerichten in der Wüste Uebriggebliebenen ihre Geltung hatte.

Deut. 8, 6: Und beobachte die Gebote Jehova's deines Gottes zu wandeln auf seinen Wegen und ihn zu fürchten.

Deut. 13, 5. 6: Hinter Jehovah eurem Gotte gehet und fürchtet ihn und seine Gebote bewahret und auf seine Stimme höret und dienet ihm und hanget an ihm. V. 6: Und der Prophet ... sterbe, weil er Abfall gelehrt hat gegen Jehovah ... um dich zu stoßen von dem Wege, den dir geboten hat Jehovah dein Gott darauf zu gehen uff.

Deut. 17, 19: Und es (das Gesetz) soll bei ihm (dem Könige sein und er soll darin lesen alle Tage seines Lebens, damit er lerne, Jehovah seinen Gott zu fürchten, zu beobachten alle Worte dieses Gesetzes und diese Satzungen, sie zu thun. Freilich ist diese Stelle nicht eben eine so ausgemachte, wegen der verschiedenen Auslegung von מִשְׁנֵה הַתּוֹרָה הַזֹּאת V. 18.

Deut. 28, 69: Dieß sind die Worte des Bundes, welchen Jehovah dem Moseh gebot zu schließen mit den Kindern Israels im Lande Moab außer dem Bunde, welchen er mit ihnen geschlossen hatte am Horeb. Dieß ist eine höchst bestimmte Zurückweisung auf die ganze frühere Gesetzgebung; denn diese Worte bloß auf die zehn Gebote zu beziehen würde gewiß ganz willkührlich sein, da wir aus dem Vorhergehenden wissen, daß der Verfasser des Deut. eine frühere Gesetzgebung kennt, und die Abschließung des Bundes sich ja ganz vorzüglich auf die Gesetze Exod. 21—23 bezog.

Deut. 28, 45 könnte allenfalls noch hierhergezogen werden; da es aber ebenso wohl auf die bereits im Deuteronomium selbst dagewesenen Gebote und Satzungen sich beziehen läßt, so mag ich diese Stelle nicht weiter geltend machen.

2) Genesis, Exodus, Levitikus und Numeri werden vorausgesetzt.

Die Genesis wird vorausgesetzt in folgenden Stellen des Deuteronomiums:

Deut. 1, 7. 8 besonders V. 8: V. 7: ... bis an den großen Strom den Strom Phrath. V. 8: ... das Land, welches geschworen hat Jehovah euren Vätern, Abraham, Isaak und Jakob, ihnen zu geben und ihrem Samen nach ihnen cf. Genes. 15, 18, wo dieselben angeführten Worte als Gränzbestimmung sich vorfinden, wie Deut. 1, 7; ferner in Beziehung auf V. 8: Genes. 12, 7. 13, 15. 15, 18. 17, 7. 8. 24, 7, wo ausdrücklich Abraham von Gott sagt: נִשְׁבַּע־לִי 26, 3. 4. (V. 3: הַשְּׁבֻעָה אֲשֶׁר נִשְׁבַּעְתִּי לְאַבְרָהָם). 28, 13. 48, 4.

Deut. 1, 10. 11 besonders V. 11: V. 10: Jehovah euer Gott hat euch vermehrt und siehe ihr seid heute wie die Sterne des Himmels in Menge. V. 11: Jehovah der Gott eurer Väter thue hinzu zu euch, wie ihr seid, tausendfach und segne euch wie er euch gesagt hat. Die Verheißungen der großen Volksmenge, die von den Stammvätern abstammen sollte, finden sich Genes. 12, 2 (großes Volk). 13, 16 (wie der Staub der Erde). 15, 5 (so — wie nämlich die Sterne des Himmels — wird sein Same sein). 17, 2 (und ich werde dich vermehren — derselbe Ausdruck wie Deut. 1, 10 — sehr sehr). 26, 4 (und ich will vermehren deinen Samen wie die Sterne des Himmels, wörtlich übereinstimmend als Verheißung mit dem, was Deut. 1, 10 als Erfüllung angegeben ist; wie schon Moses Exod. 32, 13 darauf sich zurückbezieht). 48, 4.

Deut. 1, 21: ... zeuch hinauf erobre wie Jehovah der Gott deiner Väter dir gesagt hat cf. Genes. 15, 18—21. und Exod. 23, 28. 33, 2. 34, 11.

Deut. 1, 35: ... das gute Land, welches ich geschworen habe zu geben euren Vätern cf. die Stellen der Genes. bei Deut. 1, 7. 8.

Deut. 2, 5: ... denn zum Besitz dem Esau habe ich das Gebirge Seir gegeben cf. Genes. 36, 8 (und auch V. 43), wo fast wörtliche Uebereinstimmung statt findet.

Deut. 4, 31: ... und nicht vergessen wird Er (Jehovah) den Bund mit deinen Vätern, welchen er ihnen geschworen hat cf. die Stellen der Genes. bei Deut. 1, 7. 8.

Deut. 6, 3: ... damit dir's wohl ergehe und ihr sehr euch vermehren möget wie Jehovah deiner Väter Gott dir gesagt hat cf. die Stellen der Genes. bei Deut. 1, 10. 11 und auch zu Deut. 1, 7. 8.

Deut. 6, 10: ... in das Land, welches er geschworen hat deinen Vätern, Abraham, Isaak und Jakob dir zu geben cf. zu Deut. 1, 7. 8.

Deut. 6, 18: ... das gute Land, welches Jehovah deinen Vätern geschworen hat cf. zu Deut. 1, 7. 8.

Deut. 7, 8: Sondern weil Jehovah euch liebt und den Schwur hält, welchen er deinen Vätern geschworen hat, hat Jehovah euch ausgeführt mit starker Hand cf. zu Deut. 1, 7. 8.

Deut. 7, 12. 13: V. 12: ... und es wird Jehovah dein Gott dir bewahren den Bund und die Liebe, welche er deinen Vätern geschworen hat. V. 13: ... in dem Lande, welches er geschworen hat deinen Vätern dir zu geben cf. zu Deut. 1, 7. 8.

Deut. 8, 1: ... das Land, welches Jehovah geschworen hat euren Vätern cf. zu Deut. 1, 7. 8.

Deut. 8, 18: ... um aufrecht zu erhalten seinen Bund, welchen er deinen Vätern geschworen hat wie es an diesem Tage ist cf. zu Deut. 1, 7. 8.

Deut. 9, 5: ... und um aufrecht zu erhalten das Wort, welches Jehovah geschworen deinen Vätern, Abraham, Isaak und Jakob cf. zu Deut. 1, 7. 8.

Deut. 10, 11: ... das Land, welches ich geschworen habe ihren Vätern ihnen zu geben cf. zu Deut. 1, 7. 8.

Deut. 10, 22: Als siebzig Seelen zogen deine Väter hinab nach Aegypten, und nun hat Jehovah dein Gott dich gemacht wie die Sterne des Himmels an Menge cf. für das erste Genes. 46, 27, und fürs zweite zu Deut. 1, 10. 11.

Deut. 11, 9: ... in dem Lande Jehovah geschworen hat euren Vätern, ihnen zu geben und ihrem Samen cf. zu Deut. 1, 7. 8.

Deut. 11, 21: ganz wie 11, 9 nur ohne: und ihrem Samen.

Deut. 12, 20: Wann Jehovah dein Gott erweitern wird deine Grenze, wie er dir gesagt hat cf zu Deut. 1, 7. 8.

Deut. 13, 18: ... damit Jehovah zurückkehre von seinen

entbrannten Zorne ... und vermehre dich, wie er deinen Vätern geschworen hat cf. zu Deut. 1, 10. 11.

Deut. 18, 13: Sei ganz ergeben (תָּמִים עִם) Jehovah deinem Gotte; diese Aufforderung erinnert an die ganz gleiche, die an Abraham gerichtet wird Genes. 17, 1.

Deut. 19, 8: Und wenn Jehovah dein Gott erweitern wird deine Gränze, wie er geschworen hat deinen Vätern, und dir geben wird das ganze Land, welches er gesagt hat zu geben deinen Vätern cf. zu Deut. 1, 7. 8.

Deut. 21, 17: wird ausdrücklich als Recht der Erstgeburt der Doppelantheil festgesetzt und V. 16 verboten, daß ein Mann zweier Frauen, einer geliebten und einer nicht geliebten, den jüngeren Sohn der geliebten als Erstgebornen behandeln dürfe, welches gegen die Handlungsweise Jakobs ist in Beziebung auf Joseph cf. Genes. 29, 30. 30, 24. 48, 5.

Deut. 26, 3: ich bin gekommen in das Land, welches Jehovah geschworen hat unseren Vätern uns zu geben cf. zu Deut. 1, 7. 8. So soll nach dem Einzuge in das Land Kanaan der Israelit bei Darbringung seiner Erstlingsfrüchte sprechen.

Deut. 26, 15: ... und segne dein Volk Israel und das Land, welches du uns gegeben hast, wie du geschworen hast unseren Vätern; cf. zu Deut. 26, 3.

Deut. 28, 11: ... das Land, welches Jehovah geschworen hat deinen Vätern dir zugeben cf. zu Deut. 1, 7. 8.

Deut. 29, 12: Um dich zu erheben heute ihm zum Volke und er wird dir Gott sein, wie er dir gesagt hat und wie er geschworen hat deinen Vätern, Abraham, Isaak und Jakob cf. zu Deut. 1, 7. 8; cf. auch Levit. 26, 12; und ganz vorzüglich die Stelle Genes. 17, 7. 8.

Deut. 29, 22: ... Wie die Umkehrung Sodoms und Gomorah's, Admah's und Zeboim's, welches Jehovah umkehrete in seinem Zorn und Grimm cf. Genes. 19, 24. 25. und ferner Genes. 10, 19. 14, 2.

Deut. 30, 20: ... im Lande, welches Jehovah geschworen hat deinen Vätern Abraham, Isaak und Jakob ihnen zu geben cf. zu Deut. 1, 7. 8.

Deut. 31, 7: ... das Land, welches Jehovah geschworen hat ihren Vätern ihnen zu geben cf. zu Deut. 1, 7. 8.

Deut. 31, 21: ... ehe ich es bringe in das Land, welches ich geschworen habe cf. zu Deut. 1, 7. 8, wozu noch endlich Deut. 34, 4 noch hinzugefügt werden: dieß ist das Land, welches ich Abraham, Isaak und Jakob geschworen habe, indem ich sagte: deinem Samen will ich es geben (obwohl dieses Kapitel nicht mehr von Mose geschrieben ist). Wollte nun Jemand sagen, alle diese so häufigen Stellen setzten keineswegs die Genesis selbst voraus, sondern nur den Inhalt derselben etwa als vererbte Tradizion, ohne daß dieselbe gerade aufgeschrieben gewesen wäre: so muß darauf erwiedert werden, daß sich eine solche Tradizion wohl bis auf die Zeiten des Mose ganz gut denken lasse, wie dieselbe aber bis auf Josia herab ohne Schrift sich rein erhalten haben sollte, lasse sich keineswegs mehr ebenso gut als wahrscheinlich vorstellen. Aber die häufige Wiederholung sowohl als auch besonders die Worte wie er euch gesagt hat (und Aehnliches) Deut. 1, 11. 21. 6, 3. 9, 5. 12, 20. 19, 8. 29, 12 weisen, so scheint es, auf bestimmte frühere Worte hin, wozu noch gleich genommen werden muß, daß die Uebereinstimmung der Worte selbst im Deuteronomium und in der Genesis zu bedeutend ist, als daß man nicht mehr als bloße Tradizion darin sehen sollte. Ist es nun aber nach dem Obigen entschieden, daß das Deuteronomium eine frühere Gesetzgebung voraussetzt, die sich nach dem sogleich zu Bemerkenden als die Gesetzgebung des Exodus, Levitikus und der Numeri zu erkennen giebt, ist es ebenso entschieden, daß die Genesis auf das Allerinnigste, ja untrennbar mit diesen Büchern zusammenhängt, so gebietet uns dieß Alles zusammengenommen auch, in den obigen Stellen des Deuteronomius ebenso viele Zitate aus der Genesis oder wenigstens Hinweisungen darauf zu sehen, die durch dasjenige vermehrt werden, was unten als Geschichtliches aus derselben noch besonders vorkommt.

Das Buch Exodus wird in den nachfolgenden Stellen des Deuteronomiums vorausgesetzt, oder sein Inhalt wiederholt:

Deut. 1, 9: Und ich sprach zu euch zu jener Zeit indem ich sagte: ich kann nicht allein euch tragen cf. Exod. 18, 18: du kannst nicht allein es thun (sagt Mose's Schwäher zu ihm).

Deut. 1, 13. 15: V. 13: Gebt her für euch weise und verständige und erfahrene Männer nach euren Stämmen und ich will sie setzen zu euren Häuptern. V. 15: Und ich nahm die Häupter eurer Stämme, weise und erfahrene Männer, und ich machte sie zu Häuptern über euch, zu Führern von Tausenden, und zu Führern von Hunderten, und zu Führern von Funfzigen und zu Führern von Zehnen und zu Schoterim für eure Stämme cf. Exod. 18, 21 und vorzüglich V. 25.

Deut. 1, 30: Jehovah euer Gott ... er wird für euch kämpfen cf. fast wörtlich Exod. 14, 14 und V. 25.

Deut. 1, 33: der vor euch herging auf dem Wege ... im Feuer bei Nacht ... und in einer Wolke bei Tage cf. Exod. 13, 21. 24.

Deut. 3, 22: Fürchtet sie nicht; denn Jehovah euer Gott, er kämpft für euch cf. zu Deut. 1, 30.

Deut. 4, 10—14 bezieht sich auf die Erzählung Exod. 19, 17 ff.

Deut. 4, 24. 6, 15. 9, 3: daß Jehovah ein אֵל קַנָּא ist, steht auch Exold. 20, 5. 34, 14.

Deut. 4, 33—37 weisen ganz zurück auf die Erzählung des Exod. 19, 9. 20, 1; ferner Exod. von K. 5. an; Exod. 33, 14.

Deut. 5, 19—25, vorzüglich 21. 22 cf. Exodus 20, 15 bis 20, besonders V. 16.

Deut. 6, 19: zu vertreiben alle deine Feinde vor deinem Angesichte, wie Jehovah gesagt hat cf. Exod, 23, 27—31.

Deut. 6, 21: Und sprich zu deinem Sohne: Sklaven Pharao's waren wir in Aegypten, und es führte Jehovah uns aus Aegypten mit starker Hand cf. Exod. 3, 19. 6, 1. 22, 20. 23, 9.

Deut. 7, 2: ... schließe nicht mit ihnen einen Bund cf. Exod. 23, 32. 34, 12. 15.

Deut. 7, 3: ... deine Tochter gieb nicht seinem Sohne

und seine Tochter nimm nicht für deinen Sohn cf. Exod. 34, 16.

Deut. 7, 4: cf Exod. 34, 16 (Verführung zur Abgötterei).

Deut. 7, 14: ... nicht soll in dir sein ein Unfruchtbarer oder eine Unfruchtbare cf. Exod. 23, 26.

Deut. 7, 15: Und entfernen wird Jehovah von dir alle Krankheit und alle bösen Seuchen Aegyptens, welche du kennst, wird er nicht auf dich legen cf. Exod. 15, 26 cf. 23, 25.

Deut. 7, 18: ... Gedenke was Jehovah dein Gott dem Pharao und Aegypten gethan hat cf. Exod. von K. 5 an.

Deut. 8, 3: ... und speisete dich mit Man cf. Exod. 16, 15. 25.

Deut. 9, 6: ... du bist ein hartnäckiges Volk cf. Exod. 32, 9.

Deut. 9, 7: Gedenke und vergiß nicht, daß du Jehovah deinen Gott erzürnt hast in der Wüste; vom Tage an, wo du aus dem Lande Aegypten gingst bis ihr kamt an diesen Ort, seid ihr abtrünnig gewesen von Jehovah (rebellisch gegen ihn) cf. Exod. 16. 17, 7.

Deut. 9, 8 ff.: die Geschichte des goldenen Kalbes wird erzählt Exod. 32, 1 ff., besonders, daß die Tafeln zerbrochen seien V. 17 cf. Exod. 32, 19; V. 20 Zorn Jehovahs gegen Aharon Exod. 32, 21. 35; V. 25 vierzig Tage und vierzig Nächte cf. Exod. 32, 11; V. 27 gedenke Abrahams uff. cf. Exod. 32, 13.

Deut. 10, 1: ... Haue dir zwei steinerne Tafeln wie die ersten und steig herauf zu mir auf den Berg und mache dir eine Kiste von Holz cf. Exod. 34, 1; in Beziehung auf die Bundeslade aber werden alle Verordnungen Exod. 25, 10 und deren Ausführung Exod. Kap. 35 ff. vorausgesetzt.

Deut. 10, 2: und ich werde schreiben uff. cf. Exod. 34, 19.

Deut. 10, 3 ff. cf. Exod. 34, 4 ff. (Anfertigung der Bundeslade uff).

Deut. 10, 5: ... endlich legte die Tafeln in die Kiste, welche ich machte, und sie waren darin, wie mir Jehovah geboten hatte. Dieses hier angeführte Gebot findet sich Exod. 25, 16. 21.

Deut. 10, 10: die zweiten vierzig Tage und vierzig Nächte cf. Exod. 34, 28.

Deut. 10, 18: Wittwe und Waise cf. Exod. 22, 21, und Fremdling cf. Exod. 22, 20. 23, 9.

Deut. 11, 4: Untergang der Aegypter im Schilfmeer cf. Exod. 14, 25—28.

Deut. 14, 21: Esset nicht irgend ein Aas, dem Fremdlinge, welcher in deinen Thoren ist, sollt ihr es geben und er esse es oder verkaufe es dem Ausländer, denn ein heiliges Volk bist du Jehovah deinem Gotte; koche nicht das Böckchen in der Milch seiner Mutter. Dieses seinem ersten Theile nach näher bestimmte Gesetz findet sich in seiner ersten Gestalt Exod. 22, 30; das zweite Gesetz steht Exod. 23, 19.

Deut. 16, 1: Auszug aus Aegypten bei der Nacht cf. Exod. 12, 8. 12.

Deut. 16, 3: sieben Tage des Passah cf. Exod. 12, 15; in Eile בְּחִפָּזוֹן cf. Exod. 12, 11. Die Verordnungen über das Passah geben sich als die späteren die in den früheren Büchern voraussetzenden zu erkennen; ganz besonders zeichnen sie sich durch die Bestimmung aus, wo, nämlich an dem einen von Jehovah erwähnten Orte, das Passah und die übrigen Feste gefeiert werden sollen, welche Bestimmung beim Zuge durch die Wüste nicht nothwendig gewesen war.

Deut. 16, V. 9, 13 und V. 16: die Festsetzungen über das Fest der Wochen und das Laubhüttenfest geben sich ebenso als die jüngeren zu erkennen cf. zu Deut. 16, 3.

Deut. 16, 19: du sollst das Recht nicht beugen cf. Exod. 23, 6; die Person nicht ansehen und nicht Geschenke nehmen; denn das Geschenk macht blind die Augen des Weisen und verkehrt die Sachen der Gerechten cf. Exod. 23, 8.

Deut. 17, 2—5: ist offenbar das näher bestimmte und spätere Gesetz im Verhältniß zu dem ganz kurzen Exod. 22, 19.

Deut. 18, 16: werden bestimmte Worte angeführt, welche die Israeliten am Horeb gesprochen hatten. Diese Worte des Volkes finden wir Exod. 20, 16.

Deut. 19, 15—21: das Gesetz über einen falschen Zeugen giebt sich im Verhältniß zu dem kurzen Exod. 23, 1 enthaltenen, offenbar als das näher bestimmte und jüngere zu erkennen; V. 21 findet sich auch Exod. 21, 23—25.

Deut. 22, 4: das Gesetz vom Esel oder Ochsen, der auf dem Wege gefallen ist, findet sich im Wesentlichen gleich auch Exod. 23, 5.

Deut. 22, 9: findet sich in seiner ersten und ursprünglichen Fassung ganz kurz Exod. 22, 28.

Deut. 22, 28 und 29: das Gesetz von der geschwächten Jungfrau und das näher bestimmte und modifizirte in Beziehung auf Exod. 22, 15. 16.

Deut. 23, 20. 21: über den Wucher giebt sich in seiner Abfassung als das offenbar spätere, weil unser bestimmte und auf den Einzug ins Land Kanaan in Beziehung gebrachte Gesetz zu erkennen cf. Exod. 22, 24.

Deut. 24, 10—13: (über das Pfand) ist auf ähnliche Weise das ausführlichere Gesetz, wenn man es mit Exod. 22, 25. 26 vergleicht.

Deut. 24, 17: das Recht des Fremdlings, der Waise, Kleid der Wittwe cf. zu Deut. 10, 18.

Deut. 26: 2 ff. (über die Erstlingsfrüchte) die offenbar spätere Verordnung als Exod. 23, 19. 34, 26 cf. Levit. 2, 14. 23, 10.

Deut. 26, 6: harter Dienst selbst den Worten nach bestimmter Zurückweisung auf Exod. 1, 12—14,

Deut. 26, 7: wir schrien zu Jehovah, weist ähnlich zurück auf Exod. 2, 23. 24.

Deut. 26, 8: (und es führte uns Jehovah aus mit starker Hand uff.) cf. Exod. 12, 51. 13, 3.

Deut. 27, 5—7. Das näher bestimmte mit der Anwendung auf den einzelnen Fall versehene jüngere Gesetz, welches in seiner größten Einfachheit sich Exod. 20, 22 vorfindet; wie Exod. 20, 21 das früheste Gesetz in Beziehung auf den Opferort noch vor Errichtung der Stiftshütte und des vor derselben befindlichen einzigen rechtmäßigen Altars ist, welches seine größeste und letzte Bestimmung in den Gesetzen des Deuteronomiums von Kapitel 12 an erhält, besonders 12, 27. 16, 21. 26, 4. und wo von dem einen einzigen Heiligthum die Rede ist cf. oben.

Deut. 27, 16: Fluch über den den Eltern Fluchenden cf. Exod. 21, 17.

Deut. 27, 19: Fluch über den, der das Recht des Fremdlings, der Waise und der Wittwe beugt cf. zu Deut. 10, 18.

Deut. 27, 25: wird die Strafe für das Exod. 23, 8 Verbotene festgesetzt, welches also vorausgesetzt wird.

Deut. 28, 9: Möge Jehovah dich ihm zum heiligen Volke aufrichten, wie er dir geschworen hat, wenn du beobachtest die Gebote Jehovah's deines Gottes und wandelst auf seinen Wegen. Die Worte „wie er dir geschworen hat," beziehen sich gewiß nicht auf Stellen innerhalb des Deuteronomiums, wie heiliges Volk Deut. 7, 6. 14, 2. 21. 26, 19; oder Volk des Besitzes (Eigenthums, נַחֲלָה) wie Deut. 4, 20 oder dasselbe עַם סְגֻלָּה Deut. 7, 6. 14, 2. 26, 18, weil in allen diesen Stellen es bereits als solches vorausgesetzt, nirgends aber gesagt wird, wie es dies geworden; schlagen wir dagegen Exod. 19, 5. 6 auf, so lesen wir: Und nun, wenn ihr hören werdet auf meine Stimme und beobachtet meinen Bund, so werdet ihr mir ein Eigenthum (סְגֻלָּה) sein von allen Völkern, denn mir gehört die ganze Erde. V. 6: Und ihr werdet mir sein ein Königreich von Priestern und heiliges Volk (גּוֹי קָדוֹשׁ); und so ist es fast keinen Zweifel unterworfen, daß Deut. 28, 9 auf diese Stelle Exod. 19, 5. 6 wörtlich hingewiesen, diese in jener zitirt wird; daß beide dann wieder mit Genes. 17, 7. 8. rückwärts zusammenhängen, ist gewiß.

Deut. 28, 27: weist der שְׁחִין מִצְרַיִם wohl auf Exod. 9, 9 zurück.

Deut. 29, 1 und 2: erinnern an alles, von Exod. 5 an, erzählte.

Deut. 32, 47: erinnert ebenso an Exod. 20, 12.

Deut. 33, 8: תֻּמֶּיךָ וְאוּרֶיךָ finden allein ihre Erklärung in Exodus 28, 39. (cf. Levit. 8, 8.) und gieb in das Amtsschildlein (חֹשֶׁן הַמִּשְׁפָּט) die Urim und Thummim (Lichter und Vollkommenheiten) und sie sollen sein auf dem Herzen Aharon's wann er kommt vor Jehovah; ebenso bezieht sich מַסָּה auf Exod. 17, 7.

Deut. 33, 16: die Worte רְצוֹן שֹׁכְנִי סְנֶה sind vollkommen unverständlich ohne das in Exod. 3, 2 Erzählte.

Deut. 34, 10: die Worte פָּנִים אֶל פָּנִים finden ihre geschichtliche Erklärung nur Exod. 33, 11, wo sie von dem Umgange Mose's mit Gott gebraucht werden.

Das Buch Levitikus wird in folgenden Stellen des Deuteronomiums voraus B. 31.

Deut. 4, 31: erinnert an die bereits Levit. 26, 44. 45 gegebenen Verheißungen.

Deut. 10, 6: ... daselbst starb Aharon und er wurde daselbst begraben. Und es wurde Priester Eleasar sein Sohn an seiner Statt. Hier wird offenbar Aharon als Hoherpriester vorausgesetzt; Aharons Einweihung aber zum Hohenpriester wird Levit. 8 erzählt cf. Exod. 28. 29. 31, 10. 35, 19. Kap. 39.

Deut. 11, 17: erinnere die Worte; „und er wird den Himmel verschließen und es wird kein Regen sein und die Erde wird nicht ihren Ertrag geben" an die Drohung Levit. 26, 19. 20.

Deut. 12, 6: weisen die עֹלֹת, זִבְחֵיכֶם, תְּרוּמַת יָד, נִדְרִים, נְדָבוֹת auf die ganze Opferthora des Levitikus, namentlich Kapitel 1 bis 7, und Kapitel 22, da aber damit der ganze übrige Levitikus zusammenhängt, auf diesen selbst zurück; die Gesetze über die noch erwähnten Zehnten cf. Lev. 27, 30 und Erstgeburten von Groß- und Kleinvieh kommen im Deuteronomium selbst vor.

Deut. 12, 11: cf. zu Deut. 12, 6.

Deut. 12, 14: ... daselbst opfre deine Brandopfer und daselbst thue Alles was ich dir gebiete; von den auch V. 13 und anderwärts erwähnten Brandopfern gilt das zu Deut. 12, 6 Gesagte; die unterschriebenen Worte scheinen auf das ganze Opferritual, also auf den größten Theil des Levitikus sich zu beziehen.

Deut. 12, 15: die Erwähnung des Unreinen und Reinen cf. V. 22. 15, 22 setzt die Bestimmung darüber voraus, wer rein oder unrein ist, Levit. 11, 24 ff. Kap. 12. 13. 14. 15; „die Worte wie Reh und Hirsch" scheinen ebenso Levit. 11 voraus zu setzen.

Deut. 12, 16: weist auf Levit. 3, 17, und ganz besonders auf Levit. 17, 10—14 zurück, welches weil es den Grund für das Gesetz weitläufig enthält, wohl wahrscheinlich das frühere Gesetz sein muß cf. Deut. 12, 23. 24.

Deut. 12, 26. 27: die קָדָשִׁים V. 26 sind nur verständlich durch Levit. 21, 22. 22, 3. 6. 7. 12 uff.; wegen der Brand- und Schlachtopfer V. 27 gilt das zu Deut. 12, 6 Bemerkte.

Deut. 14, 1: weist auf Levit. 19, 27. 28 zurück.

Deut. 14, 3: ist eine Wiederholung von Levit. 11. die deshalb scheint gemacht worden zu sein, damit die Bestimmungen dieser Speisegesetze dem eben in das Land Kanaan einziehenden Volke desto besser bekannt sein möchten; gerade weil es Gegenstände betraf, die täglich vorkommen, mußte das Gesetz dem Volke recht genau bekannt sein.

Deut. 14, 22—26; das Gesetz über die jährlichen Zehnten ist offenbar eine näher bestimmte Ausführung dessen, was bereits kurz Levit. 27, 30 verordnet worden war.

Deut. 15, 1 ff.: hängt mit dem Gesetz Levit. 25, 2 ff. zusammen.

Deut. 16, 9: cf. Levit. 23, 15. 16;

Deut. 16, 10: cf. Levit. 23, 10;

Deut. 16, 13: cf. Levit. 23, 24;

Deut. 16, 22: du sollst dir keine Säule aufrichten, welche Jehovah dein Gott hasset, ist zu vergleichen mit Levit. 26, 1.

Deut. 17, 1: erinnert an die bereits ergebenen ausführlichen Verordnungen im Levit. 22, 20 ff., wo sie eigentlich hingehören.

Deut. 18, 10. 11: das Verbot wegen der Kinderopfer findet sich bereits Levit. 18, 21, wegen des אוֹב und יִדְּעֹנִי Levit. 20, 27, wegen des נִחֵשׁ und עוֹנֵן Levit. 19, 26.

Deut. 22, 7: das Gesetz vom Fliegenlassen der Mutter von jungen Vögeln ist eine weitere Anwendung des Gesetzes,

Stier oder ein Stück Kleinvieh nicht an demselben Tage mit seinem Jungen zu schlachten Levit. 22, 28.

Deut. 22, 9—11: dies Gesetz von Besäung des Weinbergs mit mancherlei, von Aeckern mit Ochs und Esel, und einem Kleide aus Wolle und Leinen ist uns die nähere Ausführung des kürzeren Gesetzes Levit. 19, 19.

Deut. 22, 22 cf. Levit. 20, 10 (Strafe des Ehebruchs).

Deut. 22, 30: cf. Levit. 18, 8. 20, 11; im Deuteronomium wird mit diesem Gesetze gleichsam an alle übrigen verbotenen, im Levitikus so ausführlichen dargelegten, Verwandtschaftsgrade erinnert, und wenn nicht ausdrücklich, doch gewiß dem Sinne nach verwiesen.

Deut. 23, 9—10 wendet das im Levitik. 15, besonders V. 16, allgemein gegebene Gesetz von der bestimmten Verunreinigung auf den speziellen Fall an, wo dieselbe im Kriege vorkommt, wenn das Volk zu Felde gezogen ist und in einem Lager sich befindet.

Deut. 23, 15: der Ausdruck Jehovah dein Gott wandelt mitten in deinem Lager (מִתְהַלֵּךְ) erinnert an die Verheißung Levit. 26, 12: und ich werde in eurer Mitte wandeln (וְהִתְהַלַּכְתִּי בְּתוֹכְכֶם).

Deut. 24, 8: Beeifre dich bei der Plage des Aussatzes genau zu beobachten und zu thun Alles wie es euch lehren werden die Priester der Leviten, wie ich ihnen geboten habe, beeifert euch zu thun. Hier wird in den allerbestimmtesten Worten auf Verordnungen hingewiesen, welche die Priester beim Aussatze in Anwendung zu bringen haben. Diese Verordnungen sind keine andern als Levit. 13 und 14 aufgezeichneten, wir hätten also hier ein höchst entschiedenes Zitat oder lassen eine höchst entschiedene Hinweisung auf den Levitikus, deren Bestimmtheit alle anderen, die nicht so entschieden sind, muß stützen helfen.

Deut. 24, 14: findet sich das näher bestimmte Gesetz über den Lohn des Armen, welches kürzer Levit. 19, 13 steht.

Deut. 24, 19—21, das Gesetz über die vergessene Garbe, über Oel- und Weinernte zum Besten des Fremdlings, der Waise und der Wittwe, ist die weitere Ausführung des

Gesetzes, welches sich Levit. 19, 9. 23, 22 vorfindet; so daß das ganze Gesetz im Deut. 24, 17 vorfindet; so daß das ganze Gesetz im Deut. 24, 17—22 über Fremdling, Waise und Wittwe als das jüngere, das im Levit. voraussetzende sich offenbar für jeden Unbefangenen bewähren wird.

Deut. 25, 13—15: (das Gesetz über Gewicht und Maaß) ist die weitere Ausführung des Gesetzes Levit. 19, 35. 36.

Deut. 27, 6: ... setzt Levit. 1, und Deut. 27, 7: שְׁלָמִים setzt ebenso Levit. 3 voraus.

Deut. 27, 18: wird die Strafe festgesetzt für die Uebertretung des im Levit. 19, 14 Gebotenen, erweist sich damit also als nähere Bestimmung des Früheren.

Deut. 27, 21: findet dasselbe statt in Beziehung auf das im Levit. 18, 23 Verbotene.

Deut. 28, 7: erinnert an die Verheißung Levit. 26, 7.

Deut. 28, 12: erinnert an die Verheißung Levit. 26, 4.

Deut. 28, 15: erinnert an die Drohung Levit. 26, 14 ff.

Deut. 28, 22: ist die nähere Ausführung davon, was bereits Levit. 26, 16 gedroht ist.

Deut. 28, 25: ist kürzer bereits Levit. 26, 17 gedroht.

Deut. 28, 66: erinnert an die Drohung Levit. 26, 36.

Deut. 30, 2: erinnert an die bereits Levit. 26, 44. 45 enthaltenen Verheißungen.

Deut. 32, 30: erinnert an die ähnlichen Drohungen Levit. 26, 8. 36.

Deut. 33, 10: ... sie (die Leviten, die Priester aus dem Stamme Levi) sollen Weihrauch vor deine Nase legen und das Brandopfer auf deinen Altar; in diesen Worten wird fast der ganze Leviticus vorausgesetzt.

Das Buch Numeri wird vorausgesetzt in folgenden Stellen des Deuteronomiums:

Deut. 1, 4: die Erwähnung des Sieges über Sichon und Og weist uns auf Numer. 21, 24. 35 zurück.

Deut. 1, 6: erinnert an den wirklichen Aufbruch des Volkes vom Berge Horeb, oder Sinai, welcher aus Numer. 10, 11—13 ff. erzählt wird.

Deut. 1, 9: fast als wörtliches Zitat übereinstimmend mit Numer. 11, 14.

Deut. 1, 19: erinnert an die Erzählung Numer. 20, 1, wo die Ankunft und der Aufenthalt der Kinder Israel in Kades erzählt wird.

Deut. 1, 22: die Aussendung der Kundschafter in das Land Kanaan wird uns weitläufig Numer. 13, 3 bis 14, 10 uff. erzählt.

Deut. 1, 27: cf. zum Theil die wörtlich übereinstimmende Aufforderung Numer. 21, 22.

Deut. 1, 34 ff.: stimmt zum Theil wörtlich überein mit Numer. 14, 23 ff.

Deut. 1, 38: daß Josua das Land austheilen sollte war Numer. 34, 17 festgesetzt worden.

Deut. 1, 39: die Anfangsworte dieses Verses: „und eure Kinder von denen ihr sagtet, zur Beute werden sie werden" stimmmen wörtlich überein mit Numer. 14, 31.

Deut. 1, 41: stimmt größtentheils wörtlich mit Numer. 14, 40 überein.

Deut. 2, 13: cf. Numer. 21, 12.

Deut. 2, 12: ... wie ihnen Jehovah geschworen hatte. Dieser Schwur ist wörtlich Numer. 14, 23 enthalten, obwohl er auch schon Deut. 1, 34. 35 dagewesen.

Deut. 2, 26 ff. führt uns auf Numer 21, 21 ff.

Deut. 3, 1. 2: führt uns ebenso auf Numer. 21, 33. 34.

Deut. 3, 12: (dasselbe Gebirge Gilead) cf. Numer. 32, 33;

Deut. 3, 14: (Gegend Argob) cf. Numer. 32, 41.

Deut. 3, 26: Und es zürnte Jehovah auf mich euretwegen cf. Numer. 20, 13. 27, 13. 14.

Deut. 4, 3: weist zurück auf die Erzählung Numer. 25, 3 ff.

Deut. 4, 21: cf. zu Deut. 3, 26.

Deut. 4, 41: cf. Numer. 35, 6 (Aussonderung der 3 ostjordanischen Städte.

Deut. 4, 47: cf. zu Deut. 1, 4.

Deut. 8, 15: weist auf die Geschichte, welche Numer. 21, 6 ff. erzählt wird.

Deut. 9, 22: (Thabeera); der Name findet seine Erklärung in der Erzählung Numer. 11, 3; Deut. 9, 23: cf. Numer. 13, 1 ff.

Deut. 9, 28: stimmt fast wörtlich überein mit Numer. 14, 16; besonders ist die nicht gerade so häufige Wendung מִבְּלִי יְכֹלֶת יי (weil Jehovah nicht konnte) beiden Stellen gemeinsam.

Deut. 10, 6. 7: erinnert an Numer. 33, 31—34; die Vergleichung dieser Stellen bietet aber gar große Schwierigkeiten dar.

Deut. 10, 8: weist auf Numer. 18, 22. 23: und nicht mehr sollen die Kinder Israels sich nähern dem Zelte der Versammlung cf. Numer. 18, 6. 4, 15 ff.

Deut. 10, 9: deshalb ist nicht dem Levi (dem Stamme Levi) Antheil und Eigenthum unter seinen Brüdern. Jehovah, er ist sein Eigenthum, wie Jehovah dein Gott zu ihm geredet hat. Dieß ist nun eine wörtliche, höchst richtige Zurückweisung auf das Buch Numeri; es werden nämlich die gemeinten Worte Jehovah's nur in diesem Buche Kap. 18, besonders V. 20 aufgeführt: Und es sprach Jehovah zu Aharon: in ihrem Lande sollst du nicht Eigenthum haben und Antheil soll dir nicht werden in ihrer Mitte; ich bin dein Antheil und dein Eigenthum in der Mitte der Kinder Israel; und zu den Leviten (V. 21. 23. 26) noch insbesondere V. 23: und in der Mitte der Kinder Israel sollen sie nicht Eigenthum besitzen.

Deut. 11, 6: (Dathan und Abiram) weist zurück auf die ausführlich im 16ten Kapitel der Numeri erzählte Geschichte, bes. V. 1 und V. 32.

Deut. 12, 12; cf. zu Deut. 10, 9.

Deut. 14, 27: cf. zu Deut. 10, 9.

Deut. 18, 1: cf. zu Deut. 10, 9. die letzten Worte, die Opfer Jehovah's und sein Erbtheil sollen sie essen, beziehen sich vorzüglich auf Verordnungen wie Numer. 18, 8—19, wo V. 17 der Ausdruck אִשֶּׁה selbst vorkommt cf. auch Levit. 2, 3.

Deut. 18, 2: Und Eigenthum soll ihm nicht sein inmitten seiner Brüder; Jehovah, er ist sein Eigenthum, wie er ihm gesagt hat. Dieses ist wieder eine ganz entschiedene Rückweisung aus dem Deuteronomium zurück auf eine frühere Gesetzgebung, und zwar insbesondere auf das Buch Numeri cf. im Deut. 10, 9.

Deut. 18, 3—5 cf. zu Deut. 10, 8 und 9 und zu Deut. 18, 1; das 18te Kapitel der Numeri, vorzüglich V. 12. 13. 18. 19, gehören hierher.

Deut. 19, 2—13: werden die Bestimmungen über die Freistädte wegen ihrer hohen Wichtigkeit mit näheren Angaben für das Land Kanaan wiederholt wie sie bereits im Allgemeinen Numer. 35, 6 ff. enthalten sind; diese näheren Bestimmungen für das Land Kanaan sind vorzüglich V. 3 und 8 angegeben, wo festgesetzt wird, daß bei Erweiterung der Gränzen zu der Ausdehnung, die Jehovah den Vätern verheißen hatte, noch drei Städte hinzugethan werden sollten, so daß dann 9 Freistädte würden gewesen sein.

Deut. 19, 15: (ein Zeuge) enthält das näher bestimmte Gesetz, welches bereits Numer. 35, 30 kürzer ausgesprochen ist.

Deut. 22, 12: cf. Numer. 15, 38 (hier צִיצִת, dort גְּדִלִים genannt.

Deut. 23, 5 und 6: weisen auf Bileams Geschichte zurück Numer. 22—24.

Deut. 24, 9: wird ausdrücklich Mirjams Strafe dem Andenken empfohlen, und so auf Numer. 12, besonders 10 und 15 zurückgewiesen.

Deut. 27, 24: wird als Strafe der Fluch für Etwas Numer. 35, 20 allgemein Vorausgesetztes bestimmt.

Deut. 29, 7: cf. zu Deut. 1, 4.

Deut. 29, 8: cf. Numer. 32, 33.

Deut. 31, 2: ... die Worte: und es sagte Jehovah zu mir: du sollst nicht über diesen Jordan gehen, erinnern an Numer. 20, 12.

Deut. 31, 9: cf. zu Deut. 10, 8; besonders Numer. 4, 15 ff.

Deut. 32, 13: setzt die Erzählung Numer. 20, 8 voraus.

Deut. 32, 49. 50: erinnern an Numer. 27, 12. 13 und 20, 26.

Deut. 32, 51: weist auf Numer. 20, 13 zurück.

Deut. 33, 8—11: setzt Alles voraus, was uns über die Erwählung des Stammes Levi Numer. 18, auch Kap. 16 und 17 erzählt wird.

Deut. 34, 4: cf. zu Deut. 31, 2.

3) Geschichtliches außer dem bisher bereits Angeführten vorzüglich in den Büchern Exodus, Levit. und Numeri, was im Deuter. berührt wird.

Deut. 4, 9: setzt Alles früher in der wunderbaren Leitung des Volkes voraus, wo die Israeliten werden auf das bestimmteste aufgefordert nicht zu vergessen, was ihre eigenen Augen gesehen hätten und den Nachkommen es zu erzählen.

Deut. 6, 16: weist auf die Geschichte Exod. 17, 1—7 zurück (Massa und Meriba).

Deut. 8, 3: (Speisung mit Man) weist auf die Geschichte Exod. 16, 2 ff. besonders V. 15 ff. zurück cf. Numer. 11, 7 ff.

Deut. 9, 22: der Name Thabera findet seine Erklärung in der Geschichte Numer. 11, 3, der Name Massa in der Exod. 17, 1—17 erzählten; die Lustgräber in der Geschichte, welche Numer. 11, 31—34 mitgetheilt wird.

Deut. 10, 21: ... die deine Augen gesehen haben cf. zu Deut. 4, 9.

Deut. 11, 2—7: werden die Hauptsachen von den Wunderwerken in Aegypten an bis auf die Ankunft der Israeliten am Jordan als historische Begebenheiten genannt; V. 7: eure Augen haben die großen Werke Jehovah's gesehe die er gethan hat, cf. zu Deut. 4, 9.

Deut. 16, 6. 7. 8; enthält Modificazionen der Passahgesetze, besonders in Beziehung auf den Ort und die Zeit desselben cf. Exod. 12, 6 ff. Levit. 23, 5 ff.

Deut. 20, 1: (die Ausführung aus Aegypten) cf. Exod. von Kap. 5 an.

Deut. 20, 17: wie dir Jehovah dein Gott geboten hat. Diese bestimmte Zurückbeziehung auf ein früheres göttliches Gebot ließe sich allenfalls auf Deut. 12, 2. 3 und auf Kap. 7, 2. 3 deuten, wahrscheinlich aber richtiger auf Exod. 23, 32.

Deut. 25, 17—19: Gedenke, was dir Amalek that auf dem Wege als ihr aus Aegypten zogt uff.; dieß wird uns Exod. 17, 8—13 erzählt und V. 14 erzählt und V. 14 ausdrücklich hinzugefügt, Moseh habe von Jehovah den Befehl erhalten, dieß als Gedächtniß in das Buch einzuschreiben.

Deut. 26, 5; setzt die Erzählungen der Genesis vorzügli von Kap. 31 an voraus.

Deut. 26, 18: ... wie er dir geredet hat, ist wieder wörtliche Zurückbeziehung auf Exod. 19, 5. 6 cf. oben: das B. Exodus wird vorausgesetzt zu Deut. 28, 9.

Deut. 26, 19: ... daß du Jehovah deinem Gott ein heiliges Volk seist, wie er geredet hat. Davon gilt wieder das eben zu Deut. 26, 18 Bemerkte.

Deut. 27, 3: damit du kommest in das Land, welches Jehovah dein Gott dir giebt, ein Land fließend von Milch und Honig, wie Jehovah der Gott deiner Väter dir geredet hat. Wieder eine wörtliche Zurückbeziehung auf Exod. 3, 8 und 33, 3 dort (V. 6) wie hier wird Jehovah ausdrücklich als Gott der Väter bezeichnet, und jene Bezeichnung Kanaans gebraucht.

Deut. 29, 1—5: bezieht sich auf die ganze in den Büchern Exodus bis Numeri enthaltenen Geschichte.

Deut. 29, 12: ... wie er zu dir gesprochen hat, ist ebenfalls eine wörtliche Zurückbeziehung auf Exod. 19, 5 6. cf. oben: das Buch Exodus wird vorausgesetzt zu Deut. 28, 9.

Deut. 31, 3: ... wie Jehovah gesagt hat; diese Worte könnten allenfalls auf Deut. 3, 28 zurückgehen, gewiß richtiger aber sind sie eine Zurückweisnng auf Numer. 27, 18, wo Jehovah wirklich spricht, nicht Moseh.

Deut. 31, 5: ... und thut ihnen wie all das Gebot ist, welches ich euch geboten habe; da Moseh hier ausdrücklich sagt: welches ich euch geboten habe, so scheint hier wirklich eine Zurückbeziehung Statt zu haben auf die von Moseh ihnen gegebenen Voschriften Deut. 7, 1—5 und 12, 1—4, die freilich dann weiter auf die Stellen zurückweisen, welche Buch Exodus wird vorausgesetzt zu Deut. 7, 2. 3. 4) sind bemerklich gemacht worden.

Wenn ich nun sehr bereitwillig zugebe, daß nicht alle bisher aufgeführten Stellen gleiches Gewicht haben, um die wirkliche Zurückweisung auf die früheren Bücher Genesis, Exodus, Levitikus und Numeri darzuthun; so hoffe ich doch so viele entscheidende Stellen bemerklich gemacht zu haben, daß die Wahrheit: die vier anderen Bücher werden vom Deuteronomium vorausgesetzt, feststeht, und durch bloße beliebige und willkührliche auch noch so wiederholte Versicherungen und grundlose Behauptungen nicht kann umgestoßen werden. Ich protestire daher förmlich dagegen, daß es Jemandem beliebe, was nicht schwer halten durfte, diese oder jene oder mehrere von den angeführten Stellen herauszugreifen, und davon sein Heldenwerk vollbringe, daß allenfalls das zurückweisende Element daraus eliminirt wird; er möge an allen Stellen es versuchen; und das, hoffe ich, soll Niemanden gelingen; die besonders entscheidenden Stellen habe ich selbst im Laufe der Untersuchung genugsam herausgehoben. Es würde dieser Beweis seine Vollendung erreichen, wenn ferner die Identität der Sprache des Deuteronomiums mit den früheren Büchern, bei mancher scheinbaren Verschiedenheit, dargethan werde, wozu hier aber nicht der geeignete Ort ist. Ich kann aber unmöglich diesen Abschnitt, welcher das frühere Vorhandensein der vier ersten Bücher des Pentateuches, und daß sie vom Deuteronomium als vorhanden vorausgesetzt werden, beendigen, ohne aus Romke's Untersuchungen über den Pentateuch für diejenigen, die etwa nicht dieselben besitzen sollten, eine ausführlichere Stelle S. 151. 152 als Schluß hergesetzt zu haben. Er sagt nämlich S. 151 in der Mitte: „Für die Zeit der Wanderung befand sich das Heiligthum mitten im Lager der Israeliten. Mit der Einnahme des Landes mußte dieses Verhältniß eine neue Gestaltung erfahren

Sogleich im Anfang dieser neuen Gesetzgebung wird verkündigt (Deut. 12, 5) Jehovah werde sich einen Ort des Landes zur Wohnung erwählen; an diesem und an keinem andern solle geopfert werden: ein Gesetz, welches dadurch vollkommen vorbereitet war, daß in der Wüste die Opfer nur auf dem Altar vor dem heiligen Zelte dargebracht werden durften. Zur Verhütung geheimer Abgötterei war selbst alles Schlachten des Viehes auf das Heiligthum beschränkt. Es entstand die Frage, wie es hiemit im Lande zu halten sei. Diese wird dahin beantwortet, jeder dürfe an seinem Orte schlachten; von dem Fleisch dürfe jedoch dann auch der Unreine, wie der Reine essen (Deut. 12, 15). In der Wüste werde nämlich jedes zum Opfer taugliche Thier, das man schlachten wollte, als Dankopfer dargebracht, von dem der Unreine unter Strafe der Ausrottung nicht essen durfte. Jene neue Bestimmung zielt unverkennbar hierauf zurück, mithin auf die Opferthora des Levitikus, namentlich auf Lev. 7, 20. 21.

Von dem Dankopfer erhielten die Priester gesetzlich einen bestimmten Theil. Wurde nun erlaubt, das Vieh zu schlachten, ohne es zum Dankopfer zu bringen, so entging den Priestern ein bedeutender Theil ihres Einkommens. Es wurde hierdurch eine Entschädigung nöthig [ich würde hinzufügen: und auch die Verehrung des Priesterstandes gebot eine Vermehrung ihres Einkommens]; und wir finden diese in den neuen Verordnungen über Zehnten und Erstgeburt, die regelmäßig zu Dankopfern verwendet werden sollten (Deut. 14, 22—27. 15, 19—23), dann in dem Gesetz Deut. 13, 3—5. Schon in den Fundamentalgesetzen (Exod. 23, 15) war geboten worden, alle Männer in Israel sollten dreimal des Jahres vor Jehovah erscheinen, und nicht leer, nicht ohne Opfergaben. Im obigen neuen Gesetze ist nun näher bestimmt, was darzubringen sei. Eine schöne Ausbildung des Gesetzes vom Dankopfer ist es, daß diese (Deut. 14, 26. 27) zur Erquickung der Armen verwendet werden sollen; eine Ausbildung, die in den früheren Gesetzen schon auf merkwürdige Weise vorbereitet ist. Die eine Art der Dankopfer mußte nämlich am ersten Tage verzehrt werden, die andere wenigstens am zweiten (Lev. 7, 15—18.

19, 6—8.); unter der Strafe der Ausrottung war es verboten etwas davon auf den dritten Tag übrig zu lassen. Es lag in der That sehr nahe, was dann auch zuletzt deutlich ausgesprochen wird, die Armen und Verlassenen zum Mahle einzuladen. Hierdurch erklärt sich beiläufig die Stellung Lev. 19, 6—8 zu dem Folgenden, wo Güte gegen die Armen geboten ist."

Nachdem ich versucht habe nachzuweisen, daß das Deuteronomium die vier anderen Bücher des Pentateuches voraussetzt, gehe ich dazu fort, aus dem Innern des Deuteronomiums selbst darzuthun, daß sein Inhalt gebieterisch verlangt, dasselbe nicht allein von den Königen, sondern vor der Einnahme des Landes, also von Moseh uns abgefaßt zu denken, wie das Buch selbst dieß von sich aussagt.

Ich gehe auch hier wieder das Buch nach seinen einzelnen Kapiteln durch, um die größere oder geringere Bedeutsamkeit und Wichtigkeit der einzelnen Stellen näher zu erwägen.

Kapitel 1.

V. 7 und 8: Nur als erste von dem im Buche so außerordentlich zahlreichen Aufforderungen, das den Vätern verheißene, ja zugeschworne Land einzunehmen, erwähne ich die in diesen Versen enthaltene. Aber gleich hier frage ich, warum geht der Verfasser des Deuteronomiums immer so entschieden darauf zurück und wiederholt es so häufig (die Stellen s. oben), daß Jehovah bereits den Vätern es versprochen, ja zu geschworen hat, ihrer Nachkommenschaft das Land der Emoriter und Kananiter zu geben? Was konnte denn unter den ersten Königen, namentlich David, unter dem die Ureinwohner zu so vollständige Bedeutungslosigkeit herabgesunken waren, nun gar unter Josia, unter den es fast keine mehr gab, für eine große Veranlassung vorhanden sein, so oft jene Verheißungen Jehovah's ins Gedächtniß zurückzurufen? Ein Schriftsteller, wie ihn von Bohlen sich etwa denken mag, der hätte recht viel von den Kasdim (den Chaldäern) reden müssen; aber von diesem gewaltig drohenden Volke, von dem Jeremia so häufig spricht (die Stellen s. oben), und von dem er so schreckliche Erwartungen hegte, kommt gerade im Deuteronomium keine Spur nicht einmal der Name vor. Wenn aber von Bohlen meint, S. 166, „während ein Politiker vielleicht ein anderes Mittel ergriffen hätte, nahm ein Oberpriester im Vereine mit seinem Sohne Jeremia ... mit Recht zu der Religion seine Zuflucht"; so wird doch auch ein Priester des Alterthums so viel Verstand gehabt haben, das Heil gegen ein heranstürmendes gewaltiges Kriegervolk nicht in Opfern zu suchen (nach dem Standpunkte von Bohlen's gesprochen, der von dem lebendigen Gotte der heil. Schrift A. und N. T. Nichts weiß, oder vielmehr Nichts wissen will). Wie müßte doch das Deuteronomium ganz anders aussehen, sollte es das Volk gegen die heranstürmenden Kasdim beleben, anfeuern und stärken. Der Verf. des Deuteron. hat es einzig und allein mit den Einwohnern des Landes Kanaan zu thun, mit den Kriegen in diesem Lande und höchst bedingungsweise ertheilt er Vorschriften für den Krieg für den Fall, wo die ursprünglich verheißene Gränze weiter erreicht worden sein cf. Kap. 20.

V. 20—23: Von diesen Versen gilt das zu V. 7 und 8 Bemerkte.

V. 35—40: Von diesen Versen gilt ebenfalls das zu V. 7 und 8 Gesagte.

Kapitel 2.

V. 5: das Verbot, gegen die Edomiter Krieg zu führen, hat nur für die uraltesten Zeiten seine rechte Bedeutung; ebendasselbe gilt auch von dem Verbote der Kriegführung gegen Moabiter V. 9, und Amoniter V. 19; es wird den Israeliten ausdrücklich untersagt, von dem Lande dieser drei Völker, irgend Etwas zu besitzen; es sei ihnen von Jehovah selbst als ihr Besitz angewiesen worden.

V. 10: die Emim werden mit den Unakitern, als einem damals ganz bekanntem Volke verglichen; sollte es auch nur im Allerentferntesten wahrscheinlich sein, daß wie Schriftsteller unter Josia von diesem Riesengeschlechte so reden sollte, wie es in dieser Stelle geschieht? Ja ist es unter den ersten Königen wahrscheinlich? würde da nicht z. B. unter David etwa an einem Goliath erinnert worden sein?

V. 11: In diesem Verse wird von den Rephaitern und Unakitern in der Gegenwart gesprochen; das Futurum hat hier wie so häufig, wo von einem **gegenwärtigen Pflegen** die Rede ist, Präsensbedeutung cf. Gesenius Lehrgebäude der hebräischen Sprache S. 770. No. 2 Ewald Krit. Grammatik der hebräischen Sprache S: 528 No. 2, wo er aus dem Deut. 1. 31. 44. 8, 5. 12, 22. 28, 29 als Belegstellen anführt, unsere Stelle aber (Deut. 2, 11), was befremdend ist, als Belegestelle dafür anführt, daß auch das Futurum gebraucht werde als modus rei repetitae in der **Vergangenheit**, so daß also Ewald übersetzen würde: Für Rephaiter **wurden** auch sie gerechnet wie die Anakiter, und Moabiter **nannten** sie Emim," für welche Uebersetzung Ewald schwerlich Gründe aus dem Verse selbst zu entnehmen im Stande sein dürfte. Schon die LXX. übersetzen: Ῥαφαῒν λογισθήσονται καί οὗτοι ὥσπερ καὶ οἱ Ἐνακὶμ καὶ οἱ Μωαβῖται ἐπονομάζουσιν αὐτοὺς Ὀμμίν und der Vulgat: quasi gigantes crederentur et essent similes filiorum Enacim. Denique Moabitae appellant eos Emim. Offenbar übersetzen beide יִקְרְאוּ als Präsens ἐπονομάζουσιν und appellant; darnach wird man dann mit dem besten Rechte, da ihre Uebersetzungen λογισθήσονται und quasi crederentur nicht eben vorzüglich genannt werden können auch יֵחָשְׁבוּ als Präsens auffassen dürfen und müssen, und so übersetzen: Für Rephaiten **werden** auch sie gerechnet, wie die Anakiten, und die Moabiter **nennen** sie Emim. Ist diese Uebersetzung richtig, wie ich sie für die allein richtige nach sprachlichen Gründen halten muß, so spricht die Stelle ganz entschieden für die Authentie; wie sollte zu den Zeiten der ersten Könige, oder gar des Königes Josia ein Verfasser, der da sagt, was zu **seiner** Zeit geschieht, so von den Rephaiten und Anakiten haben sprechen können, da jene Völkerschaften selbst schon zu den Zeiten der ersten Israelitischen Könige so gut wie verschollen waren?

V. 20: Für Rephaitenland **wird** auch dieß (das Land der Kananiter) gehalten; Rephaiten wohnten darin vormals, und die Ammoniter **nennen** sie Samsummiten cf. zu Deut. 2, 11.

V. 21: Ein großes und zahlreiches und hohes Volk, wie die Anakiten cf. zu Deut. 2, 10.

V. 23: Und die Awwiten, welche in Höfen bis Gaza wohnen (oder wohnten), Kaphtoriten, welche aus Kaphthor auszogen, vertrieben sie cf. Alttestamentli. Stud. H. 1. Auth. des Buches Josua S. 80. No. 19.

V. 30: ... um ihn in deine Hand zu geben, wie es an diesem Tage ist; diese Worte scheinen sich am besten auf die Zeiten des Moseh selbst zu beziehen.

Kapitel 3.

V. 9: die Zidoniter (die Phöniker) nennen den Hermon Sirjon, und die Emoriter nennen ihn Schnir. Wie sollte es doch ein Verfasser unter Saul und David, unter denen es gewiß nur noch höchst wenige Emoriter gab, und nun gar unter Josia, unter dem sie vielleicht nicht einmal mehr den geringsten Ueberbleibseln nach vorhanden, sondern gänzlich erloschen waren, es für angemessen gehalten haben, zu erwähnen, wie im Gegensatze zu Israeliten und Sidoniern die Emoriter den Hermon nannten; für Moseh ist Alles höchst natürsich und zweckmäßig. Der Vulg. richtig: quem Sidonii Sarion vocant et Amorrhaei Sanir; die LXX. Οἱ Φοίνικες ἐπονομάζουσι

Ἀερμὼν Σανιὼρ, καὶ ὁ Ἀμοῤῥαῖος ἐπωνόμασαν αὐτὸ Σανὶρ,

warum aber ein nnd eben dieselbe Wortform in demselben Verse, und derselben Satz- und Wortverbindung einmal ἐπονομάζουσιν und ἐπωνόμασαν heißen soll, ist auch nicht im Allerentferntesten abzusehen und ist ganz offenbar Willkühr; der Uebersetzer übersetzte aus seiner Zeit heraus cf. zu Deut. 2, 11.

V. 13: ... das ganze Gebiet Argob nach dem ganzen Basan, dieß wird genannt Rephaitenland: die LXX. wieder: γῆ Ῥαφαῒν λογισθῇ der Vulg. richtig: cunctaque Basan vocatur terra Gigantum. Wie sollte doch zu Saul's, David's oder gar Josiah's Zeiten so nach das Land geheißen haben! cf. zu Deut. 2, Il.

V. 18 — 22: cf. zu Deut. 1, 7 — 8.

Kapitel 4.

V. 1: der Zweck, warum die Israeliten die religiösen und bürgerlichen Gesetze beobachten sollen, wird in diesem Verse dahin ausgesprochen: damit ihr lebet und kommet und einnehmet das Land, welches Jehovah, der Gott eurer Väter euch giebt. Warum wird denn so außerordentlich häufig im Deuteronomium von diesem Zwecke der Gesetzesbeobachtung gesprochen (cf. oben auch alle die Stellen, wo das לְרִשְׁתָּהּ vorkommt), wenn nicht der Verfasser vor der Einnahme des Landes selbst gelebt hätte. Denn der Einwand, daß ein späterer Konzipient, sich ja eben in der Lage des Moseh habe versehen und ihn so habe reden lassen müssen, wie Moseh würde gesprochen haben, wird dem Unbefangenen keineswegs genügen; es kommt zu oft vor; man fühlt und merkt es dem Redenden an, daß es ihm damit bitterer Ernst ist, und wie er auf jede Weise bemüht ist, einerseits das Volk zum Gehorsam gegen das Gesetz Jehovah's, aber eben so sehr zum festen Vertrauen zu ihm und zur Furchtlosigkeit, den mächtigen Kananitern gegenüber, zu ermuntern.

V. 22 und 23 cf. das eben zu V. 1 Bemerkte.

V. 37 — bis 40: cf. das zu V. 1 Gesagte; die gerade gegen die Authentie angeführten Worte כַּיּוֹם הַזֶּה beziehen sich, wie es 2, 30 offenbar in Beziehung auf Sichon der Fall ist, auf die Besiegung der ostjordanischen Emoritischen Könige Og und Sichon, die ja als Emoriter, ein Volksstamm der Kananiter, ebenfalls in die den Völkern gegebene Verheißung beschlossen waren, und deren Land also von Jehovah ihnen ebenfalls versprochen war.

V. 46: ... im Lande Sichon's des Königes der Emoriter; wie würde es doch einem später unter den Königen lebenden Verfasser eingefallen sein das Ostjordanland als „Land Sichons" zu bezeichnen; für Moseh ist diese Bezeichnung höchst natürlich und passend.

V. 48: ... bis zum Berge Sion das ist Hermon. Man könnte sich sehr geneigt fühlen, hier eine über unsere vorliegenden kritischen Hülfsmittel hinaus vorgegangene Korrupzion des Textes anzunehmen, daß nämlich hier wie 3, 9 שִׂרְיֹן zu lesen wäre, und nicht שִׂיאֹן (LXX. Σηών, Vulg. Sion). Auf jedem Fall aber nennt der Verfasser einen ausländischen, wahrscheinlich also Emoritischen, oder überhaupt Kananitischen Namen, der zu seiner Zeit noch muß gebräuchlicher gewesen sein, als der Name Hermon selbst, den erst die Israeliten ihm geben, und in welcher anderen Zeit läßt sich daß auch nur möglich denken, als in der Zeit Moseh's (oder allenfalls der ersten Zeit nach der Einnahme des Landes)?

Kapitel 5.

V. 30: Auf jeglichem Wege, den Jehovah euer Gott euch geboten hat, wandelt, damit ihr lebet und es euch wohl gehe und ihr lange lebet in dem Lande, welches ihr einnehmen sollt cf. zu Deut. 4, 1.

Kapitel 6.

V. 10—14: Nur wenn Moseh selbst diese Worte gesprochen und geschrieben hat, sind sie ganz passend; für einen andern haben sie nicht dieses Passende.

V. 18. 19: ... auf daß dir's wohl gehe und du kommest und einnehmest das gute Land, welches Jehovah deinen Vätern geschworen hat cf. zu Deut. 4, 1.

V. 23: ... Und uns führte er aus von dort, um uns zu bringen zu geben uns das Land, welches er unseren Vätern geschworen hat, cf. zu Deut. 4, 1.

Kapitel 7.

V. 1—5: Wann dich Jehovah dein Gott bringen wird in das Land, wohin du kommst, es einzunehmen, und vertreiben wird viele Völker vor deinem Antlitze, die Chiththiter, und Girgaschiter, und Emoriter, und Kananiter, und Pheresiter, und Chiwwiter und Jebusiter, sieben Völker, zahlreichere und mächtigere als du bist (V. 2) und Jehovah dein Gott sie vor deinem Antlitze hergeben wird und du sie schlagen wirst: so vertilge sie; schließe kein Bündniß mit ihnen; und beweise keine Gnade gegen sie. V. 3. Und nicht verschwägere dich mit ihnen; deine Tochter gieb nicht seinem Sohne, und seine Tochter nimm nicht deinem Sohne. V. 4. Denn er wird deinen Sohn hinter mir fort entfernen und sie werden dienen anderen Göttern und es wird entbrennen der Zorn Jehovah's gegen euch, und wird dich schnell vertilgen. V. 5: Sondern also thuet ihnen; ihre Altäre stoßet um, und ihre Säulen zerbrechet und ihre Ascherim zerbrechet (dort תְּשַׁבֵּרוּ,

hier תְּגַדֵּעוּן), und ihre Statuen (Schnitzbilder) verbrennt im Feuer. Wozu, fragt man mit dem vollkommensten Rechte, sollte diese Gesetze und Verordnungen ein Verfasser unter Saul und David oder gar unter Josiah gegeben haben, wo es entweder nur höchst wenige oder (unter Josiah) gar keine Kananiter mehr gab? Diese Gesetze können nur von Moseh gegeben sein; sie haben die speciellste Bedeutung für den eben bevorstehenden Einzug in das verheißene Land, und mußten wiederholt (cf. besonders 12, 2—4) eingeschärft werden; es kam Alles darauf an, daß gleich Anfangs ein reiner Boden für den bildlosen und sittlichen Monotheismus, den bilderreichen und unsittlichen Götzenthume im Heidenthume gegenüber gewonnen wurde. Alle für dieses unmittelbare Verhältniß zu den Kananitern gegebenen Gesetze haben nur rechten Sinn und Bedeutung, wenn sie von Moseh herrühren, und ihre große Anzahl und ihre häufige Wiederkehr ist ein immer stärkerer Beweis dafür, daß sie nur von Moseh herrühren können, ein laut sprechendes Zeugniß dafür, daß er Verfasser des Deuteronomiums ist.

V. 16—26: Und wirst fressen alle die Völker, welche Jehovah dein Gott dir giebt; nicht soll dein Auge sich erbarmen über sie und nicht sollst du dienen ihren Göttern; denn eine Schlinge ist dir es. Wann du sagen wirst in deinem Herzen: zahlreicher sind diese Völker als ich; wie werde ich sie vertreiben können? V. 18: Fürchte dich nicht vor ihnen; erinnere dich dessen, was Jehovah dein Gott dem Pharaoh und ganz Aegypten gethan hat. V. 19: die großen Versuchungen ...; so wird Jehovah dein Gott thun allen diesen Völkern, vor deren Antlitz du dich fürchtest ... V. 21: Nicht scheue dich vor ihrem Antlitze; denn Jehovah ... ist in deiner Mitte, ein großer und zu fürchtender Gott.

V. 22: Und es wird austreiben Jehovah dein Gott diese Völker vor deinem Antlitze nach und nach; du kannst sie nicht schnell vertilgen, damit sich nicht vermehren gegen dich die Thiere des Feldes. V. 23: Und es wird sie Jehovah dein Gott dahingeben vor deinem Antlitze her und sie mit großem Schrecken erschrecken bis sie vertilgt worden. V. 24: Und er wird geben ihre Könige in deine Hand und du sollst vernichten ihren Namen unter dem Himmel weg, nicht soll bestehen ein Mann vor deinem Antlitze bis du sie vertilgt hast. V. 25: die Schnitzbilder ihrer Götter sollt ihr verbrennen im Feuer; verlange nicht nach dem Silber und Gold an ihnen und nimm es dir nicht, damit du nicht dadurch verstrickt werdest, denn ein Gräuel Jehovah's deines Gottes ist es. V. 26: Und bringe nicht einen Gräul in dein Haus und werde nicht verflucht (ein Cherem) wie er; du sollst es verabscheuen und für Gräuel halten; denn es ist verflucht (ein Cherem), cf. das eben Gesagte zu V. 1—5; in demselben Kapitel also ganze sechszehn Verse, die ihre wahre Bedeutung nur haben, wenn sie von Moseh sind geschrieben worden. Es scheint mir eine dem Alterthume, welches im Unmittelbaren lebte und nur für die nothwendigsten und dringendsten Verhältnisse den Griffel in die Hand nahm, vollendet unangemessene, und nur für die neueren Verhältnisse namentlich unserer schreibseligen Zeit passende Vorstellung, sich einen Mann zu denken, der so nutz- und zwecklose Vorschriften 1000 Jahre später dem Moseh in den Mund legen soll, um auf die indirekteste Art, die sich nur denken läßt, gegen die Abschaffung der übrigens gar nicht im Deuteronomium erwähnten בָּמוֹת zu eifern, und das Volk gegen die ebenfalls nirgends darin erwähnten Kasdim (die Chaldäer) mit Muth zu entflammen diese Vorstellung ist so durch und durch unhistorisch, daß sie kaum unhistorischer gedacht werden kann. Im Deuteronom. ist überall auch nur von einem Angriffs- nirgends von einem Vertheidigungskriege die Rede, was der Fall sein müßte, wenn der Verfasser des Deuteronomiums die damals nur noch im Lande befindlichen Israeliten des Reiches Juda gegen die Chaldäer ermuntern wollte; sie sollen so lange offensiv sein, bis sie im Besitz des ihren Stammvätern bereits verheißenen Landes, und zwar nach den ihnen bereits bezeichneten Gränzen, sich befinden würden; länger nicht; von anderweitigen Eroberungskriegen ist dann ebenso wenig irgendwo auch nur die mindeste

Spur; ja die Eroberung Aegyptens wird sogar auf's Entscheidenste verboten Deut. 17, 16.

Kapitel 8.

V. 1—5: damit ihr lebet und euch ernähret und kommet und einnehmet das Land, welches geschworen hat Jehovah euren Vätern. V. 2: und erinnere dich des ganzen Weges, den dich geführt hat Jehovah dein Gott diese vierzig Jahre in der Wüste uff. cf. zu Deut. 4, 1.

V. 7—10: die in diesen Versen gegebene Beschreibung des Landes in Beziehung auf seine Trefflichkeit und Vorzüglichkeit ist für Moseh als Verfasser außerordentlich passend und angemessen; für einen guten später lebenden Verfasser, nachdem das Volk längere Zeit das Land besessen hatte, ist sie, je später lebend der Verfasser gedacht wird, nur um so unpassender, dann kannte Jedermann das Land ebenso gut und vielleicht besser, als es ihm hier gesagt wird. Auch sind im Gegensatze zu diesen die Verse 14—18 ebenfalls am treffendsten, wenn sie von Moseh herrühren.

V. 19. 20: Und geschehen wird es, wenn du vergissest Jehovah's deines Gottes und folgst anderen Göttern und dienest ihnen und betest sie an: so bezeuge ich heute gegen euch, daß ihr zu Grunde gehen werdet, (V. 20), wie die Heiden, welche Jehovah vor eurem Antlitze weg zu Grunde richtet, so werdet ihr zu Grunde gehen, cf. zu 16—26.

Kapitel 9.

V. 1—6: Höre Israel, du gehest heute über den Jordan um zu kommen in Besitz zu nehmen größere und stärkere Völker als du bist, große und in den Himmel befestigte Städte. V. 2: Ein großes und hohes Volk sind die Kinder der Anakiter, welche du kennst und gehört hast: wer mag bestehen vor dem Antlitz der Kinder Anak's? V. 3: Und wisse heute, daß Jehovah dein Gott, Er vor deinem Antlitze hergehet, ein verzehrendes Feuer; Er wird sie vertilgen und Er wird sie demüthigen vor dir, und du sollst sie vertreiben und sie schnell verderben, wie dir Jehovah gesagt hat. V. 4: Sprich nicht in deinem Herzen, wann Jehovah dein Gott sie verstößt von deinem Antlitze weg, indem du sagst: um meiner

Gerechtigkeit willen hat Jehovah mich gebracht dieses Land einzunehmen und um der Bosheit dieser Völker willen vertreibt sie Jehovah von meinem Antlitze weg. V. 5: Nicht um deiner Gerechtigkeit und um deiner Herzensgewandheit willen kommst du ihr Land einzunehmen, sondern um der Bosheit dieser Völker willen vertreibt sie Jehovah dein Gott vor deinem Antlitze weg und um aufrecht zu erhalten das Wort, welches Jehovah geschworen hat deinen Vätern, Abraham, Isaak und Jakob. V. 6: Und erfahre, daß nicht um deiner Gerechtigkeit willen Jehovah dein Gott der dieses gute Land giebt es einzunehmen; denn du bist ein hartnäckiges Volk, cf. oben zu 4, 1.

Kapitel 10.

V. 5: ... und ich legte die Tafeln in die Kiste, die ich gemacht hatte, und sie sind darin gewesen (waren darin), wie mir Jehovah geboten hatte. Diese höchst einfache Aeußerung über das höchste Heiligthum des Volkes scheint mir am besten von Moseh selbst herzurühren, selbst nicht einmal „bis auf diesen Tag," wie V. 8, wird hinzugefügt.

Kapitel 11.

V. 4: Und was er gethan hat dem Heere Aegyptens, seinen Rossen, und seinen Wagen, über deren Angesicht er die Wasser des Schilfmeeres ergossen hat, als sie hinter euch her verfolgten, und es verderbte sie Jehovah bis auf diesen Tag d. h. wie von Meyer erklärt: daß sie nicht wieder emporkommen, noch ein anderes ägyptisches Heer; er will darauf hinweisen, daß bis jetzt die Aegypter von ihrer damals durch Jehovah selbst erlittene Niederlage sich nicht hätten erholen können. Hat Moseh die Worte geschrieben, so ist Alles durchaus passend; bei jeder anderen Voraussetzung, namentlich der Abfassung unter den ersten Königen oder gar unter Josiah, verlieren sie dieses Passende; und alle Stützen, daß Moseh doch so habe sprechen können, wollen nicht durchhelfen.

V. 16—19: diese Verse haben nur ihre volle Wahrheit, wenn Moseh sie geschrieben hat; was aber bei diesen noch allenfalls eher bestritten werden könnte, gilt in weit höherem Grade von

V. 20—25, besonders V. 23: So wird Jehovah alle diese Völker vertreiben vor eurem Antlitze hinweg und werdet in Besitz nehmen größere und mächtigere Völker als ihr seid. V. 24: Jede Stelle, auf welche eure Fußsohle treten wird, soll euch gehören, von der Wüste und dem Libanon von dem Strome, dem Strome Phrath bis zum heiteren (ernstlichen) Meere soll eure Gränze sein. V. 25: Es soll nicht bestehen ein Mann vor eurem Antlitz, euer Schrecken und eure Furcht (vor euch) wird Jehovah euer Gott geben auf das Antlitz alles Landes, darauf ihr treten werdet, wie er zu euch geredet hat cf. zu Deut. 4, 1.

V. 29—31: Und es wird geschehen, wann dich Jehovah dein Gott bringen wird in das Land, wohin du kommst es einzunehmen, so sollst du geben den Segen auf dem Berge Geridsim und den Fluch auf dem Berge Ebal. V. 30: Sind diese nicht auf der Seite des Jordans hinter dem Wege des Unterganges der Sonne im Lande der Kananiter, welche in der Ebene wohnen, Gilgal gegenüber bei den Terebinthen Morehs? V. 31: Denn ihr gehet über den Jordan zu kommen einzunehmen das Land, welches Jehovah euer Gott euch giebt, und ihr sollt es einnehmen und darin wohnen. Wegen V. 29 und 31 ist besonders auf das oben zu 4, 1 Bemerkte zu verweisen. V. 30 aber scheint mir ein unumstößlicher Beweis von der Authentie des Deuteronomiums. Wie? fragt man sich, einem Verfasser nach Moseh sollte es möglich sein, diese beiden Berge auf so höchst genaue Weise, die freilich für uns manche der Schwierigkeiten darbietet, zu bezeichnen? Sollte es in dem späteren Zeitalter irgend einen Menschen eingefallen sein, die so berühmten Berge auf denen Segen und Fluch ausgesprochen wurden cf. Jos. 8, 30—35. V. 33: erst noch als ganz unbekannte ihrer geographischen Lage nach näher zu bestimmen? Und gerade die ängstliche Genauigkeit, mit der es geschieht, ist sie nicht ein schlagender Beweis, daß es den Verfasser, dem Gesetzgeber darauf ankam, die dem Volke noch unbekannten Berge recht bestimmt hinzustellen, daß ja kein Irrthum sie beschleichen könne? Bei den exegetischen Schwierigkeiten verweile ich jetzt nicht; sie stoßen das Gesagte nicht um.

Kapitel 12.

V. 2—4: Ihr sollt verderben alle die Orte, wo die Völker, welche ihr vertreibet, gedient haben ihren Göttern auf den hohen Bergen und auf den Hügeln und unter jeglichem grünen Baume. V. 3: Und stoßet um ihre Altäre und zerbrechet (וְשִׁבַּרְתֶּם) ihre Säulen, und ihre Ascherim verbrennet im Feuer und die Schnitzbilder ihrer Götter zerbrechet (תְּגַדֵּעוּן), und verderbet ihren Namen von dieser Stelle. V. 4: Nicht thut also Jehovah eurem Gotte. Hier gilt das oben zu 7, 1 bis 5 Gesagte.

V. 8—10: Nicht thut wie Alles was wir hier heute thun, ein jeder alles was recht ist in seinen Augen. V. 9: denn noch nicht seid ihr bis jetzt gekommen zu der Ruhe und zu dem Eigenthume, welches Jehovah dein Gott dir giebt. V. 10: Und gehet über den Jordan und wohnet im Lande, welches Jehovah euer Gott euch vertheilt und er wird euch zur Ruhe bringen vor allen euren Feinden umher und werdet sicher wohnen. Schwerlich würde ein späterer Israelite es gewagt haben, den großen Gesetzgeber ein so demüthigendes Bekenntniß in den Mund zu legen, wie es in V. 8 sich ausgesprochen findet; würde der nicht vielmehr Alles im schönsten Lichte dargestellt, Alles möglichst idealisirt, Alles als recht übereinstimmend mit den göttlichen Festsetzungen hingestellt haben, die von Gott durch Moseh dem Volke gegeben wurden? Ja wir müssen aufs Bestimmteste aussagen, jeder Spätere, der dieß ohne die allerspeciellste Kenntniß der Verhältnisse unter Moseh selbst ausgesprochen hätte, würde auf das Allergröbste alle Pietät gegen den Gesetzgeber verletzt haben. Nur für Moseh, für ihn einzig und allein, den gerade in seiner Demuth und seinem Gehorsam so großen Knecht des lebendigen Gottes, der nirgends das Seine suchte, und nur für seinen Herrn lebte und für das von ihm auserkorene Volk, nur für ihn sind jene Worte durch und durch schicklich, und athmen ganz das göttliche Dekorum, welches aufrichtigst bekennt, daß wir allzumal Sünder sind und nur dem lebendigen Gott

Jehova alle Ehre, gebühre. Nachdem ich dieß niedergeschrieben, kam mir die Reflexion, daß mit solchen Worten die allerhöchsten Kritiker, namentlich von Bohlen selbst, recht unzufrieden sein und sagen werden, daß solche Worte, mehr auf die Kanzel gehören als in ein Buch, welches es sich doch herausnehme, in Sachen der höhern Kritik mitzusprechen. Es sei erlaubt, ganz kurz darauf zu erwiedern, daß ich jene Unterscheidung für abgeschmackt halte; daß auf der Kanzel Gesagte, wenn es so gesagt ist, wie es gesagt sein soll, ist zugleich dasjenige, welches unter der Kanzel, im gemeinsamen und alltäglichen Leben sich verwirklichen, und realisiren soll; oder kurz auf die sogenannte höhere Kritik angewendet: wenn die höhere Kritik die Gottesmänner des A. und N. T. nicht so auffaßt, wie sie sie sich geben, so wird sie leeres Stroh dreschen.

V. 29—31: Wann Jehovah dein Gott ausrotten wird die Völker, wohin du kommst sie zu vertreiben vor deinem Antlitze weg und du sie vertreibest und wohnest in ihrem Lande; (V. 30.) so hüte dich, daß du nicht verstrickt werdest ihnen nach, nachdem sie aus deinem Amtlitze weg vertilgt worden sind und daß du nicht fragtest nach ihren Göttern indem du sprichst: wie dienen diese Völker ihren Göttern und auch ich will so thun. V. 31: Thue nicht also Jehovah deinem Gotte, denn jeglichen Gräuel vor Jehovah, welchen Er haßt, haben sie ihren Göttern gethan; denn auch ihre Söhne und Töchter verbrennen sie im Feuer ihren Göttern, cf. zu Deut. 4, 1—5.

Kapitel 16.

V. 20: Gerechtigkeit, Gerechtigkeit (der allerstrengsten Gerechtigkeit) jage nach, damit du lebest und einnehmest das Land, welches Jehovah dein Gott dir giebt cf. zu Deut. 4, 1 bis 5.

Kapitel 17.

V. 8 — 13: Wenn dir zu schwierig ist eine Sache im Gericht ..., so mache dich auf und gehe zu dem Orte, welchen Jehovah dein Gott erwählen wird. V. 9; Und komm zu den Priestern den Leviten (aus dem Stamm Levi) und zu dem Schophet (Richter), welcher sein wird in jenen Tagen und

Und forsche, und sie werden dir anzeigen. die Rechtssache. ... V. 12: Und der Mann, welcher im Uebermuth handeln wird nicht zu gehorchen dem Priester, welcher steht, dort zu dienen Jehovah deinem Gotte, oder dem Stophet, sterben soll jener Mann und du sollst ausrotten das Böse aus Israel. Diese Stelle ist eine dafür entscheidende, daß das Deuteronomium vor den Königen geschrieben ist; der Gesetzgeber stellt sich als den Normalzustand des Volkes den vor, in welchem Jehova unmittelbar selbst König ist, der durch den Hohenpriester und den Schophet nach dem unveränderlichen Gesetze (Deut. 4, 2. 13, 1), und endlich durch den Propheten (Deut. 18, 15. bis 19) das Volk leiten will. Die Erwähnung des Schophet giebt dem Gesetzgeber Veranlassung für den Fall, wo das Volk Lust bekäme, ebenfalls wie die umwohnenden Völker statt des unsichtbaren Königs einen sichtbaren zu haben die näheren Bestimmungen über dessen Verhältnisse V. 75 bis 20 festzusetzen.

Kapitel 18.

V. 9 bis 14: Wann du kommst in das Land, welches Jehovah dein Gott dir giebt, so lerne nicht thun wie die Gräuel jener Völker. V. 10: Nicht soll gefunden werden unter dir Jemand der seinen Sohn oder seine Tochter durch das Feuer gehen lasset, der Wahrsagereien treibt, der mit Zauberei umgeht, der Schlangenweissagerei treibt, der Zauberformeln murmelt. V. 11: der durch Räffelknüpfen bannt, und der einen Todtenbeschwörergeist (אוֹב) und Wahrsagergeist befragt und der nach den Todten fragt. V. 12 denn ein Gräul vor Jehovah ist Jeder der das thut, und wegen dieser Gräuel vertreibt sie Jehovah dein Gott vor deinem Antlitze weg. V. 14: denn diese Völker, welche du vertreibest hören auf Zauberer und Wahrsager und du, nicht also hat Jehovah dein Gott dir es beschieden cf. zu Deut. 4, 1 bis 5.

Kapitel 19.

V. 1—3: Wann Jehovah dein Gott ausrotten wird die Völker, deren Land Jehovah dein Gott dir giebt und du sie vertreiben und wohnen wirst in ihren Städten und inihren Häusern, (V. 2). so sondre dir drei Städte aus inmitten deines Landes, welches Jehovah dein Gott dir giebt es einzunehmen. V. 3: Mache dir gerade den Weg nnd dreitheile die Gränze deines Landes, welches dir vertheilen wird Jehovah dein Gott und es soll sein zum Fliehen dorthin für jeden der einen Todschlag begangen hat. cf. zu Deut. 4, 1 bis 5.

Kapitel 19.

V. 1—3: Wann Jehovah dein Gott ausrotten wird die Völker, deren Land Jehovah dein Gott dir giebt und du sie vertreiben und wohnen wirst in ihren Städten und in ihren Häusern, (V. 2), so sondere dir drei Städte aus inmitten deines Landes, welches Jehovah dein Gott dir giebt es einzunehmen. V. 3: Mache dir gerade den Weg und dreitheile die Gränze deines Landes, welches dir vertheilen wird Jehovah dein Gott und es soll sein zum Fliehen dorthin für jeden der einen Todschlag begangen hat, cf. zu Deut. 4, 1 bis 5.

V. 8—10: Und wenn Jehovah dein Gott erweitern wird deine Gränze, wie er geschworen hat deinen Vätern und er dir alles das Land geben wird, welches er gesagt hat deinen Vätern zu geben, (V. 9) wenn du beobachten wirst ..., so sollst du dir noch hinzufügen drei Städte zu diesen dreien. Da bereits früher erzählt ist Deut. 4, 41 ff., daß Moseh drei Städte im Ostjordanlande zu diesem Zwecke ausgesondert hatte, so ist in den Versen 8—10 gar nicht an diese zu denken; sondern es sollen, wenn das ganze den Vätern versprochene Land, von Aegypten an bis zum Euphrath hin, im Besitze der Israeliten sein wird, nach drei andern als Frei-, oder Zufluchts-, oder Asylstädte ausgesondert werden, so daß also im Ganzen neun solche Städte im Bereiche der Israeliten sich befinden sollten; die Geschichte giebt uns nicht an, ob iemals dieses Gebot Gottes z. B. unter David ist in Ausführung gebracht worden. Unter Josiah würde es wahre Phantasie und Träumerei gewesen sein, ein solches Gebot aufstellen zu wollen.

V. 17. 18: Und es sollen treten die beiden Männer, welche die Streitsache haben, vor Jehovah's Antlitz, vor das

Antlitz der Priester und der Schophaten, welche in jenen Tagen sein werden. V. 18; Und es sollen die Schopheten genau forschen uff. cf. zu Deut. 17, 8—13, nur daß hier sogar ein Kollegium von Schopheten aufgeführt; hätte der Verfasser unter den Königen geschrieben, so würde er natürlich den König genannt haben.

Kapitel 20.

V. 15—18: So (wie V. 10—14 angegeben ist) sollst du thun allen den von dir sehr fernen Städten, welche nicht sind von den Städten dieser Völker hier. V. 16: Aber aus den Städten dieser Völker, welche Jehovah dein Gott dir giebt zum Eigenthum, sollst du nicht leben lassen irgend eine Seele. V. 17: Sondern du sollst gegen sie den Bann vollziehen, die Chiththiter, die Emoriter, Kananiter, Pheridsiter, Chiwwiter, und die Jebusiter, wie dir geboten hat Jehovah dein Gott. V. 18: Damit sie euch nicht lehren zu thun, wie alle ihre Gräuel, welche sie ihren Göttern thun, und ihr nicht sündiget gegen Jehovah euren Gott; auch V. 19. 20 könnten noch hieher gezogen werden. Hier ist das Gesetz in Beziehung auf die ferner gelegenen Städte V. 10 bis 14, und die im eigentlichen Kanaan gelegenen so genau geschieden, daß dieses Gesetz einzig und allein Sinn und Bedeutung für die Zeit des Moseh hat; für jede andere Zeit, höchstens etwa die Zeiten Josua's und der Richter ausgenommen, ist es durchaus unpassend; und einen Mann des Alterthums so ins Blaue hinein sich Gesetze schmiedend zu denken, die gar keine lebendige Beziehung zu den bestimmten Zeitverhältnissen und der Gegenwart haben, ist gewiß eine vollendet unhistorische Vorstellung. Ich betrachte diese Verse 15 bis 18 als eine ganz entscheidende Stelle für die Authentie des Deuteronomiums.

Kapitel 23.

V. 2 bis 9: scheinen mir ebenfalls für die Authentie zu sprechen; doch habe ich nicht gewisse Merkmale dafür in ihnen; V. 21: gehört aber hieher wegen der Worte: damit dich Jehovah dein Gott segne in allem Geschäft deiner Hand, in dem Lande, wohin du kommst es einzunehmen.

Kapitel 25.

V. 17 bis 19: Gedenke was Amalek dir that auf dem Wege bei eurem Ausziehen aus Aegypten. V. 18: Welcher dir begegnete auf dem Wege und die hinter dir nachziehenden Geschwächten unter dir schlug und du warst matt und müde, und nicht fürchtete er Gott. V. 19: Und es wird geschehen, wann Jehovah dein Gott dich zur Ruhe bringt von allen deinen Feinden umher in dem Lande, welches Jehovah dein Gott dir giebt zum Eigenthum es einzunehmen, so lösche das Andenken Amalek's aus, unter dem Himmel weg; du sollst es nicht vergessen. Dieses ist eine durchaus entschiedene Stelle, daß das Deuteronomium vor David abgefaßt worden. Es wird uns 1 Sam. 15 1—9. besonders V. 8 der Vertilgungskrieg erzählt, welchen König Saul gegen die Amalekiter führte; ein Gesetz, welches die Vertilgung Amaleks gebietet nach dieser Begebenheit, würde also Etwas durchaus Ueberflüssiges sein.

Kapitel 26.

V. 1 bis 11: Und es wird geschehen, wenn du kommen wirst in das Land, welches Jehovah dein Gott dir giebt zum Eigenthum und du es einnimmst, und du darin wohnst; (V. 2) so nimm von den Erstlingen jeglicher Frucht des Landes ... V. 3. Und komm zum Priester, welcher in jenen Tagen sein wird und sprich zu ihm: ich bekenne heute Jehovah deinem Gotte, daß ich gekommen bin in das Land, welches Jehovah geschworen hat unsern Vätern uns zu geben. ... V. 9: Und er beruhte uns an diesen Ort, und gab uns dieses Land, ein Land fließend von Milch und Honig. V. 10: Und nun, siehe, bringe ich die Erstlinge der Frucht des Landes, welches du mir gegeben hast, Jehovah uff. Es erscheint mir diese Stelle als eine durchaus entscheidende für die Authentie des Deuteronomiums; es wird sogar die bestimmte Formel vorgeschrieben, mit der der Israelite nach der Eroberung des Landes die Erstlinge darbringen soll; es mag immerhin sein, daß sie bei Darbringung auch in den späteren Zeiten gebraucht wurde; vorgeschrieben ist sie zunächst für die Darbringung gleich nach der Vertheilung des Landes; eine Vorschrift die fast nur von Moseh herrühren kann.

Kapitel 27.

Dieses ganze Kapitel (nicht weniger als 27 Verse) hat einzig und allein wahren Sinn und Bedeutung, wenn es wirklich von Moseh herrührt; alle Beordnungen über den Segen und Fluch, der auf den Bergen Geridsim und Ebal soll ausgesprochen werden, können fast nur von Moseh herrühren, wenn man nicht mit der allergrößesten Willkühr auch die Erzählung Josua 8, 30. 35 über den Haufen wirft.

Kapitel 28.

V. 63: ... und ihr werdet verstoßen werden von dem Lande, wohin du kommst es einzunehmen.

Kapitel 30.

V. 16—20: ... und du sollst leben und dich vermehren und es wird dich segnen Jehovah dein Gott im Lande, wohin du kommst es einzunehmen uff. cf. besonders V. 18 und zum Ganzen das zu Deut. 4, 1—5 Bemerkte.

Kapitel 31.

V. 3—8: Jehovah dein Gott, er gehet vor deinem Antlitze, er wird vertilgen diese Völker vor deinem Antlitze weg, und du wirst sie vertreiben ... V. 4: Und Jehovah wird ihnen thun, wie er gethan hat Sichon und Og den Königen der Emoriter und ihrem Lande, welche er vertilgt hat. V. 5: Und es wird Jehovah sie geben vor eurem Antlitze her, und thut ihnen wie das ganze Gebot, welches ich euch geboten habe. V. 6: Seid stark und steht fest, fürchtet und scheut euch nicht vor ihrem Antlitze; denn Jehovah dein Gott er geht mit dir; nicht wird er dich loslassen und nicht dich verlassen. V. 7: Und es rief Moseh dem Josua und redete zu ihm vor den Augen ganz Israels: Sei stark und fest, denn du wirst mit diesem Volke in das Land kommen, welches Jehovah ihren Vätern geschworen hat ihnen zu geben, und du sollst es ihnen vertheilen. V. 8: Und Jehovah, er geht vor deinem Antlitze, er wird mit dir sein; nicht wird er dich loslassen und nicht dich verlassen, fürchte dich nicht und erschrick nicht cf. zu Deut. 4, 1—5.

V. 13: ... in dem Lande, wohin ihr über den Jordan geht es einzunehmen cf. zu Deut. 4, 1—5.

V. 20: denn ich will ihn (Israel, die Israeliten) bringen in das Land, welches ich geschworen habe seinen Vätern, fließend von Milch und Honig cf. zu Deut. 4, 1—5.

V. 23: Und er (Jehovah) gebot dem Josua dem Sohne Nun's und sprach: Sei stark und fest, denn du sollst die Kinder Israel in das Land bringen, welches ich ihnen geschworen habe, und ich werde mit dir sein.

Diese so gehäuften Spuren einer lebendigen Beziehung auf die Verhältnisse Moseh's selbst und für die unmittelbar nach ihm eintretenden gebieten uns den Inhalt auch von Moseh selbst uns niedergeschrieben zu denken. Nur hiermit steht Alles in bester Uebereinstimmung; jede spätere Abfassungszeit, wie die Zeit der ersten Könige, oder eines der letzten, des Josiah, stürzt uns in ein Meer selbst gemachter Schwierigkeiten, die augenblicklich verschwinden, sobald man Moseh dafür anerkennt, wofür er sich giebt, und wofür ihn die ganze Heilige Schrift A. und N. T. anerkennt, für einen wahren Gesandten des lebendigen Gottes, für den höchsten und größten Propheten des A. B., mit dem Jehovah sich herabließ umzugehen, wie ein Mensch mit einem Menschen umgeht.

Die Verbalendung ה–

Diese Endung scheint eine nähere Untersuchung in Beziehung auf die Art und Weise, wie sie gebraucht wird, und ihr Vorkommen in den verschiedenen Perioden der hebräischen Sprache zu verdienen.

Zunächst fällt Einem sogleich auf, daß sie der nachexilischen prosaischen Sprache vollkommen fremd ist; sie kommt nämlich niemals vor im Buche Esther, in Esrah und Nehemiah, und dem ersten Buche der Chronik (über das zweite Buch sogleich); sie kommt ferner niemals vor im Buche Daniel (natürlich ist nur von seinem hebräischen Theile die Rede), im Haggai, im Koheleth, in den Klageliedern, im

Hohenliede, im Jona und Obadjah, (über die Zeit der Abfassung der meisten vorgenannten Schriften soll Nichts damit ausgesagt sein); sie kommt in den beiden großen Propheten Jeremiah und Ezechiel außerordentlich selten vor, in jenem nur fünfmal, in diesem sogar nur dreimal; im Pentateuche ist sie außerordentlich häufig, in den verschiedenen Büchern aber keinesweges gleichmäßig vertheilt, so daß sie z. B. im Levitikus keinmal, im Deuteronomium acht und funfzigmal erscheint.

Im Großen und Ganzen muß man hiernach geneigt sein, diese Endung als der jüngeren Sprache fremd zu bezeichnen, die, wo sie in prophetischer Rede vorkommt, mehr der theilweisen Alterthümlichkeit oder der Nachahmung der einzelnen Propheten scheint zugeschrieben werden zu müssen, als der Sprache, wie sie in den jüngeren Zeiten die gewöhnliche war. Hierin bestärkt uns ganz besonders die Vergleichung der Bücher der Könige mit denen der Chronik, von dem Verfasser, welcher letzteren Schrift es ausgemacht ist, daß er freier mit seinen Quellenschriften umging als der der Könige. In den beiden Büchern der Könige findet sich nun die Endung ן־ im Ganzen 15mal, im ersten nämlich 9mal, im zweiten 6mal. Die Stellen im ersten Buche der Könige sind folgende: 1) 8, 35: בְּהֵעָצֵר שָׁמַיִם ··· וְהִתְפַּלְלוּ ··· וּמֵחַטָּאתָם יְשׁוּבוּן, in Salomoh's Gebete), wenn der Himmel verschlossen ist ... und sie beten ... und von ihrer Sünde zurückkehren; dieselbe Stelle kommt auch vor im zweiten Buche der Chronik 6, 26; beide Verfasser haben sie also (so dürfen sie wohl schließen) in der Quellenschrift vorgefunden. 2) 8, 38; אֲשֶׁר יֵדְעוּן אִישׁ נֶגַע לְבָבוֹ welche erkennen (= wenn sie erkennen) ein Jeglicher die Plage seines Herzens (aus demselben Gebete); hier hat die Chronik 6, 29 אֲשֶׁר יֵדְעוּ; es hat also wohl in der Ueberschrift יֵדְעוּן gestanden, welches der Chronist aber der Sprache seiner Zeit akkommodirte, und das ן ausließ. 3) 8, 42 (aus demselben Gebete) כִּי יִשְׁמְעוּן אֶת־שִׁמְךָ הַגָּדוֹל, wenn (wann) sie hören werden (oder denn sie werden oder sollen hören) deinen großen Namen; im Chronisten 6, 32 fehlt dieser Satz, indem an ein vorhergehendes שִׁמְךָ gleich הַגָּדוֹל uff. ange schlossen wird. 4) 8, 43: לְמַעַן יֵדְעוּן כָּל־עַמֵּי הָאָרֶץ, damit erfahren alle Völker der Erde (aus demselben Gebete); der Chronist hat 6, 33 dieselben Worte läßt aber das Final-Nun aus und liest יֵדְעוּ 5, 9, 6. אִם שׁוֹב תְּשֻׁבוּן wenn ihr umkehren werdet; der Chronist ebenso (mit Auslassung des absoluten Inf.); nur hat er die Form plene geschrieben vf. zu No. 1. 6) 12, 24 (in der Rede des Propheten Schemajah unter Rehabeam) לֹא־תַעֲלוּ וְלֹא־תִלָּחֲמוּן עִם־אֲחֵיכֶם ziehet nicht hinauf, und streitet nicht mit euren Brüdern, 2 Chron. 11, 4 stehen dieselben Worte; nur hat der Chronist wieder statt der Endung וּן bloß ו (תִּלָּחֲמוּ). 7) und 8) in demselben Verse in den Worten, welche Isabel dem Eliah sagen läßt 19, 2: כֹּה יַעֲשׂוּן אֱלֹהִים וְכֹה יוֹסִפוּן so mögen die Götter thun und so fortfahren (die ganze Geschichte, kommt wie die, woraus die folgenden Worte entnommen sind, in der Chronik gar nicht vor). 9) 20, 10 כֹּה יַעֲשׂוּן לִי אֱלֹהִים וְכֹה יוֹסִפוּ so mögen mir die Götter thun uff. (in Benhadad's Worten an König Ahab, die nicht in der Chronik vorkommen); wir müssen wohl glauben, daß in der Quellenschrift ebenfalls hier wie 19, 2, יוֹסִפוּן stand, daß aber der im Exil lebende Verfasser des ganzen Buches der Könige bereits das zweite Mal nach der Sprachweise seiner Zeit das Final- ן ausließ. Im zweiten Buche der Könige finden wir die Verbalendung וּן an folgenden Stellen 1) 6, 19: אֲשֶׁר תְּבַקֵּשׁוּן (in den Worten Elisa's, die wie die ganze Geschichte, in der Chronik nicht vorkommen; geht hinter mir her und ich will euch leiten zu dem Manne, den ihr sucht, oder suchen sollt (den Befehl habt zu suchen). 2) 11, 5: זֶה הַדָּבָר אֲשֶׁר תַּעֲשׂוּן, dieß ist die Sache, welche ihr thun sollt (Worte des Hohenpriesters Jojada); der Chronist (2 Chr 23, 4) hat dieselben Worte, aber das Verb. mit der bloßen Endung וּ; die Endung וּן stand also höchst wahrscheinlich in der Urschrift, und wurde von demselben dem Sprachgebrauche seiner Zeit gemäß modifizirt. 3) 17, 37 (läßt der Verf. der Bücher der Könige oder derjenige, aus dem er als Quelle die Betrachtungen über die Wegführung der Israeliten und den Gottesdienst der eingeführten Kolonisten aufgenommen hat, den Jehovah zu den aus Aegypten ausgeführten Israeliten, also in alterthümlicher Sprache, namentlich des Deuteronomiums cf. unten, sagen:) אֶת־הַחֻקִּים תִּשְׁמְרוּן die Satzungen ... sollt ihr beobachten; diese Stelle, wie die ganze Erzählung, kommt in der Chronik nicht vor. 4) 18, 22 (in Rabschakeh's Rede) וְכִי תֹאמְרוּן und wenn ihr sagen wolltet; in der Chronik fängt jene Rede erst hinter diesen Worten an. 5) und 6) in der Rede des Jesajah an die Abgeordneten des Hiskiah: כֹּה תֹאמְרוּן so sollt ihr sprechen (zu eurem Herrn uff); dieselben Worte in derselben Form stehen auch in derselben Rede, wie sie Jesajah 27, uns giebt, V. 6 und 10; (in der Chronik fehlt diese Rede); die Endung וּן scheint also ohne Zweifel ursprünglich in der Quelle des Verfassers der Bücher der Könige gestanden zu haben und wurde so von ihm herüber genommen. Aus dem Bisherigen ergiebt sich nun: 1) der Verfasser der Bücher der Könige braucht die Endung וּן nur bis auf die Zeiten des Jesajah herab, nicht später. 2) Er hat sie überall in seinen Quellen (cf. zu 17, 37, wo allenfalls einiger Zweifel sein könnte, wo er aber jedenfalls alterthümlich spricht) vorgefunden; sie war zu seiner Zeit ungebräuchlich. 3) Er ist in ihrer Uebertretung aus den Quellen genommen, als der Chronist, wie sich dieß ganz offenbar aus 1 K. 8, 38 cf. 2 Chron. 6, 29; 1 Kön. 8, 43 cf. 2 Chron. 6, 33. 1 Kön. 12, 24 cf. 2 Chron. 11, 4. 2 Kön. 11, 5 cf. 2 Chron. 23, 4 ergiebt, in welchen Stellen der Verfasser der Bücher der Könige die Endung וּן aus den Quellen beibehält, der Chronist dagegen in ו abschwächt. Der Chronist nun hat diese Endung überhaupt nur viermal, und zwar im ersten Buche gar nicht, sondern nur in seinem zweiten. Die erste Stelle (2 Chron. 6, 26) aus dem Gebete Salomoh's ist oben bereits da gewesen als gemeinsam mit dem Verf. der BB. der Könige (1 Kön. 8, 35). 2) 2 Chron. 7, 19 (in den Worten Jehovah's an Salomoh zu Gibeon) ist ebenfalls bereits da gewesen 1 Kön. 9, 6; beide fanden sie in ihrer Quelle vor, und nahmen sie unverändert herüber, nur daß vielleicht der Chronist in der zweiten Sylbe sie plene schrieb. 3) 19, 9 und 4) 19, 10 dieselbe Worte כֹּה תַעֲשׂוּן so sollt ihr thun (in er Rede Josaphats an die von ihm Ausgesandten). Diese beiden Stellen finden sich, wie diese ganze Erzählung, nicht in den BB. der Könige. Der Chronist braucht die Endung nur bis in die Zeiten des Königes Josaphat, nicht mehr später; wie sich aus 2 Chron. 6, 26. 7, 19 cf. 1 Kön. 8, 35. 9, 6 (wo sie sich ebenfalls findet) ergiebt, hat er sie aus seinen Quellen herübergenommen; und so dürfen wir ganz allgemein den Satz aufstellen: die Verbalendung ון war im Exil und nach demselben aus der Sprache des gewöhnlichen Lebens verschwunden, und nur noch alterthümlich. Hierin bestärken uns noch die Bücher Samuels, in deren ersten die Endung achtmal, in deren zweiten sie nur einmal vorkommt; ganz vorzüglich aber die Propheten Jeremia und Ezechiel in denen sie verhältnißmäßig so außerordentlich selten vorkommt cf. unten. Ich gehe nun die verschiedenen Bücher des A. T. in der Folge durch, wie sie in den Hebräischen Bibeln vorkommen.

Genesis.

In diesem Buche kommt jene Endung zwölfmal in folgenden Stellen vor: 1) 33: פֶּן־תְּמֻתוּן damit ihr nicht sterbet; vorher steht in demselben Verse ohne ן: (לֹא תֹאכְלוּ מִמֶּנּוּ וְלֹא תִגְּעוּ בּוֹ). 2) 3, 4: לֹא מוֹת תְּמֻתוּן Luther: ihr werdet mit nichten des Todes sterben, vielleicht der Frechheit der Schlange nach angemessener, ihr sollt nicht sterben. 3) 18, 28: אוּלַי יַחְסְרוּן vielleicht fehlen (den funfzig Gerechten fünf). 4) 18, 29: אוּלַי יִמָּצְאוּן שָׁם vielleicht werden dort gefunden. 5) 18, 30 und 6) 18, 31 und 7) 18, 32, an allen drei Stellen wie 18, 29. 8) 32, 5: כֹּה תֹאמְרוּן so sollt ihr sagen. 9) 32, 20: כַּדָּבָר הַזֶּה תְּדַבְּרוּן אֶל־עֵשָׂו wie dieses Wort sollt ihr zu Esau sprechen. 10) 43, 32: כִּי לֹא יוּכְלוּן הַמִּצְרִים לֶאֱכֹל אֶת־הָעִבְרִים לֶחֶם denn es können nicht die Aegypter mit den Hebräern das Brot essen. 11) 44, 1: כַּאֲשֶׁר יוּכְלוּן שְׂאֵת wie sie tragen können. 12) 44, 23: לֹא תֹסִפוּן לִרְאוֹת פָּנָי ihr sollt nicht fortfahren mein Antlitz zu sehen (cf. 14, 13 לֹא תֹסִפוּ לִרְאֹתָם). Die Endung steht also 1) imperatisch No. 2? 8. 9. 12, wenigstens drei-

vielleicht viermal 2) hinter פֶּן No. 1, alle Absicht, positiv oder negativ ausgedrückt, enthält die Vorstellung des Sollens oder Nichtsollens; „damit ihr nicht sterbet“ enthält den Gedanken: ihr sollt nicht sterben. 3) Hinter אוּלַי No. 3. 4. 5. 6. 7; in jedem Vielleicht liegt Etwas Imperativisches oder Optativisches (über den Zusammenhang von Imperativ und Optativ habe ich mich mehrfach ausgesprochen, so wie über den Modus überhaupt, in meiner Schrift: Der Modus im Hauptsatze Krefeld 1833); es liest darin: cf. 18, 26 mögen (einmal) fünf fehlen, als fehlend gedacht werden, laß sie fehlen, wir wollen annehmen, daß sie fehlen uff. 4) Die beiden Stellen unter No. 10 und 11 (vielleicht auch No. 2?) würden allein eine Indicativaussage enthalten, wenn nicht vielleicht ursprünglich ebenfalls Imperativisches darin liegt: die Aegypter sollen nicht essen können; mögen sie tragen! In der zweiten Person steht die Endung unter den Nummern 1. 2. 8. 9. 12; in der dritten No. 3. 4. 5. 6. 7. 10. 11.

E x o d u s.

In diesem Buche kommt die Endung ן 28mal vor in folgenden Stellen 1) 1, 22: וְכָל־הַבַּת תְּחַיּוּן und eine jegliche Tochter sollt ihr leben lassen. 2) 3, 12: בְּהוֹצִיאֲךָ ... תַּעַבְדוּן אֶת־הָאֱלֹהִים בָּהָר הַזֶּה wenn du (das Volk aus Mizrajim) ausführst, sollt ihr dem [wahren] Gott dienen auf diesem Berge. 3) 3, 21: וְהָיָה כִּי תֵלֵכוּן לֹא תֵלְכוּ רֵיקָם und es wird geschehen, wenn ihr gehet, werdet (sollt) ihr nicht leer gehen; in demselben Verse also, ja in demselben Worte, einmal die längere, einmal die kürzere Form. 4) 4, 9: וְהָיָה es liegt jenem wann zu Grunde; ihr sollt gehen. אִם־לֹא יַאֲמִינוּ ... וְלֹא יִשְׁמְעוּן לְקֹלֶךָ und es wird geschehen, wenn sie nicht glauben ... und nicht hören deiner Stimme; in demselben Verse und in demselben Gedankenverbindung steht einmal die kürzere, einmal die längere Endung; ja im Verse vorher (V. 8) steht bei denselben Worten beidemal die Form ו, also auch יִשְׁמְעוּ. 5) 4, 15: וְהוֹרֵיתִי אֶתְכֶם אֵת אֲשֶׁר תַּעֲשׂוּן und ich werde euch lehren, was ihr thun sollt. 6) 5, 7: לֹא תֹאסִיפוּן לָתֵת תֶּבֶן לָעָם ihr sollt nicht fortfahren Stroh dem Volke zu geben. 7) 9, 28: וְלֹא תֹאסִיפוּן לַעֲמֹד und ihr sollt nicht fortfahren zu bleiben. 8) 9, 29: הַקֹּלוֹת יֶחְדָּלוּן de Wette richtig: der Donner *soll* aufhören, dann heißt es V. 33: וַיַּחְדְּלוּ. 9) 9, 30: יָדַעְתִּי כִּי טֶרֶם תִּירְאוּן מִפְּנֵי יְהוָֹה אֱלֹהִים ich weiß, daß ihr noch nicht euch fürchtet vor dem Antlitze Gottes Jehovah's. 10) 11, 7: לְמַעַן תֵּדְעוּן damit ihr erfahret 11) 14, 14: וְאַתֶּם תַּחֲרִשׁוּן, de Wette richtig: und ihr *sollt* ruhig sein. 12) 15, 14: שָׁמְעוּ יִרְגָּזוּן de Wette: es hören's die Völker, sie beben; richtiger: es hören's die Völker, beben sollen sie. 13) und 14) in demselben Verse 17, 2: מַה־תְּרִיבוּן עִמָּדִי מַה־תְּנַסּוּן אֶת־יי׳ Luther, von Meyer und de Wette: was zankt ihr mit mir? Warum versucht ihr den Herrn Jehovoh? wohl richtiger: was wollt ihr zanken mit mir? was wollt ihr versuchen Jehovah? = ihr sollt nicht uff. 15) 18, 20: וְהוֹדַעְתָּ לָהֶם אֶת־הַדֶּרֶךְ יֵלְכוּ בָהּ וְאֶת־הַמַּעֲשֶׂה אֲשֶׁר יַעֲשׂוּן und lehre ihnen den Weg, darauf sie gehen, und das Werk, das sie thun sollen; in demselben Verse und derselben Gedankenverbindung, in dem *einen* Verb. die kürzere, in dem *anderen* die längere Form; Luther und von Meyer: die Werke, die sie thun sollen, de Wette: das Thun, das sie thun sollen. 16) 18, 26: וְשָׁפְטוּ אֶת־הָעָם בְּכָל־עֵת אֶת־הַדָּבָר הַקָּשֶׁה יְבִיאוּן אֶל־מֹשֶׁה וְכָל־הַדָּבָר הַקָּטֹן יִשְׁפּוּטוּ הֵם de Wette gewiß unrichtig: und sie richteten das Volk zu jeder Zeit: die schweren Händel *brachten* sie vor Mose und alle kleinen Händel richteten sie selbst; besser Luther und v. Meyer: daß sie das V. richteten; was aber schwere Sachen wären zu Mose brächten und die kleinen Sachen sie richteten; wörtlich: und sie sollen richten ...; die schwere Sache *sollen* sie zu Moseh bringen; und jegliche kleine Sache *sollen* sie selbst richten; die Form יִשְׁפּוּטוּ ist eine auf andere Weise verstärkte Form, wie es die angehängten ן versehenen Formen sind. 17) 20, 12: לְמַעַן יַאֲרִיכוּן יָמֶיךָ damit sich verlängere deine Tage. 18) 20, 20: לֹא תַעֲשׂוּן אִתִּי de Wette im Wesentlichen richtig: ihr sollt nichts neben mir machen (Luther und von Meyer ebenso, nur setzen sie das nicht im Hebräischen stehende *darum* uff. (sollt ihr hinzu); wörtlich: Ihr sollt nicht neben mir machen, Was? steht im folgenden Halbverse mit Wiederholung des Aussagewortes; in demselben Verse steht auch לֹא תַעֲשׂוּ. 19) 21, 18: וְכִי־יְרִיבֻן אֲנָשִׁים und wenn Männer streiten sollten. 20) 21, 35; וְגַם אֶת־הַמֵּת יֶחֱצוּן und auch den todten [nämlich den todt gestoßenen Stier] sollen sie theilen. 21) 22, 8: אֲשֶׁר יַרְשִׁיעֻן אֱלֹהִים wen die Götter (Richter) verdammen sollen. 22) 22, 21: לֹא תְעַנּוּן de Wette: ihr sollt nicht unterdrücken (Luther und v. Meyer: ihr sollt keine (Wittwen und Waisen beleidigen). 23) 22, 24: לֹא תְשִׂימוּן עָלָיו נֶשֶׁךְ de Wette: ihr sollt ihm nicht Zins auflegen. 24) und 25) in demselben Verse 22, 30: וְאַנְשֵׁי־קֹדֶשׁ תִּהְיוּן לִי וּבָשָׂר בַּשָּׂדֶה טְרֵפָה לֹא תֹאכֵלוּ לַכֶּלֶב תַּשְׁלִיכוּן אֹתוֹ und heilige Leute sollt ihr mir sein, und Fleisch auf dem Felde, (von Thieren) Zerrissenes sollt ihr nicht essen, dem Hunde sollt ihr es vorwerfen; zweimal steht die längere, einmal die kürzere Form. 26) und 27) und 28) in demselben Verse 34, 13: כִּי אֶת־מִזְבְּחֹתָם תִּתֹּצוּן וְאֶת־מַצֵּבֹתָם תְּשַׁבֵּרוּן וְאֶת־אֲשֵׁרָיו תִּכְרֹתוּן Sondern ihre Altäre sollt ihr umstoßen und ihre Säulen zerbrechen und ihre Ascheren vernichten. Im B. Exodus steht also die Endung ן 1) imperativisch No. 1. 2. 5 (im Nebensatze: was ihr thun sollt). 6. 7. 8. 11. 12. 15 (im Nebensatze). 16. 18. 20. 22. 23. 24 und 25 (in demselben Verse). 26 und 27 und 28 (in demselben Verse). 2) Im Nebensatze zum Ausdruck der Absicht cf. oben das bei der Genesis zu פֶּן Bemerkte, hinter לְמַעַן No. 10. 17. 3) Im Nebensatze zum Ausdruck der Bedingung (des Bedingenden), wenn, und auch der Zeitvorstellung wann; alle Bedingung enthält Etwas Imperativisches; wenn er kommt = nimm an, denke dir: er kommt uff. cf. unser: wenn er kommen sollte, welches auch auf wann, namentlich in der Zukunft, scheint übertragen worden zu sein. No. 3 (כִּי = wenn). 4 (אִם). 19 (כִּי = wenn); in einem bedingenden Sinne ist auch No. 21 zu fassen: wenn ihn die G. verdammen. 4) Hinter (טֶרֶם) כִּי im Sinne wie: daß (noch nicht); so steht es No. 9, wo der Gedanke: ich weiß, daß ihr euch fürchten sollt; ganz vorzüglich die Endung ן hervorgerufen zu haben scheint. 5) In der Frage hinter מָה was oder warum? Der Gedanke: ihr sollt nicht zanken wird fragend ausgedrückt: was oder warum wollt ihr zanken? In der zweiten Person steht die Endung unter No. 1. 2. 3. 5. 6. 7. 9. 10. 11. 13. und 14 (in demselben Verse). 18. 22. 23. 24 und 25 (in demselben V.) 26 und 27 und 28 (in demselben Verse); in der dritten Person unter No. 4. 8. 12. 15. 16. 17. 19. 20. 21.

Leviticus.

In diesem Buche kommt die Endung ן nicht vor.

Numeri.

In diesem Buche findet sich diese Endung siebenmal: 1) 11, 19: לֹא יוֹם אֶחָד תֹּאכְלוּן וְלֹא יוֹמָיִם nicht einen Tag sollt ihr essen oder zwei Tage ... (sondern uff.) 2) 16, 28: בְּזֹאת תֵּדְעוּן כִּי יְהוָֹה שְׁלָחַנִי daran sollt ihr erkennen, daß Jehovah mich gesendet hat. 3) 16, 29: אִם כְּמוֹת כָּל־הָאָדָם יְמֻתוּן wenn wie jeder Mensch diese sterben sollten. 4) 32, 7: וְלָמָּה תְנוּאוּן (תְּנִיאוּן Kri) אֶת־לֵב בְּנֵי יִשְׂרָאֵל de Wette richtig: und warum wollt ihr das Herz der Söhne Israels abwendig machen? 5) 32, 15: כִּי תְשׁוּבֻן מֵאַחֲרָיו de Wette: wenn ihr euch abwendet von ihm, Luther und v. Meyer: wo ihr euch von ihm wendet. 6) 32, 20: אִם תַּעֲשׂוּן אֶת־הַדָּבָר הַזֶּה de Wette: wenn ihr dieses thut, Luther und v. Meyer wohl besser, wenn ihr das thun wollt. 7) 32, 23: וְאִם לֹא תַעֲשׂוּן כֵּן Luther und v. Meyer. Wo ihr aber nicht also thun wollt. In diesem Buche steht also die Endung ן 1) imperativisch No. 1. 2. 2) Im Nebensatze zum Ausdrucke der Bedingung (cf. das zum Buche Exodus Bemerkte) No. 3: (אִם). 5 (כִּי = wenn). 6 (אִם). 7 (אִם) und 3) in der Frage hinter לָמָּה No. 4 (cf. zum Exodus). In der zweiten Person steht diese Endung unter No. 1. 2. 4. 5. 6. 7, in der dritten unter No. 3.

Deuteronomium.

In diesem Buche steht die Endung nicht weniger als 58mal, und zwar zweimal sogar im Präteritum 8, 3 und 16 in der Form יָדְעוּן; nur einmal noch steht sie im Präteritum bei Jesaj. 26, 16 in der Form צָקוּן. Im Futurum kommt sie also im Deut. 56mal vor in folgenden Stellen: 1) und 2)

1, 17: לֹא־תַכִּירוּ פָנִים בַּמִּשְׁפָּט כַּקָּטֹן כַּגָּדֹל תִּשְׁמָעוּן לֹא־תָגוּרוּ מִפְּנֵי־אִישׁ ... וְהַדָּבָר אֲשֶׁר יִקְשֶׁה מִכֶּם תַּקְרִיבוּן אֵלַי וּשְׁמַעְתִּיו nicht sollt ihr ansehen das Gesicht (die Person) im Gericht, so den Kleinen wie den Großen sollt ihr anhören; fürchtet euch nicht vor dem Antlitze Jemandes ... und die Sache, welche zu schwer ist für euch sollt ihr vor mich bringen, und ich will sie hören; zweimal steht die kürzere, zweimal die längere Form in demselben Verse. 3) 1, 18: אֲשֶׁר תַּעֲשׂוּן ich gebot euch zu jener Zeit alle Sachen) die ihr thun sollt; Luther, von Meyer und de Wette wohl nicht richtig: was ihr thun solltet. 4) 1, 22: וַתִּקְרְבוּן אֵלַי כֻּלְּכֶם und ihr nahetet euch mir alle, und dann gleich unmittelbar darauf: וַתֹּאמְרוּ und ihr sagtet. 5) und 6) in demselben Verse 1, 29: רא־תַעַרְצוּן וְלֹא־תִירְאוּן מֵהֶם ihr sollt nicht erschrecken und nicht euch fürchten vor ihnen. 7) 2, 25: אֲשֶׁר יִשְׁמְעוּן שִׁמְעֲךָ וְרָגְזוּ וְחָלוּ מִפָּנֶיךָ de Wette, welche [nämlich Völker] von dir hören und sie sollen zitttern und beben vor dir: vielmehr: welche das Gerücht von dir hören und vor deinem Antlitze zittern und beben sollen. 8) 4, 6: אֲשֶׁר יִשְׁמְעוּן אֵת כָּל־הַחֻקִּים הָאֵלֶּה, de Wette: welche (Völker), wenn sie alle die Gesetze vernehmen, sagen werden, richtiger: welche vernehmen sollen alle diese Satzungen und sagen (sollen). 9) und 10) in demselben Verse 4, 10: אֲשֶׁר יִלְמְדוּן לְיִרְאָה אֹתִי ... וְאֶת־בְּנֵיהֶם יְלַמֵּדוּן welche [meine Worte] sie lernen sollen mich zu fürchten ... und ihren Söhnen lehren sollen. 11) und 12) in demselben Verse 4, 11: וַתִּקְרְבוּן וַתַּעַמְדוּן und ihr nahetet euch und standet. 13) 4, 16: פֶּן־תַּשְׁחִתוּן de Wette: daß ihr nicht übel thuet (es geht vorher V. 12: und sehet euch sehr vor). 14) und 15) und 16) in demselben Verse 4, 26: הַעִידֹתִי ... כִּי אָבֹד תֹּאבֵדוּן מַהֵר ... לֹא תַאֲרִיכֻן יָמִים עָלֶיהָ כִּי הִשָּׁמֵד הִשָּׁמֵדוּן ... de Wette: so rufe ich ... zu Zeugen (gegen euch an), daß ihr schnell nun kommen werdet ...; ihr werdet nicht lange darin bleiben, sondern vertilgt werden; gewiß richtiger: ... daß ihr schnell umkommen sollt ...; ihr sollt nicht lange darin bleiben, sondern sollt vertilgt werden. 17) und 18) und 19) und 20) in demselben Verse 4, 28: אֲשֶׁר לֹא יִרְאוּן וְלֹא יִשְׁמְעוּן וְלֹא יֹאכְלוּן וְלֹא יְרִיחֻן (von den Götzen), de Wette, wie Luther und von Meyer, übersetzen: die nicht (weder) sehen, noch hören, noch essen, noch riechen; der Vulg. hat auch qui non vident etc.; die LXX, οἳ οὐκ ὄψονται, οὔτε μὴ ἀκούσωσιν, οὔτε μὴ φάγωσιν οὔτε ὀσφρανθῶσι, wie mir scheint am richtigsten; es soll ausgedrückt werden: sie sollen und müssen es bleiben lassen, diese Funkzionen des Sehens uff. auszuüben; es scheint mir Etwas Imperativisches auch hier in der Form sich auszusprechen, nicht bloß Indikativisches. 21) 5, 16: למען יאריכן ימיך damit sich verlängern mögen deine Tage. 22) 5, 20: ותקרבון אלי ihr nähertet euch mir. 23) und 24) in demselben Verse 5, 30: למען תחיון וטוב לכם ... אשר תירשון de Wette: auf daß ihr lebet ... welches ihr werdet einnehmen; richtiger: auf daß ihr eben möget und es euch wohl ergehen ... (in dem Lande) welches ihr einnehmen sollt. 25) 6, 2: למען יאריכן ימיך cf. No. 21. 26) 6, 3: ואשר תרבון מאד und auf daß ihr euch sehr vermehren möget. 27) 6, 14: לא תלכון אחרי אלהים אחרים nicht sollt ihr hinter anderen Göttern hergehen. 28) 6, 17: שמור תשמרון את־מצות יי' אלהיכם beobachten sollt ihr die Gebote Jehovah's eures Gottes (V. 16 steht: לא תנסו). 29) und 30) in demselben Verse 7, 5: ומצבתם תשברו ואשיריהם תגדעון ופסיליהם תשרפון באש ihre Säulen sollt ihr zerbrechen, und ihre Ascheren abbrechen und ihre Schnitzbilder im Feuer verbrennen; außer תשברו kommt noch zweimal in dem Verse die Form ו vor. 31) 7, 12: והיה עקב תשמעון de Wette: und es geschieht (besser: und es wird geschehen), wenn ihr (diesen Rechten) gehorchet. 32) 7, 25: פסילי אלהיהם תשרפון באש cf. No. 29 und 30. 33) und 34) in demselben Verse: כל־המצוה ... תשמרון לעשות למען תחיון jegliches Gebot ... sollt ihr euch beeifern zu thun, damit ihr leben möget. 35) 8, 13: ובקרך וצאנך ירבין (hüte dich, daß nicht – פן – ...) dein Groß- und dein Kleinvieh sich mehre ... und dein Herz sich erhebe, oder dem deutschen angemessener, wie Luther, v. Meyer, und de Wette übersetzen: daß nicht, ... wenn ... sich mehren ... dein Herz sich erhebe. 36) 8, 19: כי אבד תאבדון cf. oben zu 4, 26; de Wette wieder: ... daß ihr umkommen werdet, besser: ... sollt. 37) und 38) in demselben Verse 8, 20: כן תאבדון עקב לא תשמעון de Wette: also werdet ihr umkommen, darum, daß ihr nicht gehorchet; besser: so sollt ihr umkommen, wenn ihr nicht gehorchen solltet. 39) 11, 22: אִם שָׁמֹר תִּשְׁמְרוּן wenn ihr beobachtet. 40) 12, 1: אֲשֶׁר תִּשְׁמְרוּן לַעֲשׂוֹת die ihr beobachten sollt zu thun. 41) 12, 2: אַבֵּד תְּאַבְּדוּן vertilgen sollt ihr alle Orte. 42) und 43) 12, 3: אֲשֵׁרֵיהֶם תִּשְׂרְפוּן בָּאֵשׁ וּפְסִילֵי אֱלֹהֵיהֶם תְּגַדֵּעוּן cf. No. 29 und 30. 44) 12, 4: לֹא תַעֲשׂוּן כֵּן nicht sollt ihr also thun. 45) 12, 8: לֹא תַעֲשׂוּן ihr sollt nicht thun. 46) 13, 5: וּבוֹ תִדְבָּקוּן und ihm sollt ihr anhangen; nebendem steht in demselben Verse viermal die Endung וּ ganz in demselben Sinne תִּשְׁמָעוּ, תִשְׁמֹרוּ, תִירָאוּ, תֵּלֵכוּ. 47) 13, 12: וְכָל־יִשְׂרָאֵל יִשְׁמְעוּ וְיִרָאוּן וְלֹא יוֹסִפוּ לַעֲשׂוֹת und ganz Israel soll es hören und sich fürchten und nicht fortfahren zu thun. 48) 17, 13: וְכָל־הָעָם יִשְׁמְעוּ וְיִרָאוּ וְלֹא יְזִידוּן עוֹד und das ganze Volk soll es hören und sich fürchten und nicht mehr übermüthig handeln. 49) 17, 16: לֹא תֹסִפוּן לָשׁוּב ihr sollt nicht wieder zurückkehren. 50) 18, 1: אִשֵּׁי יי׳ וְנַחֲלָתוֹ יֹאכֵלוּן die Opfer Jehovahs und sein Eigenthum sollen sie essen. 51) 18, 15: אֵלָיו תִּשְׁמָעוּן auf ihn sollt ihr hören. 52) 29, 8: לְמַעַן תַּשְׂכִּילוּ אֵת כָּל־אֲשֶׁר תַּעֲשׂוּן de Wette: auf daß ihr Gelingen habet (And.: weise handelt) in allen, was ihr thut, besser: in Allem, was ihr thun sollt. 53) und 54) in demselben Verse 30, 18: כִּי אָבֹד תֹּאבֵדוּן לֹא־תַאֲרִיכֻן יָמִים de Wette: (so verkündige ich euch heute), daß ihr umkommen und nicht lange bleiben werdet, besser: ... sollt. 55) 31, 29: כִּי־הַשְׁחֵת תַּשְׁחִתוּן (ich weiß,) daß (ihr nach meinem Tode) übel handeln werdet. 56) 33, 11: מְחַץ מָתְנַיִם קָמָיו וּמְשַׂנְאָיו מִן־יְקוּמוּן de Wette zerschmettern die Hüften seiner Widersacher, daß seine Hasser sich nicht erheben; besser wohl noch die Punkten, an denen auch Luther und v. Meyer festhalten: ... seiner Widersacher und Hasser, daß sie nicht sich erheben mögen. Die LXX. und der Vulg. sind hier für die Interpunkzion der Stelle, wie de Wette sie giebt. Die Endung וּן steht also im Deuteronomium 1) imperativisch unter No. 1 und 2 (in demselben V.) 3 (im Nebensatze hinter אֲשֶׁר = Relativsatz.) 5 und 6 (in demselben V.) 7 (im Relativsatze.) 8 und 9 und 10 im Relativsatze; 14 und 15 und 16 im Nebensatze im Objektivverhältnisse hinter כִּי; 17 bis 20 im Relativsatze; könnten auch vielleicht rein indikativisch gefaßt werden; 24 im

Relativsatze 27. 28. 29 und 30 (in demselben Verse). 32. 33 und 34. (in demselben V.) 36 im Nebensatze im Objektivverhältnisse hinter כִּי. 37. 40. im Relativsatze. 41. 42. und 43. (in dems. V.) 44. 45. 46. 47. 48. 49. 50. 51. 53. und 54. wie No. 14 bis 16 und 36. 2) Im Nebensatze zum Ausdrucke der Absicht hinter פֶּן unter No. 13. 35, hinter אֲשֶׁר No. 26; hinter לְמַעַן No. 21. 23. und 24. (in demselben V.) 25. 52; hinter מִן = פֶּן No. 56. 3) Im Nebensatze zum Ausdrucke der Bedingung, hinter עֵקֶב No. 31. 38; hinter אם No. 39. 4) Indikativisch in den beiden Stellen 8, 3. 16, wo es im Präteritum vorkommt, den einzigen in prosaischer Rede; ferner hinter dem ו convers. fut. unter No. 4. 11. und 12. (in demselben V.) 22; hinter כִּי = daß No. 55, vielleicht auch hinter אֲשֶׁר unter No. 17. bis 20. In der zweiten Person kommt die Endung vor No. 1 und 2 (in dems. V.) 3. 4. 5 und 6. 11 und 12. 13. 14 und 15 und 16. 22. 23 und 24. 26. 27. 28. 29 und 30. 31. 32. 33 und 34. 36. 37 und 38. 39. 40. 41. 42 und 43. 44. 45. 46. 49. 51. 52. 53 und 54. 55; in der dritten unter No. 7. 8. 9 und 10. 17 und 18 und 19 und 20. 21. 25. 35. 47. 48. 50. 56; und außerdem in den beiden Stellen, wo es im Prät. vorkommt 8, 3. 16.

Im Pentateuche steht also die Form 1) imperativisch, im Hauptsatz; und im Nebensatz hinter כִּי, אֲשֶׁר (= daß). 2) Im Nebensatz zum Ausdrucke der Absicht פֶּן, לְמַעַן, אֲשֶׁר, מִן. 3) Hinter אוּלַי. 4) Im Nebensatze zum Ausdrucke des Bedingenden wenn כִּי, אִם, עֵקֶב, אֲשֶׁר im Sinne von: wenn ihn, eigentlich: welchen, oder der Zeitvorstellung wann (כִּי). 5) Hinter כִּי טֶרֶם = daß noch nicht. 6) In der Frage hinter מָה (= warum), לָמָּה. Endlich 7) Indikativisch, besonders hinter dem ו convers fut., hinter כִּי = daß und אֲשֶׁר?

Das Buch Josua.

In diesem Buche erscheint die Endung ון neunmal, in folgenden Stellen: 1) 2, 8: וְהֵמָּה טֶרֶם יִשְׁכָּבוּן de Wette: sie aber hatten sich noch nicht schlafen gelegt, besser Luther und v. Meyer: Und ehe denn sie sich schlafen legten. 2) 3 7:

אֲשֶׁר יֵדְעוּן welche (die Israeliten) erfahren sollen, oder mit Luther, v. Meyer und de Wette: damit sie u.s.f. 3) 3, 10: בְּזֹאת תֵּדְעוּן daran sollt ihr erkennen. 4) 3, 13: מֵי הַיַּרְדֵּן יִכָּרֵתוּן de Wette (Luther und v. Meyer in Beziehung auf die Form ebenso): so wird das Wasser des Jordans sich scheiden, besser: so soll u.s.f. 5) 4, 6: כִּי יִשְׁאָלוּן wann oder wenn sie fragen werden. 6) 4, 21: אֲשֶׁר יִשְׁאָלוּן wie No. 5. 7) 17, 10: וּבְאָשֵׁר יִפְגְּעוּן מִצָּפוֹן de Wette (Luther und v. Meyer: und an Asser stoßen sie gegen Norden, vielmehr: sollen sie stoßen u.s.f. 8) 24, 15: בַּחֲרוּ ... אֶת־מִי תַעַבְדוּן erwählet ... wem ihr dienen wollet. 9) 24, 27: פֶּן־תְּכַחֲשׁוּן בֵּאלֹהֵיכֶם damit ihr nicht euren Gott verleugnet. Die Endung וּן steht also im Buche Josua 1) imperativisch No. 2. (im Relativsatze) 3. 4. 7. 2) Im Nebensatze zum Ausdrucke der Absicht hinter פֶּן No. 9. 3) Im Nebensatze zum Ausdrucke von wenn oder wann hinter כִּי No. 5, hinter אֲשֶׁר No. 6. 4) Hinter טֶרֶם = bevor No. 1. und 5) in der indirekten Frage, als Objektivsatz zu: erwählet, hinter אֶת־מִי No. 8. In der zweiten Person steht die Form No. 3. 8. 9; in der dritten No. 1. 2. 4. 5. 6. 7.

Das Buch der Richter.

In diesem Buche kommt die Endung 8mal vor in folgenden Stellen: 1) 2, 2: וְאַתֶּם לֹא־תִכְרְתוּ בְרִית לְיוֹשְׁבֵי הָאָרֶץ הַזֹּאת מִזְבְּחוֹתֵיהֶם תִּתֹּצוּן und ihr sollt kein Bündniß schließen mit den Bewohnern dieses Landes, ihre Altäre sollt ihr umstoßen. 2) und 3) in demselben Verse 6, 31: הַאַתֶּם תְּרִיבוּן לַבַּעַל אִם־אַתֶּם תּוֹשִׁיעוּן אוֹתוֹ wollt ihr mit dem Baal streiten oder wollt ihr ihn retten? 4) 7, 17: כֵּן תַּעֲשׂוּן also sollt ihr thun; in demselben Verse auch וְכֵן תַּעֲשׂוּ. 5) 8, 1: וַיְרִיבוּן אִתּוֹ בְּחָזְקָה und sie haderten mit ihm gewaltig. 6) 11, 18: וַיַּחֲנוּן בְּעֵבֶר אַרְנוֹן und sie lagerten jenseits des Arnon. 7) 15, 7: אִם־תַּעֲשׂוּן כָּזֹאת wenn ihr so thut. 8) 15, 12: הִשָּׁבְעוּ לִי פֶּן־תִּפְגְּעוּן בִּי אַתֶּם schwöret mir, daß ihr mich nicht tödten wollt. Sie steht also in diesem Buche 1) imperativisch unter No. 1. 4. 2) Im Nebensatze zum Ausdruck der Absicht hinter פֶּן No. 8. 3) Im Nebensatze zum Ausdrucke der Bedingung nach אִם No. 7. 4) In einer direkten Doppelfrage hinter הַ ... אִם No. 2. u. 3.

5) Indikativisch beim Vav convers. fut. No. 5. 6. In der zweiten Person steht es No. 1. 2. 3. 4. 7. 8; in der dritten No. 5. 6.

Das erste Buch Samuelis.

In diesem Buche findet sich die Endung וּן achtmal, an folgenden Stellen: 1) 2, 15: גַּם בְּטֶרֶם יַקְטִירוּן אֶת הַחֵלֶב auch ehe sie das Fett anzündeten. 2) 2, 16: קַטֵּר יַקְטִרוּן כַּיּוֹם הַחֵלֶב de Wette: sie sollen das Fett eben anzünden. 3) und 4) in demselben Verse 2, 22: וְשָׁמַע אֵת כָּל־אֲשֶׁר יַעֲשׂוּן בָּנָיו ... וְאֵת אֲשֶׁר יִשְׁכְּבֻן und (Eli) hörte Alles, was seine Söhne thäten ... und daß sie lägen. 5) 2, 23: לָמָּה תַעֲשׂוּן כַּדְּבָרִים הָאֵלֶּה warum wollt ihr thun (de Wette: thut ihr) wie diese Reden sind. 6) und 7) 9, 13: כֵּן תִּמְצְאוּן אֹתוֹ, und gleich darauf ebenso, nur ohne כֵּן: so sollt ihr ihn finden oder werdet ihr u.s.f. 8) 11, 9: כֹּה תֹאמְרוּן so sollt ihr sagen; also nur bis zum 11ten Kap. steht diese Endung וּן in diesem Buche. Sie kommt vor 1) imperativisch No. 2. 6 und 7. 8. 2) Hinter בְּטֶרֶם (ehe, bevor) No. 1. 3) In der direkten Frage hinter לָמָּה No. 5. 4) Indikativisch, oder vielmehr in der oratio obliqua, die in so vielen Sprachen Etwas an das Imperativische und Optativische (Konjunktiv; das Wesen dieses Modus habe ich entwickelt in meiner oben schon genannten Abhandlung: der Modus im Hauptsatze) Anstreifendes hat. No 3 und 4. In der zweiten Person steht die Endung No. 5. 6 und 7. 8, in der dritten No. 1. 2. 3. und 4.

Das zweite Buch Samuelis

enthält die Endung וּן nur einmal, und zwar in David's Elegie über Saul und Jonathan 2 Sam. 22, 39: וְלֹא יְקוּמוּן und nicht sollen sie sich erheben. Es steht also imperativisch und zwar in der dritten Person.

Das erste Buch der Könige.

Die 9 Stellen dieses Buches, in denen die Endung וּן vorkommt, sind oben bereits angegeben und betrachtet worden. Hier werde noch hinzugefügt, daß dieselbe gebraucht wird 1) imperativisch No. 6. 7 und 8. 9. 2) Im Nebensatze zum Ausdruck der Absicht No. 4, hinter לְמַעַן. 3) Im Nebensatze zum Ausdruck der Bedingung No. 2 (hinter אֲשֶׁר = wenn sie);

hinter כִּי = wenn oder wann No. 3, hinter אִם No. 5, und in einer Kondizionalverbindung No. 1. In der zweiten Person steht die Endung No. 5. 6; in der dritten No. 1. 2. 3. 4. 7. und 8. 9.

Das zweite Buch der Könige.

Die 6 Stellen, in denen ןּ vorkommt sind ebenfalls oben bereits angegeben und betrachtet worden. Diese Endung steht 1) imperativisch No. 1? 2 (im Relativsatz) 3. 5 und 6. 2) Zum Ausdruck der Bedingung hinter כִּי = wenn No. 4. 3) Vielleicht indikativisch No. 1? In der zweiten Person kommt sie vor: No. 1. 2. 3. 4. 5. 6; in der dritten gar nicht.

Jesajah.

In diesem Propheten kommt die Endung וּן, nach dem Deuteronomium, am oftesten, nämlich 37mal vor; die Stellen sind folgende: 1) 7, 25: וְכֹל הֶהָרִים אֲשֶׁר בַּמַּעְדֵּר יֵעָדֵרוּן de Wette: und auf alle Berge, die man mit der Hacke behacket, wohl richtiger: ... die man ... behacken muß. 2) 8, 12: לֹא־תֹאמְרוּן קֶשֶׁר ihr sollt nicht sagen: Bund. 3) und 4) in demselben Verse 13, 8: צִירִים וַחֲבָלִים יֹאחֵזוּן כַּיּוֹלֵדָה יְחִילוּן de Wette: sie sind (bestürzt), von Krämpfen und Wehen ergriffen, wie die Gebärerin zittern sie: besser: Krämpfe und W. sollen sie ergreifen, wie die Geb. sollen s. zittern. 5) und 6) in demselben Verse 17, 12 כַּהֲמוֹת יַמִּים יֶהֱמָיוּן וּשְׁאוֹן לְאֻמִּים כִּשְׁאוֹן מַיִם כַּבִּירִים יִשָּׁאוּן de Wette: gleich dem Toben der Meere toben sie, und ein Getöse von Nazionen, gleich dem Getöse mächtiger Wasser tosen sie; wohl richtiger: ... sollen sie toben, ... sollen sie tosen. 7) 17, 13 יִשָּׁאוּן wie No. 6. 8) 21, 12: אִם־תִּבְעָיוּן wenn ihr fragen wollt. 9) 22, 14: עַד־תְּמֻתוּן bis ihr sterben müßt oder sollt. 10) 26, 11; בַּל־יֶחֱזָיוּן יֶחֱזוּ וְיֵבֹשׁוּ de Wette: sie sahen es nicht; sie sahen beschämt (deinen Eifer); unmöglich, sondern entweder mit v. Meyer: das sehen sie nicht, sie werden aber sehen zu ihrer Schande oder: sie sollen es nicht sehen; sie sollen sehen und sich schämen. 11) 26, 16: צָקוּן לַחַשׁ de Wette: sie ergossen sich in Gebete. 12) 26, 19: יִחְיוּ מֵתֶיךָ נְבֵלָתִי יְקוּמוּן de Wette: es werden deine Todten wieder aufleben, unsere Leichnahme auferstehen; besser: es sollen aufleben ... auferstehen. 13) 29, 21; יְקֹשׁוּן de Wette:

Schlingen legten sie (dem, der rechtete im Thor); ganz entschieden richtiger v. Meyer: und stellen dem nach. 14) 30, 15: תִּוָּשֵׁעוּן de W.: (durch Stille und Ruhe) wär' euch geholfen. v. Meyer richtiger: ... würde euch geholfen; wohl besser: ... soll euch geh. werden. 15) 30, 16: עַל־כֵּן תְּנוּסוּן deshalb sollt ihr fliehen. 16) 31, 3: יִכְלָיוּן de Wette: (und allzumal) kommen alle um, besser: sie sollen umkommen. 17) 31, 7: יִמְאָסוּן de Wette: (ja zu selbiger Zeit) verwerfen sie (ein jeglicher seine silbernen Götzen); besser: ... sollen sie verwerfen. 18) 33, 7: מַר יִבְכָּיוּן de Wette: (die Friedensboten) weinen bitterlich, besser: ... sollen bitterlich weinen. 19) 35, 10: יְשֻׁבוּן de Wette: (und so) kehren (die Befreiten Jehovah's) zurück, besser: sollen zurückkehren ... 20) 36, 6: כֹּה תֹאמְרוּן so sollt ihr sprechen. 21) 36, 10: wie No. 20. 22) 40, 18: וְאֶל־מִי תְּדַמְּיוּן אֵל de Wette: und wem wolltet ihr Gott vergleichen 23) 41, 5: קָרְבוּ וַיֶּאֱתָיוּן de Wette: sie nahen und kommen herzu, besser: sie nahten u.s.f. 24) 49, 11: וּמְסִלֹּתַי יְרֻמוּן d. W.: und meine Straßen werden erhöhet, besser: sollen erhöhet werden. 25) 49, 26: יִשְׁכָּרוּן de Wette richtig: (u. wie vom Most) sollen sie (von ihrem Blute) trunken werden. 26) 50, 11: לְמַעֲצֵבָה תִּשְׁכָּבוּן de Wette: im Jammer sollt ihr da liegen. 27) 51, 5: וּזְרֹעַי עַמִּים יִשְׁפֹּטוּ אֵלַי אִיִּים יְקַוּוּ וְאֶל־זְרֹעִי יְיַחֵלוּן de Wette: meine Arme sollen die Völker richten; auf mich harren die Inseln, warten auf meinen Arm, vielmehr auch nachher: ... sollen harren ... sollen warten. 28) 51, 6: וְיֹשְׁבֶיהָ כְּמוֹ־כֵן יְמוּתוּן de Wette: und ihre Bewohner sterben wie Mücken, besser: ... sollen sterben. 29) und 30) in demselben Verse 51, 11: יְשׁוּבוּן יַשִּׂיגוּן (und die Befreiten Jehovah's) sollen zurückkehren ... (Wonne und Freude) soll sie erreichen. 31) 52, 12: תֵצֵאוּ ... לֹא תֵלֵכוּן de Wette: (denn nicht in Eile) sollt ihr ausziehen, (und nicht in Flucht) auswandern; in demselben Verse in derselben Gedankenverbindung die kürzere und die längere Form. 32) 55, 12: כִּי בְשִׂמְחָה תֵצֵאוּ וּבְשָׁלוֹם תּוּבָלוּן denn in Freuden sollt ihr ausziehen und in Frieden geleitet werden, de Wette hat statt denn: ja; in demselben Verse in derselben Gedankenverbindung יִפְצְחוּ und יִמְחֲאוּ. 33) und 34) und 35) in demselben V. 58, 2: וְאוֹתִי יוֹם יוֹם

יִדְרֹשׁוּן וְדַעַת דְּרָכַי יֶחְפָּצוּן ... קִרְבַת אֱלֹהִים יֶחְפָּצוּן de Wette: Aber sie fragen mich Tag für Tag, und meine Wege wünschen sie zu wissen ... Gottes Herannahen wünschen sie; vielleicht doppelsinnig; sie sollen es thun (innerlich), sie thun es aber nur äußerlich. 36) 60, 7: אֵילֵי נְבָיוֹת יְשָׁרְתוּנֶךְ (in demselben Verse auch יִקָּבְצוּ und יַעֲלוּ) de Wette: Nebajoth's Widder dienen dir, besser: sollen dir dienen. Endlich 37) 60, 10: וּמַלְכֵיהֶם יְשָׁרְתוּנֶךְ und ihre Könige sollen dir dienen.

Ich unterlasse nicht zu bemerken, daß die Vertheilung der Endung im ersten und zweiten Theile dieses Propheten fast gleich ist, welches für die Identität desselben Propheten ein gutes Zeugniß ablegt. Sie kommt vor: 1) imperativisch: No. 1? 2. 3 und 4. 5 und 6. 7. 9. (hinter עַד). 10? 12. 14. 15. 16. 17. 18. 19. 20. 21. 24. 25. 26. 27. 28. 29 und 30. 31. 32. 33? und 34? und 35? 36. 37. 2) Im Nebensatze zum Ausdruck der Bedingung hinter אִם No. 8. 3) In der direkten Frage hinter אֶל־מִי No. 22. Endlich 4) indikativisch, ganz entschieden in der außer dem Deuteronomium einzigen Form im Präteritum No. 11, ferner No. 13. und wahrscheinlich No. 1? 10? 33? und 34? und 35?, hinter Vav convers. fut. einmal No. 23. In der zweiten Person steht die Endung No. 2. 8. 9. 14. 15. 20. 21. 22. 26. 31. 32; in der dritten unter No. 1. 3 und 4. 5 und 6. 7. 10. 11 (praeterit). 12. 13. 16. 17. 18. 19. 23. 24. 25. 27. 28. 29. und 30. 33 und 34 und 35. 36. 37.

Jeremiah.

In diesem Propheten kommt die Endung ן nur 5mal vor, oder wenn man Jer. 2, 24. und 5, 22 mitrechnet 7mal; in folgenden Stellen: 1) 17, 24: אִם שָׁמֹעַ תִּשְׁמְעוּן אֵלַי wenn ihr mir gehorchet (oder gehorchen solltet). 2) 21, 3: כֹּה תֹאמְרֻן אֶל־צִדְקִיָּהוּ so sollt ihr sprechen zu Zidkijahu. 3) 33, 24: וְאֶת־עַמִּי יִנְאָצוּן und mein Volk verachten sie. 4) 42, 15: אִם־אַתֶּם שׂוֹם תְּשִׂמוּן פְּנֵיכֶם wenn ihr euer Antlitz richtet. 5) 44: 28: וּפְלִיטֵי חֶרֶב יְשֻׁבוּן מִן־אֶרֶץ מִצְרַיִם und die dem Schwerte Entronnenen sollen aus dem Lande Mizrajim zurückkehren. Und dazu die oben angegebenen Stellen hinzugefügt erhielten wir 6) 2, 24: יִמְצָאוּנְהָ sie finden sie. 7) 5, 22: וְלֹא־יַעַבְרֻנְהוּ und nicht sollen (des Meeres Wogen) ihn (den Sand, oder sie: die Gränze) überschreiten; es könnte aber in beiden letzteren Fällen eigentliches Nun epentheticum sein, wie in demselben Verse 5, 22: יַעַבְרֻנְהוּ und 22, 24: אֶתְּקֶנְךָּ. Die Endung steht also bei Jeremiah 1) imperativisch No. 2. 5. (7). 2) Im Nebensatze zum Ausdrucke des Bedingenden No. 1. 4. (beide Male hinter אִם). Endlich 3) indikativisch No. 3. (6).

Ezechiel.

In diesem Propheten erscheint jene Endung noch seltener, nämlich nur dreimal an den folgenden Stellen: 1) 32, 6: וַאֲפִקִים יִמָּלְאוּן מִמֶּךָּ de Wette: und die Flußbetten sollen von dir voll werden. 2) 34, 18: וְאֵת הַנּוֹתָרִים בְּרַגְלֵיכֶם תִּרְפֹּשׂוּן de Wette: und das übrige [Wasser] tretet ihr mit euren Füßen trübe? besser: ... wollt ihr mit euren F. trübe treten? In demselben Verse dreimal in demselben Sinne die kürzere Form תִּרְעוּ, תִּשְׁתּוּ, תִּרְמֹסוּ. 3) 44, 8: וַתְּשִׂימוּן לְשֹׁמְרֵי מִשְׁמַרְתִּי בְּמִקְדָּשִׁי de Wette: sondern stelletet euch solche an, die meinen Dienst besorgten in meinem Heiligthume. Die Endung steht also 1) imperativisch No. 1. 2) In der Frage ohne vorhergehendes Fragewort No. 2. Endlich 3) indikativisch hinter dem Vav convers fut. No. 3. In der zweiten Person steht die Endung No. 2. 3: in der dritten No. 1.

Hosea.

Bei diesen Propheten kommt die Form וּן 5mal vor, nämlich 1) 5, 15: בַּצַּר לָהֶם יְשַׁחֲרֻנְנִי de Wette: in ihrer Bedrängniß werden sie nach mir verlangen, besser: sollen sie verlangen. 2) und 3) 9, 16: פְּרִי בְלִי (Kri בַּל־) יַעֲשׂוּן גַּם כִּי יֵלֵדוּן וְהֵמַתִּי מַחֲמַדֵּי בִטְנָם de Wette: Frucht werden sie nicht tragen, und ob sie auch Kinder zeugen, so tödt' ich ihre geliebte Leibesfrucht, besser: sollen nicht tragen; auch wenn sie zeugen u.s.f. 4) 11, 2: לַבְּעָלִים יְזַבֵּחוּ וְלַפְּסִלִים יְקַטֵּרוּן de Wette gewiß unrichtig durch das Imperfektum übertragend: den Baals opferten sie, und den Götzen räucherten sie, obwohl er die LXX. und den Vulg. auf seiner Seite hat, besser Luther und v. Meyer: und opfere den Baalim und räuchere den Bildern. 5) 13, 2: זֹבְחֵי אָדָם עֲגָלִים יִשָּׁקוּן de Wette richtig, wie es scheint: wer opfern will küsse die Kälber, wörtlich: Opfernde unter den Menschen sollen die Kälber küssen. Die

Form steht also 1) imperativisch No. 1. 2. 5. 2) Im bedingenden Satze nach כִּי No. 3. Endlich 3) indikativisch No. 4. Sie kommt bei Hosea **nur** in der **dritten**, niemals in der **zweiten** Person vor.

Joel.

In diesem Propheten findet sich die Endung וּן **neunmal**, an folgenden Stellen: 1) 2, 4: וּכְפָרָשִׁים כֵּן יְרוּצוּן de Wette: und wie Rosse [oder Reiter] also laufen sie, als Drohung wohl: also **sollen** sie laufen. 2) 2, 5: עַל רָאשֵׁי הֶהָרִים יְרַקֵּדוּן de Wette: sie hüpfen über der Berge Häupter, wie No. 1 wohl: sie **sollen** hüpfen. 3) und 4) und 5) in demselben Verse 2, 7: כְּגִבּוֹרִים יְרוּצוּן כְּאַנְשֵׁי מִלְחָמָה יַעֲלוּ חוֹמָה וְאִישׁ בִּדְרָכָיו יֵלֵכוּן וְלֹא יְעַבְּטוּן אֹרְחוֹתָם de Wette: wie Helden laufen sie, wie Krieger ersteigen sie die Mauern, und ein jeglicher wandelt seinen Weg und sie wechseln nicht ihre Pfade; besser: ... **sollen** sie laufen, ... die Mauern ersteigen, und ein jeglicher **soll** wandeln ..., und sie sollen nicht wechseln. 6) und 7) 2, 8: וְאִישׁ אָחִיו לֹא יִדְחָקוּן גֶּבֶר בִּמְסִלָּתוֹ יֵלֵכוּן וּבְעַד הַשֶּׁלַח יִפֹּלוּ לֹא יִבְצָעוּ de Wette: **dränget** u.s.f. besser: Keiner **soll** drängen den andern, jedweder soll wandeln seine Straße, zwischen Waffen sollen sie durchstürzen und nicht verwundet werden. 8) 2, 9: בַּחוֹמָה יְרֻצוּן auf der Mauer sollen sie umherlaufen (de Wette: Mauern erklimmen sie; vorher in demselben Verse יָשֹׁקּוּ, nachher יַעֲלוּ ,יָבֹאוּ). 9) 3, 1: זִקְנֵיכֶם חֲלֹמוֹת יַחֲלֹמוּן de Wette: eure Aeltern träumen Träume; besser: eure Greise **sollen** Tr. träumen, ähnlich Luther und v. Meyer: **sollen** Träume haben; am **Ende** desselben Verses יִרְאוּ. Die Endunng steht also bei Joel **nur** imperativisch (No. 1. 2. 3 und 4. und 5. 6 und 7. 8. 9) und **nur** in der **dritten**, niemals in der **zweiten** Person.

Amos,

hat die Endung וּן **zweimal**, nämlich: 1) 6, 3: וַתַּגִּישׁוּן ihr rücktet herbei. 2) 6, 12: הַיְרֻצוּן בַּסֶּלַע סוּסִים de Wette: Laufen auf Felsen Rosse ...? besser: **sollen** ... laufen? Es steht וּן also 1) imperativisch und zwar in einer direkten Frage mit vorhergehendem הֲ No. 2 und 2) indikativisch hinter dem Vav convers. fut. No. 1. In der zweiten Person steht es No. 1., in der dritten No. 2.

Obadjah und Jonah

enthalten diese Endung gar nicht.

Michah,

hat dieselbe 5mal, an folgenden Stellen: 1) 2, 6: אַל־תַּטִּיפוּ יַטִּיפוּן de Wette: weissaget nicht, [jene, nämlich die falschen Propheten] sollen weissagen; unmittelbar darauf לֹא־יַטִּיפוּ. 2) 2, 8: מִמּוּל שַׂלְמָה אֶדֶר תַּפְשִׁטוּן de Wette: vom Oberkleide ziehet ihr den Mantel ab; vielleicht fragend: sollt oder wollt ihr abziehen? 3) 2, 9: נְשֵׁי עַמִּי תְּגָרְשׁוּן de Wette: die Frauen meines Volkes vertreibet ihr; vielleicht wie No. 2: sollt ihr vertreiben? wollt ihr vertreiben? 4) 4, 3: וְלֹא־יִלְמְדוּן עוֹד מִלְחָמָה de Wette: und nicht lernen sie förder Krieg, besser: und nicht sollen sie ferner Kr. lernen; in demselben Verse vorher יִשְׂאוּ. 5) 5, 2: וְיֶתֶר אֶחָיו יְשׁוּבוּן עַל־בְּנֵי יִשְׂרָאֵל de Wette: dann kehret seiner Brüder Rest zurück zu Israels Söhnen; besser: und der Rest seiner Brüder soll zurückkehren u.s.f. Die Endung steht also 1) imperativisch No. 1. 2? 3? 4. 5; vielleicht aber 2) auch indikativisch in No 2. 3. In der zweiten Person kommt sie vor No. 2. 3., in der dritten No. 1. 4. 5.

Nahum,

hat die Endung zweimal, nämlich 1) 1, 9: מַה־תְּחַשְּׁבוּן אֶל־יְהוָֹה de Wette: was sinnet ihr [Assyrer] wider Jehovah? Besser: was wollt ihr gegen Jehovah sinnen? 2) 2, 5: בַּחוּצוֹת יִתְהוֹלְלוּ הָרֶכֶב יִשְׁתַּקְשְׁקוּן בָּרְחֹבוֹת de Wette: über die Gassen rasen die Wagen, rollen über die Plätze; besser: sollen rasen ... rollen, nachher in demselben V. יְרוֹצֵצוּ. Die Form steht also 1) imperativisch No. 2 und 2) in der direkten Frage hinter מַה No. 1. In der zweiten Person No. 1; in der dritten No. 2.

Habakuk

braucht die Form einmal 3, 7: יִרְגְּזוּן יְרִיעוֹת אֶרֶץ מִדְיָן erbeben sollen die Teppiche des Landes Midian (de Wette: es beben), also imperativisch und nur in der dritten Person.

Zephanjah

braucht die Endung dreimal, nämlich 1) und 2) 2, 7:

עֲלֵיהֶם יִרְעוּן בְּבָתֵּי אַשְׁקְלוֹן בָּעֶרֶב יִרְבָּצוּן auf ihnen [den Triften] sollen sie weiden, in den Häusern Askalon's sollen sie am Abend sich lagern. 3) 3, 10: עֲתָרַי בַּת־פּוּצַי יוֹבִלוּן מִנְחָתִי meine Anbeter, die Töchter meiner Zerstreuten sollen sie (mir) darbringen als meine Opfergabe; de Wette: braucht das Fut. sie werden darbringen. Die Endung steht also an allen drei Stellen imperativisch und in der dritten Person, nicht in der zweiten.

H a g g a i

kennt die Endung ןְ nicht.

S a ch a r j a h

bedient sich derselben dreimal, an folgenden Stellen: 1) 6, 15: אִם־שָׁמוֹעַ תִּשְׁמְעוּן בְּקוֹל יי׳ אֱלֹהֵיכֶם wenn ihr hören werdet auf die Stimme Jehovah's eures Gottes. 2) 10, 2: הֶבֶל יְנַחֵמוּן de Wette: eitel sind ihre Tröstungen, in demselben Verse vorher יְדַבֵּרוּ. 3) 11, 5: אֲשֶׁר קֹנֵיהֶן יַהַרְגֻן de Wette: die ihre Besitzer schlachten; gleich darauf וְלֹא יֶאְשָׁמוּ. Die Endung steht also 1) im bedingenden Satze hinter אִם No. 1. 2) Indikativisch No. 2. 3. Der Gebrauch dieser Form scheint zu beweisen, daß sie zu Sacharjah's Zeit ungebräuchlich war und von ihm nur aus Nachahmung des Alterthümlichen angewendet wurde. Sie steht in der zweiten Person No. 1, in der dritten No. 2. 3.

M a l e a ch i

hat die Form nur einmal 1, 8: וְכִי־תַגִּישׁוּן עִוֵּר v. Meyer: wenn ihr ein Blindes opfert (und in demselben V. nachher: וְכִי־תַגִּישׁוּ פִּסֵּחַ), also im bedingenden Satze hinter כִּי, und nur in der zweiten Person.

Die Psalmen.

In den Psalmen kommt die Endung im Ganzen 53mal vor, also noch nicht so oft in der Poesie, als im Deuteronomium in der Prosa. Sie findet sich nicht in den Psalmen 1—3. 6—10. 13—34. 38. 40—57. 61—64. 66. 67. 69—73. 75—77. 79—81. 84—88. 90. 91. 93. 94. 96—103. 105—107. 110—114. 116—138. 140—150; sehr häufig, offenbar als Nachahmung des Alterthümlichen in der Sprache, erscheint sie Psalm 104. Die Psalmen, in denen die Form vorkommt sind also:

Psalm 4 enthält sie einmal V. 4: עַד־מֶה ... תֶּאֱהָבוּן רִיק de Wette: wie lange wollt ihr ... Eitles lieben? also in der Frage hinter עַד־מֶה, und in der zweiten Person; gleich drauf תְּבַקְשׁוּ.

Psalm 5 hat sie einmal V. 10: לְשׁוֹנָם יַחֲלִיקוּן de Wette; ihre Zungen glätten sie; also indikativisch in der dritten Person.

Psalm 11 enthält sie zweimal 1) V. 2: הָרְשָׁעִים יִדְרְכוּן קֶשֶׁת de Wette: die Frevler spannen die Bogen, also indikativisch in der dritten Person. 2) V. 3: כִּי הַשָּׁתוֹת יֵהָרֵסוּן von Meyer in der Anmerkung: wann [oder wenn] die Gründe (Fundamente) umgerissen sind [oder werden]; also im bedingenden Satze hinter כִּי in der dritten Person.

Psalm 12 enthält sie einmal V. 10: סָבִיב רְשָׁעִים יִתְהַלָּכוּן de Wette: ringsum wandeln Frevler, also indikativisch in der 3. Person.

Psalm 35 hat sie 2mal 1) V. 11: יְקוּמוּן עֵדֵי חָמָס v. Meyer; es treten frevele Zeugen auf. 2) V. 20: דִּבְרֵי מִרְמוֹת יַחֲשֹׁבוּן de Wette: (und wider die Stillen im Lande) sinnen sie Trug, beide Male also indikativisch in der dritten Person. Vorher in V. 20 steht יְדַבֵּרוּ.

Psalm 36 hat sie zweimal 1) V. 8: בְּצֵל כְּנָפֶיךָ יֶחֱסָיוּן de Wette (die Menschenkinder) flüchten in deiner Flügel Schatten. 2) V. 9: יִרְוְיֻן de W.: sie laben sich (am Ueberfluß deines Hauses); beide Male indikativisch in der 3. Pers.

Psalm 37 hat sie 2mal 1) V. 2: וּכְיֶרֶק דֶּשֶׁא יִבּוֹלוּן de Wette: wie grünes Kraut verdorren sie, vielleicht besser: müssen sie verdorren, vorher יִמָּלוּ. 2) V. 9: כִּי מְרֵעִים יִכָּרֵתוּן de Wette: denn die Bösewichter werden ausgerottet, wohl besser: sollen oder müssen ausgerottet werden; dann gleich יִירְשׁוּ־אָרֶץ; V. 22 steht יִכָּרֵתוּ. Hier steht sie beide Male imperativisch in der dritten Person; nach de Wette, und von Meyer indikativisch.

Psalm 39 enthält die Endung einmal V. 7: אַךְ הֶבֶל יֶהֱמָיוּן von Meyer in der Anmerkung: [sie] machen nur nichtiges Geräusch, also indikativisch in der 3. Person.

Psalm 58 hat sie dreimal 1) V. 2: הַאֻמְנָם אֵלֶם צֶדֶק

תְּדַבֵּרוּן de Wette: sprecht ihr wirklich das verstummte Recht? oder: wollt ihr (so von Meyer), solltet ihr sprechen? dann תִּשְׁפְּטוּ. 2) und 3) V. 3.: אַף־בְּלֵב עוֹלֹת תִּפְעָלוּן בָּאָרֶץ חֲמַס יְדֵיכֶם תְּפַלֵּסוּן de Wette: Nein im Herzen übet ihr Unrecht, im Lande wäget ihr dar eurer Hände Gewaltthat; also 1) indikativisch No. 2 und 3. 2) In der Frage mit vorhergehendem הֲ; immer in der zweiten Person.

Psalm 59 hat sie ebenfalls dreimal 1) V. 5: בְּלִי־עָוֹן יְרֻצוּן v. Meyer: ohne meine Schuld laufen sie. 2) V. 8: הִנֵּה יַבִּיעוּן בְּפִיהֶם de Wette: siehe, sie lästern mit ihrem Munde. 3) V. 16: לֶאֱכֹל (Kri. יָנִיעוּן) הֵמָּה יְנוּעוּן de Wette: sie müssen umherschweifen nach Speise; also 1) imperativisch No. 3. 2) Indikativisch No. 1. 2; immer in der dritten Pers. V. 15 stehen 3 Formen ־ in demselben Sinne wie No. 3.

Psalm 60 enthält sie einmal V. 7: לְמַעַן יֵחָלְצוּן יְדִידֶיךָ damit sich retten deine Geliebten, also in einem Finalsatze hinter לְמַעַן, in der 3. Person.

Psalm 65 hat sie einmal V. 12: וּמַעְגָּלֶיךָ יִרְעֲפוּן דָּשֶׁן de Wette: und deine Fußstapfen triefen von Fett; also indikativisch in der 3. Person.

Psalm 68 hat sie viermal 1) und 2) V. 13: מַלְכֵי צְבָאוֹת יִדֹּדוּן יִדֹּדוּן de Wette: die Könige der Heere flohen, sie flohen (ähnlich von Meyer); wohl richtiger: ... sollen fliehen u.s.f. 3) V. 14: אִם תִּשְׁכְּבוּן de Wette: wenn ihr ruhet (And. mußtet ihr liegen?). 4) V. 17: לָמָּה תְּרַצְּדוּן de Wette: warum blicket ihr scheel? oder: ... wolltet ihr scheel bl.? die Form steht also 1) imperativisch No. 1. 2., oder indikativisch. 2) Im bedingenden Satze nach אִם, oder fragend. 3) In der direkten Frage hinter לָמָּה, in der zweiten Person No. 3. 4., in der dritten Pers. No. 1. und 2.

Psalm 74 enthält sie einmal V. 6: יַהֲלֹמוּן de Wette: sie zerschlagen, wohl richtiger: sie sollen zerschlagen, also imperativisch, in der dritten Person.

Psalm 78 hat sie einmal V. 44: וְנֹזְלֵיהֶם בַּל־יִשְׁתָּיוּן de Wette: und ihre Flüsse konnten sie nicht trinken, besser (in die Gegenwart überspringend): ... sollen sie nicht trinken, also imperativisch in der dritten Person.

Psalm 82 hat sie einmal V. 7: כְּאָדָם תְּמוּתוּן de Wette: wie Menschen sollt ihr sterben, also imperativisch in der zweiten Person.

Psalm 83 enthält sie einmal V. 3: אוֹיְבֶיךָ יֶהֱמָיוּן de W.: deine Feinde toben; also indikativisch, und in der dritten Person.

Psalm 89 enthält sie dreimal 1) V. 16: יְהַלֵּכוּן de W.: (Jehovah in deines Antlitzes Licht) wandeln sie; wohl besser: mögen sie wandeln. 2) V. 17: בְּשִׁמְךָ יְגִילוּן de W.: ob deines Namens frohlocken sie; besser: mögen sie frohlocken u.s.f. 3) V. 31: לֹא יֵלֵכוּן (~ אִם) wenn sie nicht wandeln; also 1) imperativisch oder optativisch No. 1. 2. 2) Im bedingenden Satze nach אִם No. 3; immer in der dritten Person; vorher steht V. 31: אִם יַעַזְבוּ und V. 32 zweimal die Endung וּ.

Psalm 92 enthält sie einmal V. 15: יְנוּבוּן בְּשֵׂיבָה de W.: noch sprossen sie im Alter; besser wohl: sie müssen oder mögen sprossen, also imperativisch, in der dritten Person.

Psalm 95 enthält sie einmal V. 11: אִם־יְבֹאוּן de W.: sie sollen nicht eingehen (in meine Ruhe), also imperativisch, in bedingender Form hinter אִם, in der dritten Person.

Psalm 104 enthält die Form 15mal, nämlich 1) und 2) V. 7: יְנוּסוּן und יֵחָפֵזוּן de Wette: (vor deinem Schatten) flohen sie, (vor deiner Donnerstimme) fuhren sie hinweg; gewiß besser: ... müssen sie fliehen u.s.f. 3) und 4) V. 9: בַּל־יַעֲבֹרוּן und בַּל־יְשׁוּבוּן de Wette: (Grenzen setztest du,) die sie nicht überschreiten, daß sie nicht wiederum die Erde bedecken, besser: nicht sollen sie überschreiten u.s.f. 5) V. 10: יְהַלֵּכוּן de W.: (zwischen Bergen) rinnen sie hin, besser: müssen sie dahinrinnen. 6) und 7) V. 22: יֵאָסֵפוּן und יִרְבָּצוּן de Wette: sie heben sich davon und (in ihre Höhlen) lagern sie sich; oder: sie müssen sich davon heben u.s.f. 8) V. 26: יְהַלֵּכוּן cf. No. 10. 9) V. 27: כֻּלָּם אֵלֶיךָ יְשַׂבֵּרוּן de Wette: sie alle warten auf dich, oder: müssen warten auf dich. 10) und 11) V. 28: יִלְקֹטוּן und יִשְׂבְּעוּן טוֹב de Wette: sie sammeln, sie sättigen sich des Guten, oder: sie müssen sammeln, sollen sich sättigen. 12) und 13) und 14) V. 29: יִבָּהֵלוּן יִגְוָעוּן und יְשׁוּבוּן d. W.; (du birgst dein Antlitz) sie schwinden, (du nimmst ihren Odem), sie sterben und kehren (in den Staub); oder wohl besser: sie müssen schwinden u.s.f. 15) V. 30: יִבָּרֵאוּן de Wette: (du lässest aus deinen Odem), sie entstehen, besser: sie müssen oder sollen entstehen. Die Endung steht also an allen Stellen imperativisch, obwohl sie an mehreren eben so gut indikativisch sich fassen läßt; überall steht sie in der dritten Person.

Psalm 108 enthält sie einmal V. 7: לְמַעַן יֵחָלְצוּן יְדִידֶיךָ de Wette: auf daß sich retten deine Geliebten, also in einem Finalsatze hinter לְמַעַן, in der dritten Person.

Psalm 109 enthält sie ebenfalls 1mal V. 25: יִרְאוּנִי יְנִיעוּן רֹאשָׁם de Wette: sie sehen mich und nicken mit dem Haupte, also indikativisch in der dritten Person.

Psalm 115 enthält sie 2mal 1) V. 6: וְלֹא יְרִיחוּן cf. das bei Deuteronom. 4, 28 unter No. 17 bis 20 Bemerkte. Vorher steht יִשְׁמָעוּ. 2) V. 7: וְלֹא יְמִישׁוּן cf. No. 1; gleich darauf יְהַלֵּכוּ, יֶהְגּוּ. Es steht also diese Endung beide Male entweder imperativisch oder indikativisch, in der dritten Person.

Psalm 139 enthält sie 1mal V. 18: אֶסְפְּרֵם מֵחוֹל יִרְבּוּן de Wette: wollt' ich sie zählen, mehr als des Sandes ist ihrer; eigentlich: zählen will ich sie; zahlreicher werden sie sein als der Sand; sie steht indikativisch, in der dritten Person.

Die Sprüche Salomoh's.

In den Sprüchen Salomoh's findet sich die Endung ן nur dreimal, nämlich 1) 2, 19: לֹא יְשׁוּבוּן de Wette: alle die zu ihr eingehen, kehren nicht zurück, wohl besser: sollen nicht zurückkehren. 2) 8, 17: יִמְצָאֻנְנִי und [die] mich suchen, finden mich, gewiß besser: sollen mich finden. 3) 10, 32: יֵדְעוּן רָצוֹן de Wette: (des Gerechten Lippen) kennen Wohlgefälliges, besser: sollen oder müssen es kennen. Sie steht also an den drei Stellen imperativisch, in der dritten Person.

Hiob.

Etwas das ebenfalls sehr für das hohe Alter dieses Buches spricht, ist das häufige Vorkommen der Endung ן. in demselben; sie findet sich 23mal darin, an folgenden Stellen: 1) 4, 4: כּוֹשֵׁל יְקִימוּן מִלֶּיךָ de Wette: dem Wankenden half auf deine Rede, von Meyer hat auch das Perfektum; wohl richtiger: deine Worte sollen oder mögen oder müssen aufhelfen. 2) 9, 6: יִתְפַלָּצוּן (ihre Säulen) müssen erbeben. 3) 13, 5:

מִי־יִתֵּן הַחֲרֵשׁ תַּחֲרִשׁוּן de Wette: wenn ihr nun stille schwieget; das Imperativische (ihr sollt) oder Optativische (möchtet ihr schweigen) der Endung und des Futurum's überhaupt wird verstärkt durch: wer giebt es, bewirkt es! 4) und 5) 13, 8: הֲפָנָיו תִּשָּׂאוּן אִם לָאֵל תְּרִיבוּן wollt ihr seine Partei nehmen, wollt ihr für Gott richten? 6) 13, 10: אִם ··· תִּשָּׂאוּן wenn ihr Partei nehmen wolltet. 7) 15, 12: וּמַה־יִּרְזְמוּן עֵינֶךָ de Wette: und was funkeln deine Augen? 8) 16, 10: יִתְמַלָּאוּן de Wette: (zusammen) ziehen sie sich (wider mich) bei. 9) 18, 2: עַד־אָנָה תְּשִׂימוּן קִנְצֵי לְמִלִּין de Wette: wann endlich willst du ein Ziel setzen den Worten; richtiger von Meyer: Wann wollt ihr (du und deines Gleichen) der Rede ein Ende machen? 10) und 11) 19, 2: עַד אָנָה תּוֹגְיוּן נַפְשִׁי וּתְדַכְּאוּנַנִי בְמִלִּים de Wette: wie lange wollt ihr mich ermüden und mich zermalmen mit Worten? 12) 19, 23: מִי־יִתֵּן אֵפוֹ וְיִכָּתְבוּן מִלָּי de Wette: o! würden doch aufgeschrieben meine Worte, nachher in derselben Gedankenverbindung וְיֻחָקוּ 13) 19, 24: יֵחָצְבוּן cf. No. 12. 14) 19, 29: לְמַעַן תֵּדְעוּן damit ihr wisset. 15) 21, 11: יְרַקֵּדוּן de Wette: (und ihre Knaben) hüpfen; vorher יְשַׁלְּחוּ. 16) 24, 24: יִקָּבְצוּן de Wette: (wie alle) werden sie gesammelt, besser: sollen sie gesammelt werden; nachher יִמָּלוּ. 17) 29, 24: לֹא יַפִּילוּן v. Meyer: und das Licht meines Angesichts machte mich nicht geringer; besser: sollen sie nicht niederschlagen. 18) 30, 17: לֹא יִשְׁכָּבוּן de Wette: und meine Nager schlafen nicht; besser: sollen oder dürfen sich nicht legen. 19) 31, 10: וְעָלֶיהָ יִכְרְעוּן אֲחֵרִין und über ihr mögen andere sich beugen! 20) 31, 38: אִם ··· יִבְכָּיוּן de Wette: (Schreit wider mich mein Acker und) klagen zugleich seine Furchen. 21) 32, 12: עַד־תַּחְקְרוּן מִלִּין de Wette: bis daß ihr die Sache erforschetet, besser: bis ihr erforschet, (nämlich: ihr sollt es erforschen). 22) 36, 8: (אִם) ··· יִלָּכְדוּן de W.: werden sie aber … gefangen (in Stricken des Elends). 23) 36, 10: כִּי יְשׁוּבוּן מֵאָוֶן de W.: (und spricht) daß sie ablassen sollen vom Bösen. Die Endung steht also 1) imperativisch No. 1. 2. 3 (oder optativisch). 12 (od. optativ.) 13 (cf. No. 12). 16. 17. 18. 19 (optativ.) 21 (hinter עַד). 23 (im Objektivsatze nach כִּי). 2) Im Finalsatze nach לְמַעַן No. 14. 3) Im bedingenden Satze nach אִם

No. 6. 20. 22. 4) In der direkten Frage nach מָה No. 7; hinter עַד־אָנָה No. 9. 10. und 11; in der Doppelfrage: אִם ... הֲ No. 4. und 5. und endlich 5) indikativisch No. 8. 15. In der zweiten Person steht sie No. 3. 4. und 5. 6. 9. 10 und 11. 14. 21; in der dritten No. 1. 2. 7. 8. 12. 13. 15. 16. 17. 18. 19. 20. Vorzüglich scheint sie da indikativisch zu stehen, wo ein Sollen zu Grunde liegt, bei Gesetzen der Natur und des Menschenlebens, eine regelmäßige Wiederkehr also ein Pflegen u. s. f.

Das Hohelied

enthält sie niemals.

Das Buch Ruth

hat sie zweimal nämlich 1) und 2) 2, 9: אֲשֶׁר־יִקְצֹרוּן de Wette: wo sie schneiden besser: wo sie schneiden müssen, und מֵאֲשֶׁר יִשְׁאֲבוּן de W.: von dem wozu die Leute schöpfen, besser: ... schöpfen müssen.

Die Klagelieder, der Prediger Salomoh, Esther, Daniel (im Hebr.), Esra (im Hebr.), Nehemiah und erstes Buch der Chronik

enthalten diese Endung niemals.

Das zweite Buch der Chronik

enthält sie viermal, cf. oben und zwar 1) imperativisch No. 3 und 4. 2) Im bedingenden Satze No. 1. 2; in der zweiten Person 2. 3 und 4; in der 3. No. 1; alle offenbar aus den Quellen entnommen.

Es würde Gegenstand einer eigenen Abhandlung sein, das Vorkommen dieser Endung in Beziehung auf unsere masorethischen Punkte zu untersuchen, und die Ansichten unserer vorzüglichsten Grammatiker über dieselbe näher zu prüfen, worauf ich hier nicht eingehen mag, indem es mir zunächst vorzüglich darauf ankam, diese Form als der älteren Sprache ursprünglich eigenthümlich nachzuweisen.

Gedruckt bei J. Lewent in Berlin.

Verbesserungen.

S. 5 v. u. Z. 2 lies Dr. Movers.
- 6 v. u. - 6 - Walton.
- 9 v. o. - 1 - Genes. 31, 46. 47.
- - v. u. - 4 - Volk.
- 12 v. u. - 12 - Versprechen.
- - v. u. - 9 - sind vor und die Anführungszeichen zu setzen.
S. 13 v. o. Z. 4 lies auf das Evidenteste; so auch Z. 14 u. S. 14. v. u. Z. 7.
S. 13 v. o. - 7 - demonstratur.
- - v. o. - 10 - Lied u. Seg.
- - v. o. - 25 - Saepius.
- - v. o. - 27 - setzen Punkt statt Komma hinter 10 u. der hebräischen Formel ך vorausgehen zu lassen.
S. 13 v. o. Z. 29 lies Saepe u. Z. 30: Formel; vor das aber ein Semikolon zu setzen.
S. 13 v. o. Z. 33 lies Hävernick.
- 14 v. u. - 22 - adjective.
- - v. u. - 20 - coelum coelor.
- - v. u. - 15 - apponere solet.
- 16 v. o. - 4 - aus dem.
- - v. o. - 19 - Jer. statt ferner.
- - v. o. - 22 - statt 2, 3.
- - v. o. - 25 - הֵעַ.
- - v. o. - 28 - לַת.
- 17 v. o. - 14 u. 15 sind die Lesezeichen hinter die hebräischen Worte zu setzen, u. ש ohne Dagesch.
S. 17. v. u. Z. 10 l. niemals ohne vorhergehendes Komma.
- 10 v. u. - 3 - Verbindung.
- 18 v. o. - 12 - muß das Semikolon hinter der Parenth. stehen.
- 18 v. o. - 14 müssen alle hebr. Wörter durch Komma geschieden werden.
- 18 v. o. - 23 lies בְּנֵיכֶם.

S. 18 v. o. l. 25 st. 6, 28. 29
- - v. u. - 2 ist vor die ein Punkt zu setzen, und die groß zu schreiben.
- 18 v. u. - 1 lies Hengstenberg.
- 19 v. o. - 11 fehlt vor und ך
- - v. o. - 13 ist hinter 5 das eine Parenthesezeichen zu viel.
- - v. u. - 12 lies überdieß das.
- 20 v. u. - 5 lies ausruft.
- 21 v. o. - 22 - Keil.
- 23 v. o. - 12 - 37 statt 27.
S. 23 v. o. - 26 ist hinter 7, 3 hinzuzufügen († יֵשׁ אֵל" צְבָאוֹת.
- 24 v. u. Z. 9 lies וּבַתְ.
- - v. u. - 6 ist Jehovah in Parenthese zu setzen.
- - v. u. - vor Elohim fehlt Jehovah.
- 29 v. o. - 11 1, 10 statt 1, 30.
- - v. o. - 12 lies sagt st. sonst.
- - v. o. - 13 ist vor die Wortverbindung, Semikolon zu setzen.
- - v. u. - 12 lies מֵרַע.
- - v. u. - 11 - bis = (zweim.)
- 30 v. u. - 14 - S. 158.
- - v. u. - 11 - 17, 7. st. 17. 7,
- - v. u. - 7 - des.
- - v. u. - 6 - häufigen, und 35, 19.
- 30 v. u. - 5 - ähnlich = auf ähnliche Art, und ferner: des statt das.
- - v. u. - 4 ist hinter 19 ein Semikolon zu setzen.
S. 33 v. o. Z. 1 lies 40, 5. 10. 44, 2. 6. 17. 21. nur statt um.
- - v. o. - 5 - 31, 10: cf. אֶרֶץ מֶרְחַקִּים 8, 19; die Zahl

7 zu streichen, und ebenso diese hebr. Worte im Anfange der Z.
S. 33 v. o. - 13 - 16. 11, 13. 16. 18.
- - v. o. - 17 - der statt den.
- - v. o. - 20 ist Mappik in das He zu setzen.
- - v. o. - 21 - 14, 14.
- - v. o. - 22 - 48, 29.
- - v. o. - 25 - 50, 26 und im hebr. Worte ךָ statt הָ, hinter denselben aber Semikolon zu setzen.
- - v. u. - 10 - 2, 20. 5, 5. 17. 18. 19, 10. 11.
- - v. u. - 8 ist hinter 30 ein Semikolon zu setzen, in dem folgenden Worte im Tet ein Dagesch.
- - v. u. - 6 - niemals st. einmal, und dann: יָשַׁר.
- 34 v. o. - 3 - 16, 18; und Metheg im Worte weschaphetu,
- - v. u. - 10 u. 11 ist vor aber und hinter 52, 9 ein Gedankenstrich zu setzen, dagegen Z. 11 das Zitat 12, 1 zu streichen.
S. 34 v. o Z. 21 lies: 39 st. 29; und in der folg. ist die groß zu schreiben.
- - - - - 27 - 11. 16. st. 11. 18.
- 35 v. o. Z. 1 l. 7. 29, 11 (zweimal) . . . . .
- - - - - 18 ist meistentheils zu streichen, dagegen in der folg. Z. hinter überhaupt zu setzen.
- - v. u. Z. 15 lies Jerem. 4, 9.
- - v. u. - 11 - 15, 7. 49, 32.
- - v. u. - 2 - hinter רֶגַע 18, 3 und nachher 15, 8 statt 51, 8. welches in der folg. Z. steht; auch muß pithom punktirt sein.
- 36 v. o. Z 6 lies 11, 17. und nachher 7, 12.
- - v. o. Z. 9 lies Jer. 31, 22. 49, 4.
- - v. o. Z. 17 l. 13, 19.
- - v. v. Z. 21 l. 4, 11. und nachher 14, 6.
- - v. u. Z. 9 ist vor außerdem die Parenthesenklammer zu setzen.
S. 41 v. o. Z. 12 l. prosthetik,
- - v. u. Z. 6 l. 51, 23. 28.
S. 41 v. u. Z. 5 l. hinter 57; בָּחָה, Jer. 51, 23. 28. 57.
- - v. u. Z. 4 l. hinter 20 Semikolon statt Komma.
S. 42 v. o. Z. 5 u. 6 lies: in den Indo-Germanischen Sprachen.
- - v. o. Z. 9 ist einzuschalten dort hinter auch; auch fehlt Dagesch, wie auch Z. 11.
- - v. o. Z. 12 l. 1, 39. 11, 30; u. nachher 3, 20.
- - v. o. Z. 13 sind die Worte: die längere Form zu streichen u. Z 17 vor das hebr. Wort zu setzen.
- - v. o. Z. 16 u. 17 l. 27, 9. 10. 14. 15. 29, 9.
- - v. u. Z. 11 l. 29, 25; auch muß Dagesch im ש fehlen.
- - v. u. Z. 6 l. 21. 8, 6.
S 43 v. o. Z. 5 l. ein Semikolon vor im.
- - v. o. Z. 9 l. 45. 4?; noch st. nach
- - v. o. Z. 12 hinter punktirt Klammer statt Semikolon.
- - v. v. Z. 23 ist zu setzen 3, 4 Klammer und nachher vor 4, 19 Punkt, dahinter Kolon, vor 22, 23 Punkt.
- - o. o. Z. 24 ist unter dem Anfangs-Nun Tsere zu setzen statt Schwa.
- - v. o. Z. fehlt hinter Kibuz das Dagesch im Nun.
- - v. u. Z. 2 ist Freilich groß zu schreiben.
- 44 v. o. Z. 2 l. Perperam statt Verp.; so auch Z. 14.
- - v. o. Z. 4 l. lis st. ly.
- - v. o. Z. 11 ff. st. 9.
- - v. o. Z. 12 vocalium, dann: instructum.
- - v. o. Z. 22 u. 23 fehlt das Dagesch.
- - v. u. Z. 5 l. 2, 34, in der folg. Z. 2, 20; zu den st. zu dem.
- 45 v. o. Z. 14 muß Kamez unter ה stehen
- - v. o. Z. 18 l. vollendet.
- - v. o. Z. 24 l. Chirek u. ר statt Kamez; die zwei ersten hebr. Wörter sind durch Semikolon zu trennen.
- - v. u. Z. 11 enthaltenden.
- - v. u. Z. 8. ist das erste Kib-

buz zu tilgen, das zweite muß mit dem Schwa seine Stelle wechseln.
S. 44 v. u. Z. 2 l. dem st. den.
- 46 v. o. Z. 1 l. ungez.; hinter 24 Kolon st. Semikolon, vor 21 aber Semikolon zu setzen.
- - v. o. Z. 5 l. spielt st. spricht.
- - v. o. Z. 12 l. letztere.
- - v. o. Z. 17 ist vor 50, 13 einzuschalten 49 17.
- - v. o. Z. 18 ist im ersten hebr. Worte Dagesch zu lesen.
- - v. o. Z. 21 fehlt das Colon über ה.
- - v. o. Z. 22 ist gegeben zu streichen.
- v. o. Z. 23 fehlt das Dagesch im צ, so auch Z. 24.
- - v. Z. 25 l. Cujus st. Cajus.
- - v. u. Z. 9 l. Hebraeas und in der folg. Z. perhibeant.
- - v. u. Z. 4 l. aramaisirenden.
- 47 v. u. Z. 1 l. Semikolon statt Komma vor im.
- 48 v. o. Z. 1 l. Seggl unter ב.
- - v. o. Z. 2 l. Semikolon st. Komma.
- - v. o. Z. 3 ist die 3 im Anfang zu streichen.
- - v. o. Z. 6 fehlt in dem einen ה das Dagesch.
- - v. o. Z. 7 ist hinter 2, 17 Semikolon st. Komma zu setzen.
- - v. o. Z. 9 ist das Dagesch im Jod zu tilgen.
- - v. o. Z. 13 ist das Jod zu tilgen.
- - v. o. Z. 14 ist vor 36 Semikolon, nachher hinter 12 Punkt statt Komma zu setzen.
- - v. o. Z. 19 u. 20 l. צ st. ג u. Z. 20 heißt das erste Citat 1, 17; st. Tsere muß Chateph-Segol stehen.
- - v. u. Z. 7 l. 9. 28. 10, 12.
- - v. u. Z. 6 l. 17, 19, und in der folg. Z. 28, 58.
- 49 v. o. Z. 5 l. 5, 18.
- - v. o. Z. 21 ist Kibbuz vor Jer. zu tilgen.
- - v. u. Z. 7 ist hinter neben לוא zu schreiben.
- 50 v. o. Z. 11 l. Petocho.
- - v. u. Z. 3 l. 36, 26.
- 51 v. o. Z. 11 ist hinter fragt Semikolon st. Ausrufungsz. z. setzen.
S. 51 v. o. Z. 14 l. die eine einzige.
- 52 v. o. Z. 11 l. חַי st. חַיֵּי.
- - v. o. Z. 19 l. Stammes st. Namens.
- - v. o. Z. 25 l. noch st. nach.
- 53 v. o. Z. 3 ist vor b die Klammer zu setzen.
- - v. o. Z. 7 l. 48, 9.
- - v. o. Z. 8 l. hinweg.
- - v. o. Z. 18 vor die ist Komma zu setzen.
- 54 v. o. Z. 4 l. anschließenden statt anschlingenden.
- - v. u. Z. 1 ist hinter 50, 29 Kolon st. Semikolon zu setzen.
- 55 v. o. Z. 3 ist vor Knobel die Klammer zu setzen.
- - v. o. Z. 5 l. 14, 16.
- - v. o. Z 11 l. 5, 25.
- - v. o. Z. 20 l. 40, 2. 11. 44, 2. 51, 60.
- - v. u. Z. 11 l. 3, 2. 11.
- - v. u. Z. 2 l. 25, 30.
- 56 v. u. Z. 17 l. 50, 3. 25 st. 50, 3. 23.
- 57 v. u. Z. 14 l. 13, 4 und in der folg. Z. 43, 1? st. 43, 12.
- - v. u. Z. 10 muß כָּל־ stehen; in der folg. Z. 7, 12 st. 7. 12.
- - v. u. Z. 4 muß 6 in Parenthese u. Z. 2 Jerem. 9, 11 stehen.
S. 58 v. o. Z. 7 sind hinter dabei und überhaupt Kommata zu setzen.
- 59 v. o. Z. 1 l. ausgedrückt, nicht druckt.
- - v. u. Z. 8 l. 33, 20 st. 23, 30.
60 v. o. Z. 8 l. weil und da, oder als Hauptsatz.
- - v. o. Z 11 l. 4, 3 st. 4. 8.
- 61 v. u. Z. 19 ist vor Sondern Kolon st. Semikolon zu setzen.
- - v. u. Z. 15 ist am Ende ein Fragezeichen zu setzen.
- - v. u. Z. 13 ist vor durch 1) zu setzen, u. vorher drückt zu lesen.
- - v. u. Z. 8 l. 43, 12.
- - v. u. Z. 7 l. 17. 30. 48, 13. 50, 18.
- - v. u. Z. 4 l. 15, 18.
- 62 v. o. Z. 1 l. 32, 3. 36, 29 und nachher 49, 1.
- - v. o. Z. 5 ist vor durch 1) zu setzen.
- - v. o. Z. 6 l. 5, 3. 9. 22. 29, u. nachher 8, 4.

S. 62 v. o. Z. 15 l. 2, 5.1
- . v. o. Z. 17 l. 30, 15.33, 24.
- - v. o. Z. 18 l. 2, 6. 8. 28.
- - v. o. Z. 19 l. oben, auch
- - v. o. Z. 21 l. 12, 4.
- - v. o. Z. 25 l. 26, 13.
- - v. o. Z. 30 ist Komma hinter Verhältniß zu tilgen.
- - v. u. Z. 1 l. 32, 17.
- 65 v. o. Z. 1 l. 30. st. 39; nachher 51, 63.
- - v. o. Z. 2 l. 17. 21. ferner: Semikolon hinter dem ersten hebr. Worte, ferner כֹּוֹנָנִים, vor immer Parenthese.
- - v. o. Z. 4 l. 12, 7 vor 15, 6. dagegen 12, 17 in der folg. Z. zu streichen.
- - v. o. Z. 9 l. Schwa st. Kibbuz.
- - v. u. Z. 1 l. cf. V. 10. V. 11.
- 66 v. o. Z. 5 l. Komma vor dem letzten, nicht v. dem vorletzten W.
- - v. o. Z. 7 l. יָם statt יוֹם.
- - v. o. Z. 14 l. cf. 17, st. cf. 17.
- 66 v. u. Z. 8 l. דֶּרֶךְ ohne vorhergehendes Parenthese.
- - v. u. Z. 7 l. יַשֵּׁם (mit Dag.)
- - v. u. Z. 6 l. 19, 8; ferner נַחְשְׁבָה.
- 67 v. o. Z. 9 l. אֶרֶז, mit Sain, nicht Zade-.
- - v. o. Z. 15 l. V. 22; vor V. 19:
- 68 v. o. Z. 4 das Zeichen + (Plus) vor יְהֶר.
- - v. o. Z. 5 cf. 21. (mit Punkt hinter sich.)
- - v. o. Z. 12 l. בִּקֵּשׁ.
- - v. o. Z. 14, l. שֵׂעָר.
- 69 v. o. Z. 3 l. obgleich selbst bildlich in Parenth.
- - v. o. Z. 5 l. vor cf. V. 27. nachher: 19 statt 9.
- - v. o. Z. 16 l. וַהּ.
- - v. o. Z. 18 l. hinter וְלֹא 28 18 ··· 48. 8. 19 welche Zahlen dagegen in Z. 19 zu streichen sind.
- - v. u. Z. 3 l. V. 23:
70 v. o. Z. 5 l. 38, 19.
- - v. o. Z. 9. l. V. 12:
- - v. o. Z. 13 l. 41, 7 hinter (zweimal), nicht davor.

S. 70 v. u. Z. 14 l. V. 16:
- - v. u. Z. 1 l. וְאַתָּה.
- 71 v. o. Z. 6 l. V. 15:
- - v. o. Z. 10 l. Komma רְפִיוֹן u. hinter רַעַשׁ.
- - v. o. Z. 15 l. טֶרֶם.
- - v. o. Z. 18 Klagelied. 3, 1; am Ende d. folg. Z. Komma.
- - v. u. Z. 6 l. zwischen den beiden ersten Worten eine Reihe von Punkten.
- - v. u. Z. 1 l. לַנְצֵחַ.
- 72 v. o. Z. 6 l. V. 32 u. am Ende sind hinzuzufügen cf. 9, 10. cf. 10, 22. dieses Zitat dagegen in d. folg Z. zu streichen.
- - v. o. Z. 7 l. V. 39:
- 73 v. o. Z. 5 l. procem.
- - v. o. Z. 10 ff. l. wie immer Rhythmus.
- - v. o. Z. 11 l. Aufflackern.'
- 74 v. o. Z. 3 würde st. wurde.
- - v. o. Z. 25 l. V. 1 st. 6. 1.
- 76 v. o. Z. 9 l. Komma vor mein' ich.
- 77 v. o. Z. 8 l. auch V. 2. 3.)
- - v. o. Z. 21 l. die Parenth erst hinter 18, 2.
- - v. o. Z. 29 l. אַרְצָךְ.
- 78 v. o. Z. 7 l. das Abkürzungszeichen über מ׳.
- - v. o. Z. 21 l. 34, 18 u. am Ende ein Punkt.
- 79 v. o. Z. 6 l. Mosis oder Mose's.
- 80 v. o. Z. 4 l. 19, 20. 21, 21 statt 1, 20. uff.
- - v. o. Z. 10 l. 4, 46. u. Z. 12 18. 25.
- - v. o. Z. 20 l. 31, 9 statt 33, 9.
- - v. o. Z. 22 hinter vor ein Punkt, das Folgende aber im nächsten Absatze Z. 25 hinter 31, 8.
- - v. o. Z. 24 ohne Semikol. zwischen den hebr. W.
- - v. o. Z. 26 l. I, 29 st. 1, 19.
- - v. o. Z. 27 l. 31, 6 in anderer Stellung und מִפְּנֵיהֶם.
- - v. o. Z. 28 l. 2, 4. 7, 18. 19. (מִפְּנֵיהֶם). 28, 10, dagegen die

Zahlen 18. 19 ···· 28, 10 in Z. 30. 31 zu streichen; ferner: 3, 2 (אֹתוֹ 3, 22) ··· 20, 1 dagegen נְאֻם 3, 22 zu streichen.

S. 30 v. o. Z. 29 l. noch st. nur.
- - v. o. Z. 30 l. מוֹרַאֲכֶם vor den beiden andern hebr. W.
- - v. o. Z. 32 l. so vor im.
- - v. u. Z. 6 l. ל ohne Dag. Z. 5: 27, 14; Z. 3: 26, 11.
- 81 v. o. Z. 2 l. 20, 3 cf. oben; nachher: 16. 20, 13.
- - v. o. Z. 5 l. 43, 6. 44, 20; zu streichen: sich auch.
- - v. o. Z. 7 l. כְּבִרְכַּת, welches sich auch 12, 15 findet.
- - v. o. Z. 11 fehlt Metheg im ersten Worte.
- - v. u. Z. 8 l. 13. 13, 4.
- 82 v. o. Z. 3 l. 16, 10; nachher יֵי zu trennen.
- - v. o. Z. 5 l. zu den beiden hebr. W. אֲלֵיכֶם Deut. 1, 45; dagegen diese Worte aus Z. 6 u. 7 zu streichen.
- - v. o. Z. 9 l. 1, 37.
- - v. o. Z. 18 l. עִוָּרוֹן.
- - v. o. Z. 24 l. הִדִּיחַ ferner: 30, 1 cf. 13, 6. 11. 14.
- 83 v. o. Z. 4 hinter 29, 19; בָּהּ.
- - v. u. Z. 7 l. 7, 19 st. 17, 19.
- 84 v. o. Z. 4 l. von st. vom.
- - v. o. Z. 7 l. vor bloß Semikol., vor kommt das Komma zu streichen.
- - v. o. Z. 21 Semikolon hinter Verfasser.
- 85 v. o. Z. 7 l. im letzten hebr. Worte ה statt ח.
- - v. o. Z. 11 l. 13, 11,
- - v. o. Z. 17 l. וְהִרְבְּךָ u. וַאֲהֵבְךָ u. וְתִי׳.
- 86 v. o. Z. 2 l. häufigen.
- - v. o. Z. 8 l. 29, 22; ferner: zurückkehren, und so überall.
- - Z. 13 l. 4. 27 u. das zweite Parenthesez. erst Z. 14 hinter 18, 17.
- - v. o. Z. 20 l. (hier עֵינָהּ); das hebr. W. aber im Anf. v. Z. 21 zu streichen.

S. 86 v. o. Z. 25 l. 5. 9. 30. 19, 13 cf.
- - v. u. Z. 6 l. 9. 29, 21; am Ende Semikol. zu streichen.
- 89 v. o. Z. 5 von der st. von den.
- - v. u. Z. 10 l. (aus syntakt. Gründen.)
- - v. u. Z. 5 l. 30. 3, 25 (bis)
- 90 v. o. Z. 6 l. 26 (bis). 28. 30, 10. 11. 31, 1. 3. 7. 9. 12. 16. 17. 19 (bis) 21. 22. (bis). 24. 26. 28. 30, welche Zahlen dagegen von 28. 30, 10 an, Z. 12 u. 11 v. u. zu streichen sind.
- - v. o. Z. 7 l. Das st. Die.
- - v. u. Z. 6 Jesai 26, 16.
- - v. u. Z. 3 l. findet sie sich, nachher: 2, 25.
- 91 v. o. Z. 6 l. 21, 15.
- - v. o. Z. 10 l. häufigen.
- 91 v. u. Z. 14 l. 1, 8. u. i. d. folg. Z. 27. 26, 7.
- - v. u. Z. 11 l. Vorkommensw.
- - v. u. Z. 7 l. 2. 18 u. hinter 8 am Ende ein Komma.
- - v. u. Z. 5 l. 21, 14. u. n der folg. Z. 22, 1.
92 - v. o. Z. 1 l. u. f. f. st. ff.
- - v. o. Z. 2. l. 20, 17. 22 1.
- - v. u. Z. 12 l. 4, 10. u. in der folg. Z. 11, 2.
- 93 v. o. Z. 1 l. 25 ohne die 9.
- 94 v. o. Z. 10 l. 25, 17.
- - v. u. Z. 5 l im st. in.
- 95 v. o. Z. 3 l. mit dem Ausdruck statt der Ausdruck.
- - v. u. Z. 6. l. vor der Semik.
- - v. u. Z. 5 l. und zwar statt und Jeremia.
- - v. u. Z. 3 l. אַחֲרֵי v. c. inf.
- 96 v. o. Z. 7 l. die LXX.
- - v. u. Z. 13 l. 17, 12, und Z. 4: 32, 36.
- 97 v. o. Z. 13 l. 1, 36. st. 1, 26.
- 98 v. o. Z. 1 l. 1, 28. Fragen uff.
- - v. o. Z. 10 l. 28, 9. 29. 49.
- - v. u. Z. 12 l. d. h.
- - v. u. Z. 7 l. 31, 11.
- 99 v. o. Z. 18 l. 9. 19.
- - v. u. Z. 17 cf. 28 hinter אֲבָל
- 100 v. o. Z. 3 l. V. 38:
- - v. o. Z. 5. l. 11, 18.
- - v. o. Z. 21 l. Semikolon hinter נָשַׁל.
- 101 v. o. Z. 6 l. cf. 22. 15, 22; hinter הַטְּמֵא.

S. 101 v. o. Z. 8. l. st. הָאָדָם u. תַּאֲוָה.
- 101 v. u. Z. l. 1 ה statt ל.
- 102 v. o. Z. 2. l. 33, 10.
- - v. o. Z. 6 חִבֵּר.
- - v. o Z. 21 l. עֶגְלַת בָּקָר (mit darauf folgendem Komma) vor בָּהּ.
- 103 v. o. Z. 9 l. Semikolon hinter V. 11. 12.
- - v. o. Z. 11 l. Komma hinter לא
- 104 v. o. Z. 6 l. κριταί:
- - v. o. Z. 8 l. 13. 18.
- - v. u. Z. 9 l. das Gleichheitszeichen (=) st. Makkeph; fern. עַל vor גּוֹזְלִין zu streichen u. in der folg. Z. zu l. mit folgendem Komma.
- - v. u. Z. 7 l. הֵמֵר.
- - v. u. Z. 4 V. 32 st. V. 22 u. nachher V. 37.
- - v. u. Z. 3 l. מְחָרְרִים hinter 25 dagegen in der untersten Z. am Ende zu streichen.
- 105 v. u. Z. 14 l. Evidenteste statt frid.
- 106 v. o. Z. 5 l. wurden"
- 107 Z. 11 v. u. l. 1, 37. u. Z. 9 וַיֹּאמֶר.
- 108 v. o. Z. 5 l. 49. 39.
- 109 v. o. Z. 8 l. Komma vor dagegen.
- - v. o. Z. 16 l. Jer. 7, 22 ff.
- - v. u. Z. 13 hinter 24, 8 aus Z. 11 u. 10 die Stelle 28, 6 .... häufig, und in Z. 11 u. 10 also zu streichen.
- - v. u. Z. 11 l. 26. 3 st. 20, 3.
- - v. u. Z. 2 Dagesch im ersten Worte.
- 110 v. o. Z. 8 l. den Punkten Z. 18. v. u. V. 8. 22. Z. 3: 34, 4.
- - v. u. Z. 1 l. 29, 14.
- 111 v. o. Z. 2 l. wovon st. worin; u. Z. 4 dem st. den.
- - v. u. Z. 18 l. V. T.
- - v. u. Z. 3 l. noch stehenden.
- - v. u. Z. 2 l. s. Ewald.
- 112 v. u. Z. 15 entlehne.
- - v. u. Z. 12 l. Referenten.
- - v. u. Z. 11 Movers, und so immer.
- - v. u. Z. 10 l. commentatio.
- 113 v. o. Z. 5 l. usurpatum.
- - v. o. Z. 6 l. Stelle.

S. 113 v. u. Z. 11 l. Redaktion.
- - v. u. Z. 6 l. Scheingründe.
- - v. u. Z. 3 l. Zuversichtlichkeit.
- 114 v. o. Z. 11 Dr. Movers.
- - v. u. Z. 4 l. von v. Bohlen.
- - v. u. Z. 3 um derer willen.

Von S. 115 bis S. 146 muß der Kolumnentitel heißen: „Genes. Exod. Levit. und Num. werden vorausgesetzt. v. S. 147 — 164. Das Deut. ist von Moseh. und v. 165—192: Verbalendung ן.
- 116 v. o. Z. 3 l. sind.
- - v. o. Z. 17 l. der Schluß.
- 118 v. u. - 20 l. das 5. Buch.
- - v. u. - 8 l. Ammoniter u. so immer.
- 119 v. o. Z. 9 l. Parenthese hinter Hirsch.
- - v. o. Z. 12 l. aller der.
- 121 v. o. - 9 l. 8, 11. 14. 18. 9,.
- - v. u. - 5 l. ein st. im.
- 122 v o. - 1 l. würde.
- - v. o. Z. 6 l. Erwerbung.
- - v. o. Z. 13 l. höchstwichtigen.
- - v. u. Z. 14 l. 1) diejenigen, dagegen zunächst und 1) nachher zu streichen.
- 124 v. o. Z. 7 l. schracht: siehe es.
- - v. o. Z. 10 l. mit dem.
- - v. u. Z. 12 l. letztem.
- 127 v. o. Z. 9 l. an Menge.
- 128 v. u. Z. 9 l. Lande, welches.
- - v. u. - 1 l. seinem.
- 129 v. u. - 6 l. welche.
- 130 v. o. - 5 l. kann st. noch.
- 131 v. o. - 3 l. sagt st. hegt.
- 132 v. o. - 13 l. 16, 15. 35.
- - v. u. - 2 l. u. ich st. endlich.
- 133 v. u. - 15 l. erwählten.
- 134 v. o. - 14 l. näher bestimmte.
- - v. u. - 12 l. bestimmte.
- 135 v. u. - 11 l. keinem.
- - v. u. - 4 l. Erzählte.
- - v. u. - 1 . 28, 30.
- 136 v. o - 11 l. vorausgesetzt: dagegen V. 31 zu streichen.
- - v. u. Z. 18 l. erinnern.
- - v. u. - 3 l. unterstrichenen.
- 137 v. u. - l. 23, 34.
- - v. u. - 8 l. gegebenen.
- 138 v. o. - 1 l. einen Stier.
- - v. o. - 4 l. vom Ackern.
- - v. o. - 5 l. nur st. uns.
- 138 v. o. - 10 l. ausführlich.
- - v. u. - 14 l. die Priester die Lev.

S. 138 v. u. = 8 Semikl. st. K.
- - v. u. = 8 l. besser st. lassen.
- 139 v. o. = 1 sind die Worte: so daß ··· vorfindet zu streichen.
- - v. u. Z. 1 l. uns st. aus.
- 140 v. u. = 19 l. großentheils.
- - v. u. = 16 l. 2, 14.
- - v. u. = 11 l. das halbe st. dasselbe.
- - v. u. = 7 l. 20, 12.
- 141 v. u. = 19 l. höchst wichtige.
- 142 o. o. Z. 1 immitten.
- - v. o. Z. 6 l. zu Deut.
- 143 v. o. Z. 12 l. und st. wo.
- 144 v. u. Z. 15 l. Semikolon vor dort.
- - v. u. Z. 11 l. enthaltene.
- - v. u. = 9 l. 19, 5. 6.
- 145 v. o. = 5 l. Parenthesez. vor Buch.

S. 145 v. u. Z. 19 l. er daran.
- - 21 v. u. l. dürfte.
- - v. u. Z. 19 l. Niemandem.
- - v. u. = 11 l. würde.
- - v. u. = 7 Rankes.
- 146 v. u. = 25 l. wurde.
- - v. u. = 15 l. Vermehrung
- - v. u. = 11 l. 18, 3. 5.
- 147 v. o. = 11 l. vor den Königen st. von den uff.
- - v. o. Z. 18 l. von den.
- - v. u. = 13 l. zugeschworen.
- - v. u. = 10 l. vollständiger.
- 148 v. u. = 22 l. würde statt weiter.
- - v. u. Z. 8 l. bekannten.
- - v. u. = 7 l. ein statt wie.
- - v. u. = 3. l. einen.
- 151 v. o. = 7 l. in die Lage.
- - v. o. = 8 l. versetzen. verseben.
- - v u. Z. 16 l. Vätern.
- - v. u. = 3 l. jeden Fall.
- 152 v. u. = 11 l. der geben.
- 153 v. o. = 11 l. dem bildete ··· gegenüber.
- - v. u. Z. 7 u. 6 müssen durch keinen Absatz getrennt werden.
- 154 v. o. Z. 9 l. Gräuel, und so immer.
- - v. u. Z. 12 l. Diese mit vorhergehendem Punkt.
- 155 v. o. Z. 2 l. Entschiedenste.
- - v. o. = 12 l. jeden st. guten.
- 156 v. o = 3 l. vor.

S. 156 v. o. Z. 11 l. den st. der.
- - v. o. Z 5 l. Herzensgeradheit.
- - v. u. = 12 l. emporkommen
- v. u. = 10 l. erlittenen.
157 v. u. = 6 l. hinteren.
- - v. u. = 7 l. westlichen.
. . v. o. = 10 l. mancherlei.
. . v. o. = 9 l. irgend einem.
. . v u. = 7 l. V. 33. ohne Kol.
. . v u. = 3 l. dem st. den.
. 158 v. u = 15 l. Ruhe, so auch Z. 19.
. 161 v. o. = 1 l. immitten.
. . v. o. = 7 bis 17 ist zu streichen; steht doppelt.
. . v. u. Z. 10 l. noch drei andere.
. . v. u. Z. 4 l. Phantasterei st. Phantasie.
. 162 v. o. Z. 1 Schophetem.
. . v. o. = 4 l. aufgeführt wird.
. 163 v. o. = 12 l. entscheidende.
. . v. u. = 10. l. brachte statt beruhte.
. 164 v. o. Z. 10 l. 8, 30. 35.
. 166 v. u. Z. 21 l. Verfasser welcher.
. . v. u. Z. 11 l. so dürfen wir.
. . v. u. Z. 7 Urschrift st. Ueberschrift.
. 167 v. o. = 4 l. 5), 9, 6;
. . v. o. = 8 l. חִלְּלָה.
. 168 v. o. Z. 2 l. ··· vor dem hebr. Verb.
. . v. u. Z. 18 l. Uebertragung statt Uebertretung; genauer st. genommen.
. . o. u. Z. 1 l. der Rede.
. 169 v. o. = 11 l. erstem, zweitem
. . v. o. = 19 l. 3, 3 st. 33.
. . v. o. = 23 l. noch st. nach.
. . v. o. = 25 l. Metheg im Verb.
. 170 v. o. Z. 1. l. No. 1. alle Absicht uff.
. . v. o. Z. 9 es liegt darin cf. 18, 26:
. . v. u. Z. 10 l. wann st. wenn, leer gehen; es liegt jenem wann zu Grunde: ihr sollt geben, welche Worte Z. 8 und 7 zu streichen sind.
. . v. u. Z. 5 l. in derselben.
. 171 v. u. Z. 25 l. den Herrn (de Wette: Jehova).

S. 171 v. u. Z. 7 l. wie es die mit dem angehängten.
. . v. u. Z. 5 l. verlängern.
. . v. u. Z. 2 l. sollt ohne vorhergehende Parenthese.
. 172 v. o. Z. 8 l. die Klammer hinter Waisen.
. . v. u. Z. 4 l. Komma hinter sollt st. Semikolon.
S. 174 v. u. Z. 7. l. umkommen st. nun k.
. 175 v. o. Z. 12 l. leben; nachher.
. 176 v. u. = 19 l. Allem.
. . v. u. = 12 l. zerschmettre.
. . v. u. = 11 l. nach den P. st. noch die P.

Kolibri 360 GmbH
Ferdinand-Jühlke-Straße 7
99095 Erfurt, Deutschland
produktsicherheit@kolibri360.de